U1001064

煤矿其他从业人员安全培训系列教材
2022 版《煤矿安全规程》配套教材

掘进、装载机及井下其他作业安全培训教材

王 伟 主编

中国矿业大学出版社
·徐州·

内容提要

本教材依据《煤矿安全培训规定》(国家安全生产监督管理总局令第92号)、河南省工业和信息化厅制定的《河南省煤矿其他从业人员培训大纲和考核标准(试行)》、2022版《煤矿安全规程》等相关内容组织编写。内容包括4部分,第一部分是通用知识,包括煤矿井下从业人员安全素质基本要求、安全技术基础知识和安全操作技能通用知识(共分7个模块);第二部分是掘进作业,包括掘进作业安全技术基础知识、安全操作技能和典型事故案例(共分3个模块);第三部分是装载机操作作业,包括装载机操作作业安全技术基础知识、安全操作技能和典型事故案例(共分3个模块);第四部分是井下其他作业,包括井下其他作业安全技术基础知识、安全操作技能和典型事故案例(共分3个模块)。

本教材是煤矿掘进、装载机及井下其他作业人员的安全培训教材,也可供煤矿企业的管理人员、工程技术人员和相关人员学习和参考。

图书在版编目(CIP)数据

掘进、装载机及井下其他作业安全培训教材 / 王伟主编. -- 徐州 : 中国矿业大学出版社, 2022.7

ISBN 978-7-5646-5334-7

Ⅰ. ①掘… Ⅱ. ①王… Ⅲ. ①巷道掘进－安全技术－技术培训－教材②装载机－安全技术－技术培训－教材 Ⅳ. ①TD263.2②TH243

中国版本图书馆 CIP 数据核字(2022)第049753号

书　　名　掘进、装载机及井下其他作业安全培训教材
主　　编　王　伟
责任编辑　吴学兵
出版发行　中国矿业大学出版社有限责任公司
(江苏省徐州市解放南路　邮编221008)
营销热线　(0516)83884103　83885105
出版服务　(0516)83995789　83884920
网　　址　http://www.cumtp.com　**E-mail**:cumtpvip@cumtp.com
印　　刷　江苏淮阴新华印务有限公司
开　　本　880 mm×1240 mm　1/32　**印张** 10.875　**字数** 334千字
版次印次　2022年7月第1版　2022年7月第1次印刷
定　　价　35.00元

(图书出现印装质量问题,本社负责调换)

《掘进、装载机及井下其他作业安全培训教材》
编委会

主　任：孙广建　张长合

委　员：席晓辉　袁　伟　何东升　霍保山
汤　桦　陈　辉　王中华　刘夫军
李书文　任树明　杨风才　王　伟
李　飞　黄学志　张文康　李　进
曾朝辰　何　敏　蒋　恒　荣向东
陈　宇　李文峰　黄卓敏　魏　东
陈　杰

《掘进、装载机及井下其他作业安全培训教材》
编写领导小组

组　长：杨风才

副组长：黄学志

成　员：王洪洋　张志春　卢　杰　刘学功
郝明月　魏永建　孙宏权　王智玉
陈树涛　郝永科　刘怀艳　黄社涛
王玉刚　郭　宁

《掘进、装载机及井下其他作业安全培训教材》
编写人员名单

主　　编：王　伟

副 主 编：黄学志　王丙成　程小伟　种波凯　王玉刚

参编人员：顾洪江　刘建功　刘恩波　刘学功　曹钰宝　郝永科　张宝生　刘　浩　高亚洲　丘富旺　王广森　魏垂胜　范扩展　王永强　徐海滨　王清波　葛先永　耿山成　阮理想　黄　山　张　北　谢吉栋　安春明　刘　浩　雷喜良　刘国庆　孟聚光　刘建伟　孙亚辉　胡晓飞　陈　雷　蒋书杰　魏大庆　王志永

前 言

为适应煤矿其他从业人员安全培训工作的实际需要，依据《煤矿安全培训规定》(国家安全生产监督管理总局令第 92 号)、河南省工业和信息化厅制定的《河南省煤矿其他从业人员培训大纲和考核标准(试行)》、2022 版《煤矿安全规程》、《国家煤矿安全监察局关于印发〈煤矿安全生产标准化管理体系考核定级办法(试行)〉和〈煤矿安全生产标准化管理体系基本要求及评分方法(试行)〉的通知》(煤安监行管〔2020〕16 号)等法规和行业相关标准，在深入调研和广泛征求煤矿开展掘进作业、装载机操作作业、井下其他作业人员安全培训意见的基础上，本着针对性、实用性和前瞻性的要求，结合煤矿安全生产实际，我们组织编写了《掘进、装载机及井下其他作业安全培训教材》。

《关于高危行业领域安全技能提升行动计划的实施意见》(应急〔2019〕107 号)和《河南省高危行业领域安全技能提升行动实施方案》(豫应急〔2020〕13 号)要求开发编写分层次、分专业、分岗位的煤矿其他从业人员统一教材和考试题库，为此，按照河南省工业和信息化厅统一安排部署，由河南能源永煤公司职工培训学校负责本教材的组织编写工作。本教材由王伟任主编，刘学功、王丙成等负责组稿、统稿和修改。

本教材内容分 4 部分 16 个模块：第一部分是通用知识，包括煤矿井下从业人员安全素质基本要求、安全技术基础知识和安全操作技能通用知识(共分 7 个模块)；第二部分是掘进作业，包括掘进作业安全技术基础知识、安全操作技能和典型事故案例(共分 3 个模块)；第三部分是装载机操作作业，包括装载机操作作业安全技术基础知识、安全操作技能和典型事故案例(共分 3 个模块)；第四部分是井下其他作业，包括井下其他作业安全技术基础知识、安全操作技能和典型事故案例(共分

3个模块)。

本教材主要有以下特点:

(1) 本教材基于煤矿掘进、装载机及井下其他作业安全培训的实际要求,突出煤矿掘进、装载机及井下其他作业人员安全素质提高和操作技能提升,内容全面、丰富。

(2) 严格按照2022版《煤矿安全规程》、2020版《煤矿安全生产标准化管理体系基本要求及评分方法(试行)》以及最近几年国家颁布实施的一系列法律、法规编写,有针对性地增加了新的实用性知识,符合当前煤矿生产发展的特点。

(3) 本教材进行了形式上的创新,将知识改编成安全素质基本要求、安全技术基础知识和安全操作技能,将单纯的知识传授转变为知识与技能学习,并且按照模块来编写,这样既方便教师系统梳理专业知识及备课、授课,又方便职工阅读学习。本教材层次分明、专业清晰、系统科学,可以作为工具书使用以随时查阅相关的内容。

(4) 本教材进行了数字化创新,配套相关操作视频及数字题库,可利用手机扫码观看操作视频、在线答题,便于学员自我检测培训效果和随时学习巩固培训内容。

为了便于阅读,书中法律名称均省去"中华人民共和国",用简称。

本教材是煤矿掘进、装载机及井下其他作业人员的安全培训教材,也可供煤矿企业的管理人员、工程技术人员和相关人员学习和参考。

限于编者水平,书中难免有不妥之处,敬请广大读者批评指正。

编　者

2022年6月

目 录

第一部分 通用知识

第二部分　掘进作业

第三部分 装载机操作作业

第四部分 井下其他作业

第一部分　通用知识

煤矿井下从业人员安全素质基本要求
安全技术基础知识
安全操作技能通用知识

模块一　法律法规常识

安全素质基本要求一　安全生产方针与法律法规

学习目标

1. 了解我国的安全生产方针。

2. 了解《安全生产法》等法律中有关安全生产的规定。

3. 了解《生产安全事故报告和调查处理条例》等行政法规有关安全生产的规定。

4. 了解《煤矿安全规程》等安全生产规章、细则、行业标准有关安全生产的规定。

5. 学会用法律法规知识保护自己的安全与权益。

安全素质基本要求相关知识

一、安全生产方针

“安全第一、预防为主、综合治理”是开展安全生产管理工作总的指导方针，是长期实践的经验总结。这一方针反映了我们党和国家对安全生产规律的认识，是指导企业安全生产工作总的指导思想和行动准则，所以，企业必须认真贯彻落实“安全第一、预防为主、综合治理”的安全生产方针。

(1)“安全第一”的含义。“安全第一”说明的是安全与生产、效益及其他活动的关系，强调在从事生产经营活动中要突出抓好安全，始终不忘把安全工作与其他经济活动同时安排、同时部署，当安全工作与其他活动发生冲突与矛盾时，其他活动要服从安全，绝不能以牺牲人的生命、健康、财产损失为代价换取发展和效益。

(2)“预防为主”的含义。“预防为主”是对“安全第一”思想的深化，就是把安全生产工作的关口前移、重心下移、超前防范，建立预教、预测、预想、预报、预警、预防的递进式、立体式事故隐患预防体系，以隐患排查治理和建设本质安全为目标，实现事故的预先防范体制，改善安全状况，预防事故发生。

(3)“综合治理”的含义。将“综合治理”纳入安全生产方针，标志着对安全生产的认识上升到一个新的高度，是贯彻落实科学发展观的具体体现，秉承“安全发展”的理念，从遵循和适应安全生产的规律出发，综合运用法律、经济、行政等手段，人管、法管、技防等多管齐下，并充分发挥社会、职工、舆论的监督作用，从责任、制度、培训等多方面着力，形成标本兼治、齐抓共管的格局。

(4)“安全第一、预防为主、综合治理”的关系。“安全第一、预防为主、综合治理”是一个完整的体系，是相辅相成、辩证统一的整体。安全第一是原则，预防为主是手段，综合治理是方法。安全第一是预防为主、综合治理的统帅和灵魂，没有安全第一的思想，预防为主就失去了思想支撑，综合治理就失去了整治依据。预防为主是实现安全第一的根本途径。只有把安全生产的重点放在建立事故预防体系上，超前采取措施，才能有效防止和减少事故。只有采取综合治理，才能实现人、机、物、环境的统一，实现本质安全，真正把安全第一、预防为主落到实处。

二、煤矿安全生产相关法律法规

在我国，以《安全生产法》为龙头，以相关法律、行政法规、部门规章、地方性法规、地方行政规章和其他规范性文件以及安全生产国家标准、行业标准为主体的安全生产法律法规体系已经初步形成，而且还在不断健全和完善，促进了安全生产管理工作的规范化、制度化和科学化。与煤矿安全生产相关的法律法规见表1-1。

表 1-1　煤矿安全生产相关法律法规

序号	名称		制定机关	主要法律法规
1	法律		全国人民代表大会及其常务委员会	《刑法》《安全生产法》《矿山安全法》《矿产资源法》《煤炭法》《职业病防治法》《劳动法》《劳动合同法》等
2	法规	行政法规	国务院	《煤矿安全监察条例》《安全生产许可证条例》《工伤保险条例》《矿山安全法实施条例》《国务院关于特大安全事故行政责任追究的规定》《国务院关于预防煤矿生产安全事故的特别规定》《生产安全事故报告和调查处理条例》《企业职工伤亡事故报告和处理规定》等
		地方性法规	地方人民代表大会及其常务委员会	《河南省安全生产条例》等
3	规章	行政规章	国务院所属部委	《煤矿安全规程》《煤矿救护规程》《爆破安全规程》《安全生产事故隐患排查治理暂行规定》《生产经营单位安全培训规定》《煤矿安全培训规定》《特种作业人员安全技术培训考核管理规定》《煤矿企业安全生产许可证实施办法》《煤矿安全生产基本条件规定》《安全生产违法行为行政处罚办法》等
		地方性规章	地方政府所属部门	《河南省煤矿水害防治工作若干规定（试行）》《河南省煤炭经营监督管理实施细则》等

表 1-1(续)

序号	名称		制定机关	主要法律法规
4	标准	国家标准(GB)	国务院标准化行政主管部门	《安全色》(GB 2893—2008)、《安全标志及其使用导则》(GB 2894—2008)、《矿山安全标志》(GB 14161—2008)等
		行业标准(AQ、MT 等)	国务院有关行政主管部门	《矿井瓦斯等级鉴定规范》(AQ 1025—2006)、《煤矿井工开采通风技术条件》(AQ 1028—2006)、《煤矿井下安全标志》(AQ 1017—2005)等
5	规范性文件			《关于加强煤矿班组安全生产建设的指导意见》《关于加强国有重点煤矿安全基础管理的指导意见》等

(一) 安全生产法律

1.《安全生产法》

《安全生产法》是为了加强安全生产工作,防止和减少生产安全事故,保障人民群众生命和财产安全,促进经济社会持续健康发展而制定的,自 2002 年 11 月 1 日起施行。根据 2021 年 6 月 10 日第十三届全国人民代表大会常务委员会第二十九次会议《关于修改〈中华人民共和国安全生产法〉的决定》第三次修正,自 2021 年 9 月 1 日起施行。内容包括总则、生产经营单位的安全生产保障、从业人员的安全生产权利义务、安全生产的监督管理、生产安全事故的应急救援与调查处理、法律责任和附则等。

(1) 生产经营单位的从业人员有依法获得安全生产保障的权利,并应当依法履行安全生产方面的义务。

(2) 国家对在改善安全生产条件、防止生产安全事故、参加抢险救护等方面取得显著成绩的单位和个人，给予奖励。

(3) 生产经营单位应当具备该法和有关法律、行政法规和国家标准或者行业标准规定的安全生产条件；不具备安全生产条件的，不得从事生产经营活动。

(4) 生产经营单位的全员安全生产责任制应当明确各岗位的责任人员、责任范围和考核标准等内容。生产经营单位应当建立相应的机制，加强对全员安全生产责任制落实情况的监督考核，保证全员安全生产责任制的落实。

(5) 矿山、金属冶炼、建筑施工、运输单位和危险物品的生产、经营、储存、装卸单位，应当设置安全生产管理机构或者配备专职安全生产管理人员。

(6) 生产经营单位应当对从业人员进行安全生产教育和培训，保证从业人员具备必要的安全生产知识，熟悉有关的安全生产规章制度和安全操作规程，掌握本岗位的安全操作技能，了解事故应急处理措施，知悉自身在安全生产方面的权利和义务。未经安全生产教育和培训合格的从业人员，不得上岗作业。

生产经营单位应当建立安全生产教育和培训档案，如实记录安全生产教育和培训的时间、内容、参加人员以及考核结果等情况。

(7) 生产经营单位采用新工艺、新技术、新材料或者使用新设备，必须了解、掌握其安全技术特性，采取有效的安全防护措施，并对从业人员进行专门的安全生产教育和培训。

(8) 国家对严重危及生产安全的工艺、设备实行淘汰制度。生产经营单位不得使用应当淘汰的危及生产安全的工艺、设备。

(9) 生产经营单位对重大危险源应当登记建档，进行定期检测、评估、监控，并制定应急预案，告知从业人员和相关人员在紧急情况下应当采取的应急措施。

(10) 生产经营单位必须为从业人员提供符合国家标准或者行业标准的劳动防护用品，并监督、教育从业人员按照使用规则佩戴、使用。

(11) 生产经营单位必须依法参加工伤保险，为从业人员缴纳保险费。

（12）生产经营单位与从业人员订立的劳动合同，应当载明有关保障从业人员劳动安全、防止职业危害的事项，以及依法为从业人员办理工伤保险的事项。

生产经营单位不得以任何形式与从业人员订立协议，免除或者减轻其对从业人员因生产安全事故伤亡依法应承担的责任。

（13）生产经营单位的从业人员有权了解其作业场所和工作岗位存在的危险因素、防范措施及事故应急措施，有权对本单位的安全生产工作提出建议。

（14）从业人员有权对本单位安全生产工作中存在的问题提出批评、检举、控告；有权拒绝违章指挥和强令冒险作业。

生产经营单位不得因从业人员对本单位安全生产工作提出批评、检举、控告或者拒绝违章指挥、强令冒险作业而降低其工资、福利等待遇或者解除与其订立的劳动合同。

（15）从业人员发现直接危及人身安全的紧急情况时，有权停止作业或者在采取可能的应急措施后撤离作业场所。

生产经营单位不得因从业人员在前款紧急情况下停止作业或者采取紧急撤离措施而降低其工资、福利等待遇或者解除与其订立的劳动合同。

（16）生产经营单位发生生产安全事故后，应当及时采取措施救治有关人员。

因生产安全事故受到损害的从业人员，除依法享有工伤保险外，依照有关民事法律尚有获得赔偿的权利的，有权提出赔偿要求。

（17）从业人员在作业过程中，应当严格落实岗位安全责任，遵守本单位的安全生产规章制度和操作规程，服从管理，正确佩戴和使用劳动防护用品。

（18）工会有权对建设项目的安全设施与主体工程同时设计、同时施工、同时投入生产和使用进行监督，提出意见。

工会对生产经营单位违反安全生产法律、法规，侵犯从业人员合法权益的行为，有权要求纠正；发现生产经营单位违章指挥、强令冒险作业或者发现事故隐患时，有权提出解决的建议，生产经营单位应当及时研究答复；发现危及从业人员生命安全的情况时，有权向生产经营单位建议组织从业人员撤离危险场所，生产经营单位必须立即作出处理。

工会有权依法参加事故调查，向有关部门提出处理意见，并要求追究有关人员的责任。

(19) 生产经营单位对负有安全生产监督管理职责的部门的监督检查人员依法履行监督检查职责，应当予以配合，不得拒绝、阻挠。

(20) 负有安全生产监督管理职责的部门应当建立举报制度，公开举报电话、信箱或者电子邮件地址等网络举报平台，受理有关安全生产的举报；受理的举报事项经调查核实后，应当形成书面材料；需要落实整改措施的，报经有关负责人签字并督促落实。对不属于本部门职责，需要由其他有关部门进行调查处理的，转交其他有关部门处理。

涉及人员死亡的举报事项，应当由县级以上人民政府组织核查处理。

(21) 生产经营单位发生生产安全事故后，事故现场有关人员应当立即报告本单位负责人。

单位负责人接到事故报告后，应当迅速采取有效措施，组织抢救，防止事故扩大，减少人员伤亡和财产损失，并按照国家有关规定立即如实报告当地负有安全生产监督管理职责的部门，不得隐瞒不报、谎报或者迟报，不得故意破坏事故现场、毁灭有关证据。

2.《劳动法》

《劳动法》是为了保护劳动者的合法权益，调整劳动关系，建立和维护适应社会主义市场经济的劳动制度，促进经济发展和社会进步而制定的，自 1995 年 1 月 1 日起施行。根据 2018 年 12 月 29 日第十三届全国人民代表大会常务委员会第七次会议《关于修改〈中华人民共和国劳动法〉等七部法律的决定》第二次修正。

《劳动法》规定了劳动者享有的基本权利和义务。劳动者享有平等就业和选择职业的权利、取得劳动报酬的权利、休息休假的权利、获得劳动安全卫生保护的权利、接受职业技能培训的权利、享受社会保险和福利的权利、提请劳动争议处理的权利以及法律规定的其他劳动权利。

劳动者应当完成劳动任务，提高职业技能，执行劳动安全卫生规程，遵守劳动纪律和职业道德。

国家实行劳动者每日工作时间不超过 8 小时、平均每周工作时间不超过 44 小时的工时制度。用人单位应当保证劳动者每周至少休息一日。劳动者连续工作一年以上的，享受带薪年休假。用人单位与劳动者发生劳动争议，当事人可以依法申请调解、仲裁、提起诉讼，也可以协商解决。

休息日安排劳动者工作又不能安排补休的，支付不低于工资的200％的工资报酬。

《劳动法》规定禁止用人单位招用未满 16 周岁的未成年人。

3.《劳动合同法》

《劳动合同法》是为了完善劳动合同制度，明确劳动合同双方当事人的权利和义务，保护劳动者的合法权益，构建和发展和谐稳定的劳动关系而制定的，自 2008 年 1 月 1 日起施行。该法修正案于 2012 年 12 月 28 日通过，自 2013 年 7 月 1 日起施行。

《劳动合同法》规定，订立劳动合同，应当遵循合法、公平、平等自愿、协商一致、诚实信用的原则。用人单位招用劳动者时，应当如实告知劳动者工作内容、工作条件、工作地点、职业危害、安全生产状况、劳动报酬，以及劳动者要求了解的其他情况；用人单位有权了解劳动者与劳动合同直接相关的基本情况，劳动者应当如实说明。

劳动合同应当具备以下条款：① 用人单位的名称、住所和法定代表人或者主要负责人；② 劳动者的姓名、住址和居民身份证或者其他有效身份证件号码；③ 劳动合同期限；④ 工作内容和工作地点；⑤ 工作时间和休息休假；⑥ 劳动报酬；⑦ 社会保险；⑧ 劳动保护、劳动条件和职业危害防护；⑨ 法律、法规规定应当纳入劳动合同的其他事项。

劳动合同期限 3 个月以上不满 1 年的，试用期不得超过 1 个月；劳动合同期限 1 年以上不满 3 年的，试用期不得超过 2 个月；3 年以上固定期限和无固定期限的劳动合同，试用期不得超过 6 个月。劳动者在试用期的工资不得低于本单位相同岗位最低档工资或者劳动合同约定工资的百分之八十，并不得低于用人单位所在地的最低工资标准。

劳动者拒绝用人单位管理人员违章指挥、强令冒险作业的不视为违反劳动合同。

4.《刑法修正案(十一)》

《刑法》是规定犯罪、刑事责任和刑罚的法律，是追究安全生产违法犯罪行为刑事责任的重要依据。

2020 年 12 月 26 日，第十三届全国人民代表大会常务委员会第二十四次会议通过《中华人民共和国刑法修正案(十一)》，自 2021 年 3 月 1 日起施行。其中涉及安全生产的主要内容如下：

“强令他人违章冒险作业，或者明知存在重大事故隐患而不排除，仍冒险组织作业，因而发生重大伤亡事故或者造成其他严重后果的，处五年以下有期徒刑或者拘役；情节特别恶劣的，处五年以上有期徒刑。”

“在生产、作业中违反有关安全管理的规定，有下列情形之一，具有发生重大伤亡事故或者其他严重后果的现实危险的，处一年以下有期徒刑、拘役或者管制：

“(一) 关闭、破坏直接关系生产安全的监控、报警、防护、救生设备、设施，或者篡改、隐瞒、销毁其相关数据、信息的；

“(二) 因存在重大事故隐患被依法责令停产停业、停止施工、停止使用有关设备、设施、场所或者立即采取排除危险的整改措施，而拒不执行的；

“(三) 涉及安全生产的事项未经依法批准或者许可，擅自从事矿山开采、金属冶炼、建筑施工，以及危险物品生产、经营、储存等高度危险的生产作业活动的。”

5.《职业病防治法》

《职业病防治法》是为了预防、控制和消除职业病危害，防治职业病，保护劳动者健康及其相关权益，促进经济发展而制定的，自 2002 年 5 月 1 日起施行。根据 2018 年 12 月 29 日第十三届全国人民代表大会常务委员会第七次会议《关于修改〈中华人民共和国劳动法〉等七部法律的决定》第四次修正。

《职业病防治法》规定，职业病防治工作坚持预防为主、防治结合的方针，建立用人单位负责、行政机关监管、行业自律、职工参与和社会监管的机制,实行分类管理、综合治理。劳动者依法享有职业卫生保护的权利。

该法所称职业病,是指企业、事业单位和个体经济组织等用人单位的劳动者在职业活动中,因接触粉尘、放射性物质和其他有毒、有害因素而引起的疾病。

（二）安全生产行政法规

1.《生产安全事故报告和调查处理条例》

《生产安全事故报告和调查处理条例》是为了规范生产安全事故的报告和调查处理,落实生产安全事故责任追究制度,防止和减少生产安全事故而制定的,自 2007 年 6 月 1 日起施行。

该条例将事故划分为特别重大事故、重大事故、较大事故和一般事故 4 个等级。

事故报告应当及时、准确、完整,任何单位和个人对事故不得迟报、漏报、谎报或者瞒报。事故发生后,事故现场有关人员应当立即向本单位负责人报告;单位负责人接到报告后,应当于 1 小时内向事故发生地县级以上人民政府安全生产监督管理部门和负有安全生产监督管理职责的有关部门报告。

2.《工伤保险条例》

《工伤保险条例》是为了保障因工作遭受事故伤害或者患职业病的职工获得医疗救治和经济补偿,促进工伤预防和职业康复,分散用人单位的工伤风险而制定的,自 2004 年 1 月 1 日起施行,2010 年 12 月 20 日进行了修订,自 2011 年 1 月 1 日起施行。

《工伤保险条例》内容包括总则、工伤保险基金、工伤认定、劳动能力鉴定、工伤保险待遇、监督管理、法律责任等。

该条例规定用人单位应当按时缴纳工伤保险费,职工个人不缴纳工伤保险费;职工因工作遭受事故伤害或者患职业病进行治疗,享受工伤医疗待遇;职工因工作遭受事故伤害或者患职业病需要暂停工作接受工伤医疗的,在停工留薪期内,原工资福利待遇不变,由所在单位按月支付;生活不能自理的工伤职工在停工留薪期需要护理的,由所在单位负责。

职工有下列情形之一的，应当认定为工伤：① 在工作时间和工作场所内，因工作原因受到事故伤害的。② 工作时间前后在工作场所内，从事与工作有关的预备性或者收尾性工作受到事故伤害的。③ 在工作时间和工作场所内，因履行工作职责受到暴力等意外伤害的。④ 患职业病的。⑤ 因工外出期间，由于工作原因受到伤害或者发生事故下落不明的。⑥ 在上下班途中，受到非本人主要责任的交通事故或者城市轨道交通、客运轮渡、火车事故伤害的。⑦ 法律、行政法规规定应当认定为工伤的其他情形。

职工有下列情形之一的，不得认定为工伤或者视同工伤：① 故意犯罪的；② 醉酒或者吸毒的；③ 自残或者自杀的。

（三）安全生产规章、细则、行业标准

1.《煤矿安全规程》

《煤矿安全规程》是煤矿企业必须遵守的法定规程，其制定目的是保障煤矿安全生产和从业人员的人身安全与健康，防止煤矿事故与职业病危害。2022 版《煤矿安全规程》根据《应急管理部关于修改〈煤矿安全规程〉的决定》修订，自 2022 年 4 月 1 日起施行。

第四条 从事煤炭生产与煤矿建设的企业（以下统称煤矿企业）必须遵守国家有关安全生产的法律、法规、规章、规程、标准和技术规范。

煤矿企业必须加强安全生产管理，建立健全各级负责人、各部门、各岗位安全生产与职业病危害防治责任制。

煤矿企业必须建立健全安全生产与职业病危害防治目标管理、投入、奖惩、技术措施审批、培训、办公会议制度，安全检查制度，安全风险分级管控工作制度，事故隐患排查、治理、报告制度，事故报告与责任追究制度等。

煤矿企业必须制定重要设备材料的查验制度，做好检查验收和记录，防爆、阻燃抗静电、保护等安全性能不合格的不得入井使用。

煤矿企业必须建立各种设备、设施检查维修制度，定期进行检查维修，并做好记录。

煤矿必须制定本单位的作业规程和操作规程。

第八条 ……从业人员有权制止违章作业，拒绝违章指挥；当工作地点出现险情时，有权立即停止作业，撤到安全地点；当险情没有得到处理不能保证人身安全时，有权拒绝作业。

从业人员必须遵守煤矿安全生产规章制度、作业规程和操作规程，严禁违章指挥、违章作业。

2.《防治煤与瓦斯突出细则》

为了加强防治煤(岩)与瓦斯(二氧化碳)突出的工作，预防煤矿事故，保障从业人员生命安全，原国家煤矿安全监察局于 2019 年 7 月 16 日颁布了《防治煤与瓦斯突出细则》，自 2019 年 10 月 1 日起施行。

第四十一条 突出矿井的管理人员和井下工作人员必须接受防突知识的培训，经考试合格后方可上岗作业。

各类人员的培训达到下列要求：

(1) 突出矿井的井下工作人员的培训包括防突基本知识以及与本岗位相关的防突规章制度。

(2) 突出矿井的区(队)长、班组长和有关职能部门的工作人员应当全面熟悉两个“四位一体”综合防突措施、防突的规章制度等内容。

(3) 突出矿井的防突工属于特种作业人员，必须接受防突知识、操作技能的专门培训，并取得特种作业操作证。

(4) 有突出矿井的煤矿企业技术负责人和突出矿井的矿长、总工程师应当接受防突专项培训，具备突出矿井的安全生产知识和管理能力。

第四十二条 突出矿井的矿长、总工程师、防突机构和安全管理机构负责人、防突工应当满足下列要求：

矿长、总工程师应当具备煤矿相关专业大专及以上学历，具有 3 年以上煤矿相关工作经历；

防突机构和安全管理机构负责人应当具备煤矿相关中专及以上学历，具有 2 年以上煤矿相关工作经历；

防突机构应当配备不少于 2 名专业技术人员，具备煤矿相关专业中专及以上学历；

防突工应当具备初中及以上文化程度(新上岗的煤矿特种作业人员应当具备高中及以上文化程度)，具有煤矿相关工作经历，或者具备职业高中、技工学校及中专以上相关专业学历。

3.《煤矿防灭火细则》

为了加强煤矿防灭火工作，有效防控煤矿火灾事故，保障煤矿安全生产及从业人员生命和健康，国家矿山安全监察局于2021年10月12日颁布了《煤矿防灭火细则》，自2022年1月1日起施行。

第三条　煤矿企业、煤矿的主要负责人（法定代表人、实际控制人）是本单位防灭火工作的第一责任人，总工程师是防灭火工作的技术负责人。

煤矿企业、煤矿应当明确防灭火工作负责部门，建立健全防灭火管理制度和各级岗位责任制度。开采容易自燃和自燃煤层的矿井应当配备满足需要的防灭火专业技术人员。

第五条　开采容易自燃和自燃煤层的矿井，必须建立注浆系统或者注惰性气体防火系统，并建立煤矿自然发火监测系统。

第九条　煤矿企业、煤矿必须对从业人员进行防灭火教育和培训，定期对防灭火专业技术人员进行培训，提高其防灭火工作技能和有效处置火灾的应急能力。

第十一条　鼓励煤矿企业、煤矿和科研单位开展煤矿火灾防治科技攻关，研发、推广新技术、新工艺、新材料、新装备，提高煤矿火灾防治能力和智能化水平。

第三十八条　井下严格实行明火管制，并符合下列规定：

（一）严禁在采掘工作面进行电焊、气割等动火作业。

（二）严禁携带烟草和点火物品，严禁穿化纤衣服入井。

（三）井下严禁使用灯泡取暖和使用电炉。

（四）井下爆破作业时，应当按照矿井瓦斯等级选用煤矿许用炸药和雷管，并严格按施工工艺进行爆破。

（五）井口和井下电气设备必须装设防雷击和防短路的保护装置。

第八十五条　当井下发现自然发火征兆时，必须停止作业，立即采取有效措施处置。在发火征兆不能得到有效控制时，必须撤出人员，封闭危险区域。进行封闭施工作业时，其他区域所有人员必须全部撤出。

第八十九条　任何人发现井下火灾时，应当视火灾性质、灾区通风和瓦斯情况，立即采取一切可能的方法直接灭火，控制火势，并迅速报告矿调度室。矿调度室在接到井下火灾报告后，应当立即按灾害预防和处理计划通知有关人员组织抢救灾区人员和实施灭火工作。

矿值班调度和在现场的区、队、班组长应当依照灾害预防和处理计划的规定，将所有可能受火灾威胁区域中的人员撤离，并组织人员灭火。电气设备着火时，应当首先切断其电源；在切断电源前，必须使用不导电的灭火器材进行灭火。

抢救人员和灭火过程中，必须指定专人检查甲烷、一氧化碳、煤尘以及其他有害气体浓度和风向、风量的变化，并采取防止瓦斯、煤尘爆炸和人员中毒的安全措施。

4.《煤矿安全生产标准化管理体系考核定级办法（试行）》和《煤矿安全生产标准化管理体系基本要求及评分方法（试行）》

为贯彻执行《安全生产法》关于“推进安全生产标准化建设”的规定，原国家煤矿安全监察局组织制定了《煤矿安全生产标准化管理体系考核定级办法（试行）》和《煤矿安全生产标准化管理体系基本要求及评分方法（试行）》（煤安监行管〔2020〕16 号），要求煤矿企业按照新标准化管理体系开展达标创建，进一步深入推进煤矿安全生产标准化管理体系建设深入开展。

1）《煤矿安全生产标准化管理体系考核定级办法（试行）》相关内容

（1）《煤矿安全生产标准化管理体系考核定级办法（试行）》规定，煤矿安全生产标准化管理体系考核等级分为一级、二级、三级 3 个等级，所应达到的要求为：

一级：煤矿安全生产标准化管理体系考核加权得分及各部分得分均不低于 90 分，且不存在下列情形：① 井工煤矿井下单班作业人数超过有关限员规定的；② 发生生产安全死亡事故，自事故发生之日起，一般事故未满 1 年、较大及重大事故未满 2 年、特别重大事故未满 3 年的；③ 安全生产标准化管理体系一级检查考核未通过，自考核定级部门检查之日起未满 1 年的；④ 因管理滑坡或存在重大事故隐患且组织生产被降级或撤销等级未满 1 年的；⑤ 露天煤矿采煤对外承包的，或将剥离工程承包给 2 家(不含)以上施工单位的;⑥ 被列入安全生产"黑名单"或在安全生产联合惩戒期内的;⑦ 井下违规使用劳务派遣工的。

二级:煤矿安全生产标准化管理体系考核加权得分及各部分得分均不低于 80 分,且不存在下列情形:① 井工煤矿井下单班作业人数超过有关限员规定的;② 发生生产安全死亡事故,自事故发生之日起,一般事故未满半年、较大及重大事故未满 1 年、特别重大事故未满 3 年的;③ 因存在重大事故隐患且组织生产被撤销等级未满半年的;④ 被列入安全生产"黑名单"或在安全生产联合惩戒期内的。

三级:煤矿安全生产标准化管理体系考核加权得分及各部分得分均不低于 70 分。

(2) 煤矿安全生产标准化管理体系等级实行分级考核定级。

申报一级的煤矿由省级煤矿安全生产标准化工作主管部门组织初审,国家煤矿安全监察局组织考核定级。申报二级、三级的煤矿的初审和考核定级部门由省级煤矿安全生产标准化工作主管部门确定。

(3) 煤矿安全生产标准化管理体系考核定级按照企业自评申报、初审、考核、公示、公告的程序进行。煤矿安全生产标准化管理体系考核定级部门原则上应在收到煤矿企业申请后的 60 个工作日内完成考核定级。煤矿企业和各级煤矿安全生产标准化工作主管部门,应通过国家煤矿安监局"煤矿安全生产标准化管理体系信息管理系统"完成申报、初审、考核、公示、公告等各环节工作。未按照规定的程序和信息化方式开展考核定级等工作的,不予公告确认。

2)《煤矿安全生产标准化管理体系基本要求及评分方法(试行)》相关内容

《煤矿安全生产标准化管理体系基本要求及评分方法(试行)》包括理念目标和矿长安全承诺、组织机构、安全生产责任制及安全管理制度、从业人员素质、安全风险分级管控、事故隐患排查治理、质量控制和持续改进等 8 个要素。

安全素质基本要求二
从业人员安全生产的权利与义务

学习目标

1. 熟悉从业人员安全生产的权利。
2. 熟悉从业人员在安全生产中应尽的义务。

安全素质基本要求相关知识

《安全生产法》等法律法规，赋予了广大生产经营单位从业人员依法获得安全生产保障的权利；从业人员在享有安全生产保障权利的同时，也必须依法履行安全生产方面的义务。

一、从业人员安全生产的权利

1. 劳动保护和提请劳动争议处理权

职工有要求用人单位保障职工的劳动安全、防治职业病危害的权利。职工与用人单位建立劳动关系时，应当要求订立劳动合同，劳动合同应当载明为职工提供符合国家法律、法规、标准规定的劳动安全卫生条件和必要的劳动防护用品；工作场所存在的职业病危害因素以及有效的防护措施；对从事有毒有害作业的职工定期进行健康检查；依法为职工办理工伤保险等。

当职工的劳动保护权益受到伤害，或者与用人单位因劳动保护问题发生纠纷时，有向有关部门提请劳动争议处理的权利。

2. 安全生产知情权

职工有权了解作业场所和工作岗位存在的危险因素、危害后果，以及针对危险因素应采取的防范措施和事故应急措施，用人单位必须向职工如实告知，不得隐瞒和欺骗；进入工作面前，职工有权要求跟班干部或班长检查工作面，并制定具体安全措施。如果用人单位没有如实告知，职工有权拒绝工作，用人单位不得因此做出对职工不利的处分。

3. 参与安全生产管理权

职工有权参加本单位安全生产工作的民主管理和民主监督，对本单位的安全生产工作提出意见和建议，对不符合党和国家安全生产方针和法律、法规规定的规章、制度有权提出修改意见，用人单位应重视和尊重职工的意见和建议，并及时做出答复。

4. 安全生产监督权

职工有权对企业贯彻、执行党和国家安全生产方针的情况、有关安全生产法规及管理制度的执行情况、管理干部行为、作业现场的安全情况、安全技术措施专项费用使用情况进行监督。

5. 安全生产教育培训权

职工享有参加安全生产教育培训的权利。用人单位应依法对职工进行安全生产法律、法规、规程及相关标准的教育培训，使职工掌握从事岗位工作所必须具备的安全生产知识和技能。用人单位没有依法对职工进行安全生产教育培训，特殊工种作业人员未取得操作资格证书的，职工有权拒绝上岗作业。

6. 职业健康防治权

对于从事接触职业病危害因素或可能导致职业病作业的职工，有权获得职业健康检查并了解检查结果。被诊断为患有职业病的职工有依法享受职业病待遇，接受治疗、康复和定期检查的权利。

7. 拒绝违章指挥权

违章指挥是指用人单位的有关管理人员违反安全生产的法律法规和有关安全规程、规章制度的规定，指挥从业人员进行作业的行为；强令冒险作业是指用人单位的有关管理人员，明知开始或继续作业可能会有重大危险，仍然强迫职工进行作业的行为。违章指挥、强令冒险作业违背了“安全第一”的方针，侵犯了职工的合法权益，职工有权拒绝；违章操作，职工有权制止；跟班干部擅离工作岗位，职工有权向有关方面报告。用人单位不得因职工拒绝违章指挥和强令冒险作业而打击报复，降低其工资、福利等待遇或解除与其订立的劳动合同。

8. 停止作业避险权

职工发现直接危及人身安全的紧急情况时，有权停止作业，或者在采取可能的应急措施后，撤离作业场所。用人单位不得因职工在紧急情况下停止作业或者采取紧急撤离措施而降低其工资、福利待遇或者解除与其订立的劳动合同。但职工在行使这一权利时要慎重，要尽可能正确判断险情危及人身安全的程度。

9. 工伤保险和民事索赔权

用人单位应当依法为职工办理工伤保险，为职工缴纳工伤保险费。职工因安全生产事故受到伤害，除依法应当享受工伤保险外，还有权向用人单位要求民事赔偿。工伤保险和民事赔偿不能互相取代。

10. 批评、检举和控告权

职工有权向煤矿企业和煤炭管理部门、工会组织举报违反有关安全生产法律、法规、制度的行为；有权检举违章指挥、违章作业者；有权反映作业现场安全管理情况和不安全因素。检举可以署名，也可以不署名；可以用书面形式，也可以用口头形式。但是，职工在行使这一权利时，应注意检举和控告的情况必须真实，要实事求是。用人单位不得因职工行使上述权利而对其进行打击、报复，包括不得因此而降低其工资、福利待遇或者解除与其订立的劳动合同。在进行安全生产监督检查时，如果受到打击报复和迫害，职工有权向上级或政府有关部门、工会组织投诉和控告；有权对忽视安全、玩忽职守造成事故的责任者进行检举；有权对隐瞒事故的单位和责任者提出控告。

从业人员离开煤矿企业时，有权索取本人职业健康监护档案复印件，煤矿企业必须如实、无偿提供，并在所提供的复印件上签章。

二、从业人员安全生产的义务

1. 遵守安全生产规章制度和操作规程的义务

职工不仅要严格遵守安全生产有关法律法规，还应当遵守用人单位的安全生产规章制度和操作规程，这是职工在安全生产方面的一项法定义务。职工必须增强法纪观念，自觉遵章守纪，从维护国家利益、集体利益以及自身利益出发，把遵章守纪、按章操作落实到具体的工作中。

2. 服从安全生产管理的义务

服从煤矿安全检查、安全监察管理；自觉服从安全监督部门、安全监察部门的指挥，自觉配合安全监察人员的工作，协助他们执行公务，并提供真实信息和有关资料。

用人单位的安全生产管理人员一般具有较多的安全生产知识和较丰富的经验，职工服从管理，可以保持生产经营活动的良好秩序，有效地避免、减少生产安全事故的发生。因此，职工应当服从管理，这也是职工在安全生产方面的一项法定义务。当然，职工对于违章指挥、强令冒险作业的行为，有权拒绝。

3. 正确佩戴和使用劳动防护用品的义务

劳动防护用品是保护职工在劳动过程中安全与健康的一种防御性装备，不同的劳动防护用品有其特定的佩戴和使用规则、方法，只有正确佩戴和使用，方能真正起到防护作用。用人单位在为职工提供符合国家或行业标准的劳动防护用品后，职工有义务正确佩戴和使用劳动防护用品。

4. 发现事故隐患及时报告并参加抢险救灾的义务

职工发现事故隐患和不安全因素后，应及时向现场安全生产管理人员或本单位负责人报告，接到报告的人员应当及时予以处理。一般来说，职工报告得越早，接受报告的人员处理得越早，事故隐患和其他职业危险因素可能造成的危害就越小。在煤矿发生事故后，职工应积极参加抢救事故，不能以任何借口逃避事故抢救工作。

5. 接受安全生产培训教育的义务

职工应依法接受安全生产的教育和培训，掌握所从事岗位工作所需的安全生产知识，提高安全生产技能，增强事故预防和应急处理能力。特殊性工种作业人员和有关法律法规规定须持证上岗的作业人员，必须经培训考核合格后，依法取得相应的资格证书或合格证书，方可上岗作业。

6. 改善工作环境和爱护生产设施、设备的义务

职工在工作中，应积极参加技术革新活动，提出合理化建议，不断改善劳动条件和工作环境。

煤矿企业的生产设备及安全生产设施是安全生产的保证，要自觉维护其正常运转和安全使用，使其发挥保障安全生产的作用。

安全素质基本要求三　劳动保护制度

学习目标

1. 了解劳动安全卫生制度。
2. 了解特殊劳动保护制度。
3. 了解工作时间和休息休假制度。

安全素质基本要求相关知识

劳动保护是国家和单位为保护劳动者在劳动生产过程中的安全和健康所采取的立法、组织和技术措施的总称，是指根据国家法律、法规，依靠技术进步和科学管理，采取组织措施和技术措施，消除危及人身安全健康的不良条件和行为，防止事故和职业病，保护劳动者在劳动过程中的安全与健康。根据《劳动法》的规定，劳动保护制度主要包括以下几类。

一、劳动安全卫生制度

劳动安全卫生保护的内容十分广泛，且因不同行业有着不同的重点和差别，《劳动法》在第六章规定了劳动安全卫生制度的基本内容：

(1) 用人单位必须建立、健全劳动安全卫生制度，严格执行国家劳动安全卫生规程和标准，对劳动者进行劳动安全卫生教育，防止劳动过程中的事故，减少职业危害。

(2) 劳动安全卫生设施必须符合国家规定的标准。

新建、改建、扩建工程的劳动安全卫生设施必须与主体工程同时设计、同时施工、同时投入生产和使用。

(3) 用人单位必须为劳动者提供符合国家规定的劳动安全卫生条件和必要的劳动防护用品，对从事有职业危害作业的劳动者应当定期进行健康检查。

(4) 从事特种作业的劳动者必须经过专门培训并取得特种作业

资格。

(5) 劳动者在劳动过程中必须严格遵守安全操作规程。

劳动者对用人单位管理人员违章指挥、强令冒险作业，有权拒绝执行；对危害生命安全和身体健康的行为，有权提出批评、检举和控告。

(6) 国家建立伤亡事故和职业病统计报告和处理制度。县级以上各级人民政府劳动行政部门、有关部门和用人单位应当依法对劳动者在劳动过程中发生的伤亡事故和劳动者的职业病状况，进行统计、报告和处理。

二、特殊劳动保护制度

(1) 国家对女职工和未成年工实行特殊劳动保护。未成年工是指年满 16 周岁未满 18 周岁的劳动者。

(2) 禁止安排女职工从事矿山井下、国家规定的第四级体力劳动强度的劳动和其他禁忌从事的劳动。

(3) 不得安排女职工在经期从事高处、低温、冷水作业和国家规定的第三级体力劳动强度的劳动。

(4) 不得安排女职工在怀孕期间从事国家规定的第三级体力劳动强度的劳动和孕期禁忌从事的劳动。对怀孕 7 个月以上的女职工，不得安排其延长工作时间和夜班劳动。

(5) 女职工生育享受不少于 90 天的产假。

(6) 不得安排女职工在哺乳未满 1 周岁的婴儿期间从事国家规定的第三级体力劳动强度的劳动和哺乳期禁忌从事的其他劳动，不得安排其延长工作时间和夜班劳动。

(7) 不得安排未成年工从事矿山井下、有毒有害、国家规定的第四级体力劳动强度的劳动和其他禁忌从事的劳动。

(8) 用人单位应当对未成年工定期进行健康检查。

三、工作时间和休息休假制度

(1) 国家实行劳动者每日工作时间不超过 8 小时、平均每周工作时间不超过 44 小时的工时制度。

(2) 对实行计件工作的劳动者，用人单位应当根据上一条规定的工时制度合理确定其劳动定额和计件报酬标准。

(3) 用人单位应当保证劳动者每周至少休息1日。

(4) 企业因生产特点不能实行上述规定的,经劳动行政部门批准,可以实行其他工作和休息办法。

(5) 用人单位在下列节日期间应当依法安排劳动者休假:元旦、春节、国际劳动节、国庆节及法律、法规规定的其他休假节日等。

(6) 用人单位由于生产经营需要,经与工会和劳动者协商后可以延长工作时间,一般每日不得超过1小时;因特殊原因需要延长工作时间的,在保障劳动者身体健康的条件下延长工作时间每日不得超过3小时,但是每月不得超过36小时。

(7) 有下列情形之一的,延长工作时间不受上一条的限制:① 发生自然灾害、事故或者因其他原因,威胁劳动者生命健康和财产安全,需要紧急处理的;② 生产设备、交通运输线路、公共设施发生故障,影响生产和公众利益,必须及时抢修的;③ 法律、行政法规规定的其他情形。

(8) 用人单位不得违反《劳动法》规定延长劳动者的工作时间。

(9) 有下列情形之一的,用人单位应当按照下列标准支付高于劳动者正常工作时间工资的工资报酬:① 安排劳动者延长工作时间的,支付不低于工资的150%的工资报酬;② 休息日安排劳动者工作又不能安排补休的,支付不低于工资的200%的工资报酬;③ 法定休假日安排劳动者工作的,支付不低于工资的300%的工资报酬。

(10) 国家实行带薪年休假制度。

劳动者连续工作1年以上的,享受带薪年休假。具体办法由国务院规定。

模块二　煤矿从业人员入井常识

安全素质基本要求一　煤矿从业人员入井须知

学习目标

1. 熟悉煤矿入井人员的基本条件。
2. 熟悉煤矿入井人员行为规范。

安全素质基本要求相关知识

一、入井人员的基本条件

根据有关法律法规的规定，煤矿井下从业人员必须符合下列基本条件：

（1）身体健康，无职业禁忌证。凡是有下列病症的不得从事煤矿井下作业：

入井前的准备
（微信扫码观看）

① 活动性肺结核和肺外结核病。

② 严重的上呼吸道或支气管疾病。

③ 显著影响肺功能的肺脏或胸膜病变。

④ 心、血管器质性疾病。

⑤ 经医疗鉴定，不适于从事粉尘作业的其他疾病。

⑥ 风湿病(反复活动)。

⑦ 严重的皮肤病。

⑧ 癫痫病。

⑨ 精神分裂症。

⑩ 经医疗鉴定，不适于从事井下工作的其他疾病。

(2) 年满18周岁且不超过国家法定退休年龄。

(3) 具有初中及以上文化程度。

二、煤矿入井人员行为规范

煤矿从业人员必须遵守入井的基本行为规范，以保证自己和他人的安全。

(1) 入井（场）人员必须戴安全帽等个体防护用品，穿带有反光标识的工作服。入井（场）前严禁饮酒。

(2) 入井人员必须随身携带自救器、标识卡和矿灯，严禁携带烟草和点火物品，严禁穿化纤衣服。

(3) 煤矿作业人员必须熟悉应急救援预案和避灾路线，具有自救互救和安全避险知识。井下作业人员必须熟练掌握自救器和紧急避险设施的使用方法。

(4) 对作业场所和工作岗位存在的危险有害因素及防范措施、事故应急措施、职业病危害及其后果、职业病危害防护措施等，煤矿企业应当履行告知义务，从业人员必须熟悉、有权了解并提出建议。

(5) 所有入井人员必须遵守《煤矿安全规程》、作业规程、煤矿安全技术操作规程的相关规定，经过安全培训并考核合格方可入井。

(6) 入井人员下井前，要休息好，做到心情愉快，保持精力旺盛。

(7) 乘坐罐笼上下井时，要遵守乘坐罐笼的有关规定，服从指挥，排队按次序上下，不得拥挤、打闹和摘掉安全帽。

(8) 乘车时只准乘坐专门的人车，必须遵守乘车规定，严禁在车辆行驶中登车、爬车、跳车等。

(9) 在大巷行走时，要精神集中，注意避让来往车辆，过交叉道口要做到“一停、二看、三通过”。

(10) 服从安全管理，按照规定正确携带工器具，正确识别井下各类信号。

入井安全注意事项
（微信扫码观看）

安全素质基本要求二 煤矿井下避灾路线

学习目标

1. 熟悉安全出口相关要求。
2. 熟悉井下安全避险系统。
3. 熟悉煤矿井下避灾路线。

安全素质基本要求相关知识

一、安全出口

矿井建设期间的安全出口应当符合下列要求:① 开凿或者延深立井时,井筒内必须设有在提升设备发生故障时专供人员出井的安全设施和出口;井筒到底后,应当先短路贯通,形成至少 2 个通达地面的安全出口。② 相邻的两条斜井或者平硐施工时,应当及时按设计要求贯通联络巷。

每个生产矿井必须至少有 2 个能行人的通达地面的安全出口,各出口间距不得小于 30 m。

采用中央式通风的新建和改扩建矿井,设计中应当规定井田边界的安全出口。

新建、改扩建矿井的回风井严禁兼作提升和行人通道,紧急情况下可作为安全出口。

井下每一个水平到上一个水平和各个采(盘)区都必须至少有 2 个便于行人的安全出口,并与通达地面的安全出口相连。未建成 2 个安全出口的水平或者采(盘)区严禁回采。

井巷交岔点,必须设置路标,标明所在地点,指明通往安全出口的方向。

通达地面的安全出口和 2 个水平之间的安全出口,倾角不大于 45°时,必须设置人行道,并根据倾角大小和实际需要设置扶手、台阶或者梯道。倾角大于45°时，必须设置梯道间或者梯子间，斜井梯道间必须分段错开设置，每段斜长不得大于10 m；立井梯子间中的梯子角度不得大于80°，相邻2个平台的垂直距离不得大于8 m。

安全出口应当经常清理、维护，保持畅通。

采煤工作面必须保持至少2个畅通的安全出口，一个通到进风巷道，另一个通到回风巷道。

采煤工作面所有安全出口与巷道连接处超前压力影响范围内必须加强支护，且加强支护的巷道长度不得小于20 m；综合机械化采煤工作面，此范围内的巷道高度不得低于1.8 m；其他采煤工作面，此范围内的巷道高度不得低于1.6 m。安全出口和与之相连接的巷道必须设专人维护，发生支架断梁折柱、巷道底鼓变形时，必须及时更换、清挖。

二、井下安全避险系统

煤矿必须建立矿井安全避险系统，对井下人员进行安全避险和应急救援培训，每年至少组织1次应急演练。

煤矿安全避险"六大系统"包括矿井安全监控系统、人员位置监测系统、井下紧急避险系统、压风自救系统、供水施救系统和通信联络系统。矿井安全监控系统实现对煤矿井下瓦斯、一氧化碳浓度、温度、风速的动态监控，完善紧急情况下及时断电撤人制度；人员位置监测系统，准确掌握各个区域作业人员的情况；救生舱、避难硐室等井下紧急避险系统，实现井下灾害突发时的安全避险；压风自救系统，确保灾变时现场作业人员有充分的氧气供应；供水施救系统，在灾变后为井下作业人员提供清洁水源或必要的营养液；通信联络系统，实现井上、井下和各个作业地点通信通畅。

所有井工煤矿必须按规定建设完善煤矿安全避险"六大系统"，入井人员必须熟悉煤矿安全避险"六大系统"。

三、煤矿井下避灾路线

煤矿根据不同的灾变和灾害发生地点而制定的能使井下人员用尽量短的时间、从最近的距离撤到安全地点的路线，称为避灾路线。煤矿井下作业人员必须熟知避灾路线，以便发生灾害事故时，能够安全撤离。

最佳的避灾路线必须满足三个条件:一是适合不同的灾害事故,二是安全条件好,三是撤离时间最短。

井下所有工作地点必须设置灾害事故避灾路线。避灾路线指示应当设置在不易受到碰撞的显著位置,在矿灯照明下清晰可见,并标注所在位置。巷道交叉口必须设置避灾路线标识。

巷道内设置标识的间隔距离:采区巷道不大于 200 m,矿井主要巷道不大于 300 m。

煤矿作业人员必须熟悉应急救援预案和避灾路线,具有自救互救和安全避险知识。井下作业人员必须熟练掌握自救器和紧急避险设施的使用方法。

班组长应当具备兼职救护队员的知识和能力,能够在发生险情后第一时间组织作业人员自救互救和安全避险。

外来人员必须经过安全和应急基本知识培训,掌握自救器使用方法,并签字确认后方可入井。

安全素质基本要求三
煤矿矿用产品安全标志和井下安全警示标志

学习目标

1. 熟悉煤矿矿用产品安全标志。
2. 熟悉煤矿井下安全警示标志。

安全素质基本要求相关知识

一、煤矿矿用产品安全标志

2007 年 4 月 1 日实施的《矿用产品安全标志标识》(AQ 1043—2007)中规定了矿用产品安全标志标识的分类、型式、尺寸、材质、颜色、使用及管理要求。

矿用产品安全标志由矿用产品安全标志证书和矿用产品安全标志

标识两部分组成。

取得矿用产品安全标志的产品，只有加施标识后生产单位方可销售，使用单位方可采购和使用。

煤矿矿用产品安全标志标识的标准型式为六边形边框，内加汉语拼音缩写"MA"，意为"煤安"，边框线表示全国煤矿范围使用，数字代码为安全标志编号，如图 1-1 所示。

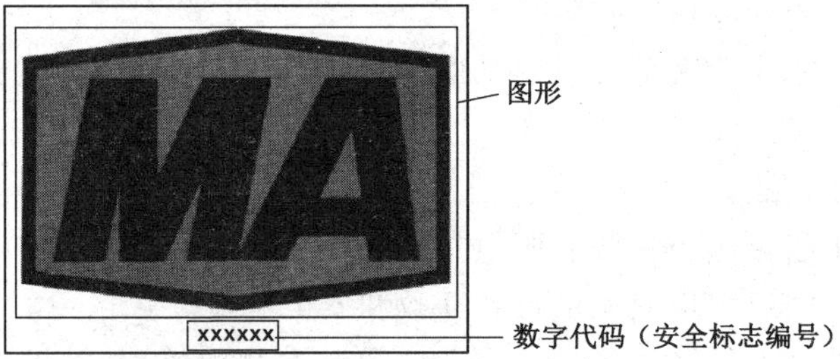

图 1-1　煤矿矿用产品安全标志标识

二、煤矿井下安全警示标志

安全标志是指井下悬挂或张贴的图文标志，目的是引起煤矿井下作业人员对现场不安全因素的警觉并采取相应的措施，预防事故的发生。

2006 年 3 月 1 日实施的《煤矿井下安全标志》(AQ 1017—2005)规定了煤矿井下传递安全警示信息的安全标志，适用于各类井工开采的煤矿。

煤矿井下安全标志分为主标志和文字补充标志两类。主标志分为禁止标志、警告标志、指令标志和路标、名牌、提示标志。文字补充标志是主标志的文字说明或方向指示，它只能与主标志同时使用。文字补充标志基本形式是矩形边框，放在主标志下方，也可放在左方或右方。文字补充标志的底色应与联用的主标志底色相统一，其文字的颜色，除警告标志用黑色外，其他标志均为白色。

煤矿井下安全标志牌位置应设在与安全有关的明显的地方，并保证人们有足够的时间注意它所表示的内容。

煤矿井下安全标志牌应定期清洗，每季至少检查一次。如有变形、损坏、变色、图形符号脱落、亮度老化等现象应及时修理或更换。

（1）禁止标志是禁止或制止人们的某种行为的标志。禁止标志为白底、红圈、红斜杠、黑图形符号。煤矿井下常用的禁止标志见附表4-1。

（2）警告标志是警告人们可能发生危险的标志。警告标志的基本形状为等边三角形，顶角朝上。警告标志为黄底、黑边、黑图形符号。煤矿井下常用的警告标志见附表4-2。

（3）指令标志是指示人们必须遵守某种规定的标志。指令标志基本形状为圆形。指令标志为蓝底、白图形符号。煤矿常用的指令标志见附表4-3。

（4）路标、名牌、提示标志是告诉人们目标、方向、地点的标志。路标、名牌、提示标志基本形状为长方形。路标、名牌、提示标志为绿底（红底或黄底）、白图案（黑图案）、白字或黑字。煤矿井下常用的路标、名牌、提示标志见附表4-4。

煤矿井下安全设施和安全标志（微信扫码观看）

安全素质基本要求四
常见“三违”行为及其危害

学习目标

1. 熟悉“三违”的定义。
2. 熟悉“三违”的危害。
3. 熟悉“三违”常见的表现形式。
4. 熟悉“三违”现象产生的主观原因。
5. 提升安全意识，杜绝“三违”发生，搞好安全生产。

安全素质基本要求相关知识

安全意识就是人们头脑中建立起来的生产必须安全的观念，也就是人们在生产活动中各种各样有可能对自己或他人造成伤害的外在环境条件的一种戒备和警觉的心理状态。违章蛮干，会给个人、家庭、企业、社会带来严重后果和沉重负担。

一、“三违”的定义

“三违”是违章指挥、违章作业、违反劳动纪律的简称。“三违”极易导致事故，而事故带来的影响是深远的，损失是难以估量的，会给个人、家庭、企业、社会带来巨大的伤痛和损失。因此，要保障个人的安全健康和家庭的幸福、要保障企业的长治久安和社会的和谐稳定，就要控制各类事故的发生，而控制事故发生的关键是杜绝违章。

（1）违章指挥：是指违反国家的安全生产方针、政策、法律、条例、规程、标准、制度及生产经营单位的规章制度和技术方案的指挥行为。

（2）违章作业：是指在劳动过程中违反国家法律法规和生产经营单位制定的各项规章制度，包括工艺技术、生产操作、劳动保护、安全管理等方面的规程、规则、章程、条例、办法和制度等，以及有关安全生产的通知、决定的行为。

（3）违反劳动纪律：是指违反在劳动生产过程中，为维护生产秩序，而制定的要求每个员工遵守的规章制度的行为。劳动纪律是多方面的，它包括组织纪律、工作纪律、技术纪律以及规章制度等。

二、“三违”的危害

“三违”可能会对自身或他人生命造成伤害，一旦酿成事故会给亲人、朋友带来生活上的困难和感情上的痛苦。“三违”现象已成为严重威胁职工生命安全健康，影响企业形象和制约企业安全发展的顽症。“三违”实质上是一种违反安全生产客观规律的盲目行为，安全事故与“三违”有着直接或间接联系。煤矿工人由于一些原因还存在安全意识不强、法治观念淡薄的情况，“三违”现象时有出现，屡禁不绝，严重地威胁了矿井的正常生产和矿工的生命安全健康，其影响极坏、危害极大。因此，对“三违”的现象和行为，绝不能宽恕、忽视。我们只有坚决与“三违"作斗争,坚决反"三违",才能确保矿井的安全生产。

三、"三违"常见的表现形式

(1) 常见的违章指挥行为。不按照安全生产责任制有关本职工作规定履行职责;不按规定对员工进行安全教育培训;强令员工冒险违章作业;不按照规定审查、批准技术方案和安全措施;不认真执行企业发布的管理程序;新建、改建、扩建项目不执行"三同时"的规定,不履行审批手续;对已发现的事故隐患,不及时采取措施,放任自流等。

(2) 常见的违章作业行为。不按规定正确佩戴和使用劳动防护用品;发现设备或安全防护装置缺损,继续操作;不执行规定的安全防范措施,对违章指挥盲目服从,不加抵制;违反规程或安全技术措施作业;不按操作规程、工艺要求操作设备;忽视安全、忽视警告,冒险进入危险区域等。

(3) 常见违反劳动纪律的表现。迟到、早退、擅离职守;工作时间干私活、办私事;上班注意力不集中、消极怠工;工作中不服从分配、不听从指挥;无理取闹、纠缠领导、影响正常工作;私自动用他人工具、设备;不遵守各项规章制度,违反工艺流程和操作规程等。

四、"三违"现象产生的主观原因

"三违"现象产生的原因有:人员安全意识不强,安全作业综合素质不高;不懂规章或规章懂得太少;存在侥幸、麻痹、自满、马虎、凑合、逆反、应付、从众型等多种心理,认为违章不会造成事故;认为规章太烦琐,操作费力费时,抢功图快;个体所受安全教育少、安全作业技能水平较低;作业环境差、劳动强度大、易疲劳,习惯性违章;情绪不良原因,操作失误;认知水平低等。

五、提升安全意识,杜绝"三违"

(1) "三违"的外在表现是行为,根子在思想和意识。从思想和意识深处着手才是根治"三违"的治本之策。根治"三违"的关键,就是要保证"三违"人员的安全思想意识认识到位。要以人为本,在关心人、尊重人、保护人上多想办法,多做工作,引导职工不断增强安全意识,规范自身行为,进而成为"想安全、会安全、能安全"的安全人。要帮助职工树立正确的安全生产思想观念,提高其安全生产意识,促使职工能够自觉安全生产。

(2) 对“三违”职工的安全教育方法多种多样,应坚持以人为本。针对“三违”职工的不同违章心理,分析其“三违”产生的直接原因及深层次原因,及时疏导和消除其违章心理,对职工的教育要动之以情,晓之以理,导之以行。加大安全教育力度,特别是加大对“三违”职工的培训力度,提高其安全知识水平和安全操作技能。只有让职工充分认识到“三违”的严重后果,才能切实增强其安全意识,提高其安全技能,杜绝“三违”现象。

(3) 严格安全管理,自觉规范行为。加大现场安全管理力度,严格执行各项规章制度,把遵章守纪、按章作业转化为员工的自觉行动。加强区队、班组管理,加强班组建设,提高区队队干和班组长的安全责任心,落实好各级人员安全生产责任制。开展班组安全联保互保,营造人人争当安全人的浓厚氛围,实现企业的安全生产。

模块三　职业病危害因素及职业病防治

安全素质基本要求一
煤矿职业病危害因素及职业病类型

学习目标

1. 熟悉职业病及职业病危害因素概述。
2. 熟悉煤矿常见职业病危害因素。
3. 熟悉煤矿常见职业病。
4. 熟悉用人单位职业病危害因素防治管理职责。
5. 熟悉从业人员和用人单位职业病预防的权利和义务。

安全素质基本要求相关知识

一、职业病及职业病危害因素概述

职业病是指企业、事业单位和个体经济组织(以下统称用人单位)的劳动者在职业活动中,因接触粉尘、放射性物质和其他有毒、有害物质等因素而引起的疾病。

职业病危害因素是指在生产过程、劳动过程和生产环境这三项劳动条件中,对从业人员的健康和劳动能力产生有害作用的危害因素。职业病危害因素包括职业活动中存在的各种有害的化学、物理、生物因素以及在作业过程中产生的其他有害因素。

职业病是由于职业活动而产生的疾病,但并不是所有工作中得的病都是职业病。要构成职业病,必须具备以下四个条件:

(1) 患病主体必须是用人单位的劳动者。

(2) 必须是在从事职业活动过程中产生的。

(3) 必须是因接触粉尘、放射性物质和其他有毒、有害物质等职业病危害因素引起的。

(4) 必须是国家公布的职业病分类和目录所列的职业病。

二、煤矿常见职业病危害因素

煤矿生产中主要的职业病危害因素有粉尘、有毒有害气体、噪声和振动、不良气候条件等。

1. 粉尘

粉尘是煤矿的主要职业病危害因素。煤矿生产中,采煤、掘进、支护、提升运输、巷道维修等生产环节均会产生粉尘,这些粉尘可能使从业人员患上尘肺。

2. 有毒有害气体

井下爆破、煤氧化、煤中放出等原因,导致矿井空气中含有甲烷(CH_4)、一氧化碳(CO)、二氧化碳(CO_2)、二氧化氮(NO_2)、硫化氢(H_2S)、二氧化硫(SO_2)、氨气(NH_3)等有毒有害气体,这些有毒有害气体会导致从业人员职业中毒。

3. 噪声和振动

煤矿噪声和振动主要来源于井下机械化生产,其危害取决于生产过程、生产工艺和所使用的工具,如风动凿岩机和局部通风机的噪声和振动等。从业人员长期在噪声下工作,可能造成听力下降,甚至引起耳聋;长期接触振动,可能导致局部疼痛,甚至引起内脏器官损伤。

4. 不良气候条件

煤矿井下的不良气候条件有气温高、湿度大、不同地点风速大小不等和温差大等。长期在潮湿环境下工作的人员易患风湿性关节炎等。

此外,劳动强度大、作业姿势不良也是煤矿井下工作的特点,易造成井下从业人员腰腿疼和各种外伤。

三、煤矿常见职业病

1. 矽肺

矽肺是由于在职业活动中长期在含游离二氧化硅 10%以上、粉尘浓度大于 2 mg/m³ 或含游离二氧化硅 10% 以下、粉尘浓度大于 10 mg/m³ 的环境中工作，吸入含游离二氧化硅呼吸性粉尘(矽尘)而引起的肺间质弥漫性纤维化病变的疾病。

2. 煤工尘肺

煤工尘肺是由于在煤炭生产活动中长期吸入煤尘而引起的肺的弥漫性纤维化病变的疾病，它是我国煤炭行业累计患病人数、每年发病人数最多，对煤矿工人身体健康危害最大的职业病。

3. 水泥尘肺

水泥尘肺是由于在职业活动中长期吸入较高浓度的水泥粉尘而引起的一种尘肺。水泥尘肺发病工龄较长，病情进展缓慢，发病工龄多在 10～15 年。

4. 职业性噪声聋

职业性噪声聋是由于在职业活动中长期接触高噪声而发生的一种进行性的听觉损伤。患者早期会出现听力下降，继续长期接触，听力损失不能完全恢复，由功能性改变发展为器质性推行性病变。

四、用人单位职业病危害因素防治管理职责

1. 人员配备

(1) 职业病危害严重的用人单位，应当设置或者指定职业卫生管理机构或者组织，配备专职职业卫生管理人员。

(2) 其他存在职业病危害的用人单位，劳动者超过 100 人的，应当设置或者指定职业卫生管理机构或者组织，配备专职职业卫生管理人员；劳动者在 100 人以下的，应当配备专职或者兼职的职业卫生管理人员，负责本单位的职业病防治工作。

2. 培训管理

(1) 用人单位的主要负责人和职业卫生管理人员应当具备与本单位所从事的生产经营活动相适应的职业卫生知识和管理能力，并接受职业卫生培训。

(2) 用人单位主要负责人、职业卫生管理人员的职业卫生培训，应当包括下列主要内容：

① 职业卫生相关法律、法规、规章和国家职业卫生标准。

② 职业病危害预防和控制的基本知识。

③ 职业卫生管理相关知识。

④ 原国家安全生产监督管理总局规定的其他内容。

(3) 用人单位应当对劳动者进行上岗前的职业卫生培训和在岗期间的定期职业卫生培训，普及职业卫生知识，督促劳动者遵守职业病防治的法律、法规、规章、国家职业卫生标准和操作规程。

(4) 用人单位应当对职业病危害严重的岗位的劳动者，进行专门的职业卫生培训，经培训合格后方可上岗作业。

(5) 因变更工艺、技术、设备、材料，或者岗位调整导致劳动者接触的职业病危害因素发生变化的，用人单位应当重新对劳动者进行上岗前的职业卫生培训。

3. 产生职业病危害的用人单位工作场所的基本要求

(1) 生产布局合理，有害作业与无害作业分开。

(2) 工作场所与生活场所分开，工作场所不得住人。

(3) 有与职业病防治工作相适应的有效防护设施。

(4) 职业病危害因素的强度或者浓度符合国家职业卫生标准。

(5) 有配套的更衣间、洗浴间、孕妇休息间等卫生设施。

(6) 设备、工具、用具等设施符合保护劳动者生理、心理健康的要求。

(7) 法律、法规、规章和国家职业卫生标准的其他规定。

4. 警示标识设置

(1) 产生职业病危害的用人单位，应当在醒目位置设置公告栏，公布有关职业病防治的规章制度、操作规程、职业病危害事故应急救援措施和工作场所职业病危害因素检测结果。

(2) 存在或者产生职业病危害的工作场所、作业岗位、设备、设施，应当按照《工作场所职业病危害警示标识》(GBZ 158)的规定，在醒目位置设置图形、警示线、警示语句等警示标识和中文警示说明。警示说明应当载明产生职业病危害的种类、后果、预防和应急处置措施等内容。

(3) 存在或产生高毒物品的作业岗位，应当按照《高毒物品作业岗位职业病危害告知规范》(GBZ/T 203)的规定,在醒目位置设置高毒物品告知卡,告知卡应当载明高毒物品的名称、理化特性、健康危害、防护措施及应急处理等告知内容与警示标识。

5. 职业病危害因素检测

(1) 存在职业病危害的用人单位,应当实施由专人负责的工作场所职业病危害因素日常监测,确保监测系统处于正常工作状态。

(2) 存在职业病危害的用人单位,应当委托具有相应资质的职业卫生技术服务机构,每年至少进行1次职业病危害因素检测。

(3) 职业病危害严重的用人单位,应当委托具有相应资质的职业卫生技术服务机构,每3年至少进行1次职业病危害现状评价。

(4) 检测、评价结果应当存入本单位职业卫生档案,并给劳动者公布。

(5) 存在职业病危害的用人单位,有下述情形之一的,应当及时委托具有相应资质的职业卫生技术服务机构进行职业病危害现状评价:

① 初次申请职业卫生安全许可证,或者职业卫生安全许可证有效期届满申请换证的。

② 发生职业病危害事故的。

③ 原国家安全生产监督管理总局规定的其他情形。

用人单位应当落实职业病危害现状评价报告中提出的建议和措施,并将职业病危害现状评价结果及整改情况存入本单位职业卫生档案。

(6) 用人单位在日常的职业病危害监测或者定期检测、现状评价过程中,发现工作场所职业病危害因素不符合国家职业卫生标准和卫生要求时,应当立即采取相应治理措施,确保其符合职业卫生环境和条件的要求;仍然达不到国家职业卫生标准和卫生要求的,必须停止存在职业病危害因素的作业;职业病危害因素经治理后,符合国家职业卫生标准和卫生要求的,方可重新作业。

(7) 向用人单位提供可能产生职业病危害的设备的,应当提供中文说明书,并在设备的醒目位置设置警示标识和中文警示说明。警示说明应当载明设备性能、可能产生的职业病危害、安全操作和维护注意事项、职业病防护措施等内容。

6. 职业病危害因素告知

(1) 用人单位与劳动者订立劳动合同(含聘用合同,下同)时,应当将工作过程中可能产生的职业病危害及其后果、职业病防护措施和待遇等如实告知劳动者,并在劳动合同中写明,不得隐瞒或者欺骗。

(2) 劳动者在履行劳动合同期间因工作岗位或者工作内容变更,从事与所订立劳动合同中未告知的存在职业病危害的作业时,用人单位应当依照前述规定,向劳动者履行如实告知的义务,并协商变更原劳动合同相关条款。

(3) 用人单位违反规定的,劳动者有权拒绝从事存在职业病危害的作业,用人单位不得因此解除与劳动者所订立的劳动合同。

7. 职业健康体检和档案管理

(1) 对从事接触职业病危害因素作业的劳动者,用人单位应当按照《用人单位职业健康监护监督管理办法》、《放射工作人员职业健康管理办法》、《职业健康监护技术规范》(GBZ 188)、《放射工作人员健康要求及监护规范》(GBZ 98)等有关规定组织上岗前、在岗期间、离岗时的职业健康检查,并将检查结果书面如实告知劳动者。

(2) 职业健康检查费用由用人单位承担。

(3) 用人单位应当按照《用人单位职业健康监护监督管理办法》的规定,为劳动者建立职业健康监护档案,并按照规定的期限妥善保存。

(4) 职业健康监护档案应当包括劳动者的职业史、职业病危害接触史、职业健康检查结果、处理结果和职业病诊疗等有关个人健康的资料。

劳动者健康出现损害需要进行职业病诊断、鉴定的,用人单位应当如实提供职业病诊断、鉴定所需的劳动者职业史和职业病危害接触史、工作场所职业病危害因素检测结果和放射工作人员个人剂量监测结果等资料。

8. 用人单位职业卫生档案管理内容

(1) 职业病防治责任制文件。

(2) 职业卫生管理规章制度、操作规程。

(3) 工作场所职业病危害因素种类清单、岗位分布以及作业人员接触情况等资料。

(4) 职业病防护设施、应急救援设施基本信息,以及其配置、使用、维护、检修与更换等记录。

(5) 工作场所职业病危害因素检测、评价报告与记录。

(6) 职业病防护用品配备、发放、维护与更换等记录。

(7) 主要负责人、职业卫生管理人员和职业病危害严重工作岗位的劳动者等相关人员职业卫生培训资料。

(8) 职业病危害事故报告与应急处置记录。

(9) 劳动者职业健康检查结果汇总资料,存在职业禁忌证、职业健康损害或者职业病的劳动者处理和安置情况记录。

(10) 建设项目职业卫生"三同时"有关技术资料,以及其备案、审核、审查或者验收等有关回执或者批复文件。

(11) 职业卫生安全许可证申领、职业病危害项目申报等有关回执或者批复文件。

(12) 其他有关职业卫生管理的资料或者文件。

9. 职业病危害事故及职业病病人管理

(1) 用人单位发生职业病危害事故,应当及时向所在地安全生产监督管理部门和有关部门报告,并采取有效措施,减少或者消除职业病危害因素,防止事故扩大。对遭受或者可能遭受急性职业病危害的劳动者,用人单位应当及时组织救治、进行健康检查和医学观察,并承担所需费用。

(2) 用人单位不得故意破坏事故现场、毁灭有关证据,不得迟报、漏报、谎报或者瞒报职业病危害事故。

(3) 用人单位发现职业病病人或者疑似职业病病人时,应当按照国家规定及时向所在地安全生产监督管理部门和有关部门报告。

(4) 工作场所使用有毒物品的用人单位,应当按照有关规定向安全生产监督管理部门申请办理职业卫生安全许可证。

(5) 用人单位在安全生产监督管理部门行政执法人员依法履行监督检查职责时,应当予以配合,不得拒绝、阻挠。

五、从业人员和用人单位职业病预防的权利和义务

1. 从业人员职业卫生保护权利

(1) 获得职业卫生教育、培训。

(2) 获得职业健康检查、职业病诊疗、康复等职业病防治服务。

(3) 了解工作场所产生或者可能产生的职业病危害因素、危害后果和应当采取的职业病防护措施。

(4) 要求用人单位提供符合防治职业病要求的职业病防护设施和个人使用的职业病防护用品,改善工作条件。

(5) 对违反职业病防治法律、法规以及危及生命健康的行为提出批评、检举和控告。

(6) 拒绝违章指挥和强令进行没有职业病防护措施的作业。

(7) 参与用人单位职业卫生工作的民主管理,对职业病防治工作提出意见和建议。

用人单位应当保障劳动者行使上述权利。因劳动者依法行使正当权利而降低其工资、福利等待遇或者解除、终止与其订立的劳动合同的,其行为无效。

2. 从业人员职业卫生保护义务

劳动者应当学习和掌握相关的职业卫生知识,增强职业病防范意识,遵守职业病防治法律、法规、规章和操作规程,正确使用、维护职业病防护设备和个人使用的职业病防护用品,发现职业病危害事故隐患应当及时报告。劳动者不履行上述规定义务的,用人单位应当对其进行教育。

3. 用人单位职业卫生保护义务

(1) 配备防护设施、治理职业危害。

(2) 对作业场所职业病危害因素进行评价与管理。

(3) 对劳动者进行健康监护(上岗前、在岗中、离岗时)。

(4) 按规定用不同的形式将职业病危害因素告知劳动者(合同告知、工作场所警示告知、培训教育)。

(5) 建立危害监测和劳动者健康档案。

(6) 职业病报告义务。

(7) 对患职业病的劳动者救治、安置。

(8) 为劳动者依法参加工伤劳动保险。

(9) 落实职业危害治理和职业病防治经费。

(10) 对未成年工、女工进行保护。

安全素质基本要求二
煤矿主要职业病危害因素防治措施

学习目标

1. 熟悉粉尘的防治。
2. 熟悉有毒有害气体的防治。
3. 熟悉生产性噪声的防护。
4. 熟悉生产性振动的防护。
5. 熟悉高温作业的防护。

安全素质基本要求相关知识

煤矿职业病的防治，坚持“预防为主、防治结合”的方针，遵循三级预防的原则。第一级预防是使劳动者尽可能不接触职业危害因素，即使在职业危害不可避免的情况下，采取措施降低生产环境中职业危害因素浓度或强度，使之达到国家职业卫生标准；第二级预防是通过早期发现职业损害，并及时处理，防止进一步发展；第三级预防是对已患职业病者，及时做出诊断和进行恰当的治疗，防止恶化和发生并发症，促进康复。

煤矿生产中主要的职业病危害有粉尘、有毒有害气体、噪声和振动、不良气候条件等，应采取积极防治措施，降低甚至消除煤矿职业病危害因素。煤矿职业病危害因素防治措施主要包括以下内容。

一、粉尘的防治

煤矿粉尘主要有煤尘、岩尘(也称矽尘)和水泥尘。煤尘进入人肺使人患煤工尘肺，矽尘进入人肺使人患矽肺，水泥尘进入人肺使人患水泥尘肺，通称为尘肺。

《煤矿安全规程》规定，作业场所空气中粉尘（总粉尘、呼吸性粉尘）浓度应当符合表 1-2 的要求。不符合要求的，应当采取有效措施。

表 1-2　作业场所粉尘浓度要求

粉尘种类	游离 SiO_2 含量/%	时间加权平均容许浓度/(mg/m³)	
		总尘	呼尘
煤尘	<10	4	2.5
矽尘	10～50	1	0.7
	50～80	0.7	0.3
	≥80	0.5	0.2
水泥尘	<10	4	1.5

注：时间加权平均容许浓度是以时间加权数规定的 8 h 工作日、40 h 工作周的平均容许接触浓度。

矿尘防治措施如下：

井工煤矿必须建立防尘洒水系统。永久性消防防尘储水池容量不得小于 200 m³，且贮水量不得小于井下连续 2 h 的用水量，备用水池贮水量不得小于永久性储水池的 50%。防尘供水管路应当敷设到所有能产生粉尘和沉积粉尘的地点，没有防尘供水管路的采掘工作面不得生产。

(1) 减尘措施。减少采、掘作业时的粉尘产生量，包括煤层注水、采空区灌水、湿式打眼、水炮泥爆破等。

(2) 降尘措施。包括各产尘点设喷雾洒水装置净化风流、洒水装置、转载点封闭、泡沫除尘等。

(3) 通风排尘。调整合适的风速，加强排尘。

二、有毒有害气体的防治

矿井空气中含有甲烷（CH_4）、一氧化碳（CO）、二氧化碳（CO_2）、二氧化氮(NO_2)、硫化氢(H_2S)、二氧化硫(SO_2)、氨气(NH_3)等有毒有害气体,会导致职业中毒。

防护措施有:

(1) 消除有毒有害气体。煤矿井下的有毒有害气体主要来源于炮烟和煤氧化、火灾等。因为很多有毒有害气体是易溶于水的,可通过加强通风和喷雾洒水排除和降低有毒有害气体含量,净化空气。

(2) 加强个人防护。炮烟未散去或作业现场空气质量太差时,不要急着进入工作面,待炮烟散尽、现场空气质量好转时再进入工作面,还应用好防护服、防护面具、防尘口罩、自救器等。

(3) 提高机体抗御能力。对于在有害物质场所作业人员,给予必要的保健待遇,加强营养和锻炼。

(4) 加强对有害物质的监测,掌握其浓度含量,做到心中有数,控制其危害程度。

(5) 对受到危害的人员及时进行健康检查,必要时实行转岗、换岗作业。

(6) 加强有害物质及预防措施的宣传教育。建立健全安全生产责任制、卫生责任制和岗位安全责任制。

三、生产性噪声的防护

噪声危害损害听觉,引起各种病症,甚至引发事故。

预防噪声危害的措施有:

(1) 控制噪声传播。隔声:用吸声材料、吸声结构和隔声装置将噪声源封闭,防止噪声传播。消声:用吸声材料铺装室内墙壁或悬挂于室内空间,可以吸收和反射声能,降低传播中噪声的强度水平。

(2) 采用合理的防护措施。如利用耳塞防护。合适的耳塞隔声效果可达 30～40 dB(A),对高频噪声的阻隔效果较好。

(3) 合理安排劳动制度。工作时间穿插休息时间,休息时间离开噪声环境,限制噪声工作时间,可减轻噪声对人体的危害。

(4) 卫生保健措施。对受到噪声危害的人员定期体检,听力下降者及时治疗,重者调离噪声作业。就业前体检或定期体检中发现的听觉器官疾病、心血管病、神经系统器质性疾病者,不得从事噪声环境工作。

四、生产性振动的危害和防护

在生产过程中，按振动作用于人体的方式可将振动分为局部振动和全身振动。局部振动是最常见的和危害较大的振动。

振动危害的预防措施有：

(1) 对局部振动的减振措施。改革工艺和设备，改革工作制度。合理使用减振用品，建立合理的劳动制度，限制作业人员接触振动的时间。煤矿井下的振动危害主要来自风动凿岩机、综采综掘机械及其他机械。

(2) 对全身振动的减振措施。在有可能产生较大振动设备的周围设置隔离地沟，衬以橡胶、软木等减振材料，以确保振动不能外传。对振动源采取减振措施，如用弹簧等减振阻尼器，减少振动的传播距离。井下采煤机、掘进机、柴油车等座椅下加泡沫垫等，减弱运行中由于各种原因传来的振动。另外，利用尼龙件代替金属件，可减少机器的振动；及时检修设备，可以防止因零件松动引起的振动。

五、高温作业的防护

高温作业对人体的循环系统、消化系统、泌尿系统、神经系统等都有危害。

高温作业的防护措施有：

(1) 通风降温。加大风速排除热量。风速与温度有一定的关系，合适的风速可使温度降到一定的程度。

(2) 喷雾洒水降温。在工作面喷雾洒水既可以降温又可以降尘。

(3) 保健防护。供给含盐饮料，以补充人体所需水分和盐分。

(4) 发放保健食品。高温环境下作业，人体能量消耗快，应增加蛋白质、热量、维生素等的摄入，以减轻疲劳，提高工作效率。

(5) 个人防护。给工作人员提供结实、耐热、宽大、便于操作的工作服、工作帽、防护眼镜、隔热面具、隔热靴等。

(6) 医疗防护。对在高温条件下的作业人员进行就业前体检，凡有心血管系统疾病、高血压、溃疡病、肺气肿、肝病、肾病等疾病不宜从事高温作业的人员不安排高温作业或调离高温作业。

安全素质基本要求三
煤矿劳动防护用品的配备

学习目标

1. 熟悉如何选择防护功能和效果适用的劳动防护用品。
2. 熟悉劳动者如何正确佩戴和使用劳动防护用品。

安全素质基本要求相关知识

劳动防护用品是指由用人单位为劳动者配备的，使其在劳动过程中免遭或者减轻事故伤害及职业病危害的个体防护装备。劳动防护用品是由用人单位提供的，保障劳动者安全与健康的辅助性、预防性措施，不得以劳动防护用品替代工程防护设施和其他技术、管理措施。

根据《用人单位劳动防护用品管理规范》以及《煤矿防护用品配备标准》的要求，用人单位应按照识别、评价、选择的程序，结合劳动者作业方式和工作条件，并考虑其个人特点及劳动强度，选择防护功能和效果适用的劳动防护用品，并指导劳动者正确佩戴和使用。

(1) 接触粉尘和有毒、有害物质的劳动者应当根据不同粉尘种类、粉尘浓度及游离二氧化硅含量和毒物的种类及浓度配备相应的呼吸器、防护服、防护手套和防护鞋等。

(2) 接触噪声的劳动者当暴露于 80 dB(A)≤噪声 8 h 等效声级＜85 dB(A)的工作场所时，用人单位应当根据劳动者需求为其配备适用的护听器；当暴露于噪声 8 h 等效声级≥85 dB(A)的工作场所时，用人单位必须为劳动者配备适用的护听器。

(3) 工作场所中存在电离辐射危害的，经危害评价确认劳动者需佩戴劳动防护用品的，用人单位可参照电离辐射的相关标准及《个体防护装备配备基本要求》(GB/T 29510)为劳动者配备劳动防护用品。

(4) 从事存在物体坠落、碎屑飞溅、机械转动和锋利器具等作业的劳动者，用人单位还可参照《个体防护装备选用规范》(GB/T 11651)、《头部防护 安全帽选用规范》(GB/T 30041)和《坠落防护装备安全使用规范》(GB/T 23468)等标准，为劳动者配备适用的劳动防护用品。

(5) 同一工作地点存在不同种类的危险、有害因素的，应当为劳动者同时提供防御各类危害的劳动防护用品。需要同时配备的劳动防护用品，还应考虑其可兼容性。劳动者在不同地点工作，并接触不同的危险、有害因素，或接触不同的危害程度的有害因素的，为其选配的劳动防护用品应满足不同工作地点的防护需求。

(6) 劳动防护用品的选择还应当考虑其佩戴的合适性和基本舒适性，根据个人特点和需求选择适合型号和式样。

(7) 用人单位应当在可能发生急性职业损伤的有毒、有害工作场所配备应急劳动防护用品，放置于现场邻近位置并有醒目标识。用人单位应当为巡检等流动性作业的劳动者配备随身携带的个人应急防护用品。

安全素质基本要求四
职业病诊断、鉴定与职业病患者保障

学习目标

1. 熟悉职业健康监护相关内容。
2. 熟悉职业病诊断与鉴定相关内容。

安全素质基本要求相关知识

一、职业健康监护

职业健康监护是指以预防为目的，根据劳动者的职业接触史，通过定期或不定期的医学健康检查和健康相关资料的收集，连续性地监测劳动者的健康状况，分析劳动者健康变化与所接触的职业病危害因素的关系，并及时将健康检查和资料分析结果报告给用人单位和劳动者本人，以便及时采取干预措施，保护劳动者的健康。

职业健康监护主要包括岗前职业健康检查、在岗期间职业健康检查、离岗后职业健康检查、应急健康检查和职业健康监护档案管理等内容。

1. 职业健康检查

职业健康检查分为上岗前职业健康检查、在岗期间职业健康检查和离岗时职业健康检查。

2. 职业健康检查项目及体检周期

根据《职业健康监护技术规范》(GBZ 188)的基本要求，按照《煤矿作业场所职业病危害防治规定》，与煤炭行业有关的职业健康检查内容如下。

(1) 游离二氧化硅粉尘，检查周期：1 年。

(2) 煤尘，检查周期：2 年。

(3) 水泥尘、电焊烟尘，检查周期：2 年。

(4) 噪声，检查周期：作业场所噪声 8 h 等效声级≥85 dB(A)，1 年 1 次；80 dB(A)≤作业场所噪声 8 h 等效声级<85 dB(A)，2 年 1 次。

(5) 高温，检查周期：1 年，应在每年高温季节到来之前进行。

(6) 手传振动，检查周期：2 年。

(7) 氮氧化物，检查周期：1 年。

(8) 一氧化碳，检查周期：3 年。

(9) 硫化氢，检查周期：3 年。

《煤矿作业场所职业病危害防治规定》规定：煤矿不得安排未经上岗前职业健康检查的人员从事接触职业病危害的作业；不得安排有职业禁忌的人员从事其所禁忌的作业；不得安排未成年工从事接触职业病危害的作业；不得安排孕期、哺乳期的女职工从事对本人和胎儿、婴儿有危害的作业。劳动者接受职业健康检查应当视同正常出勤，煤矿企业不得以常规健康检查代替职业健康检查。

二、职业病诊断与鉴定

劳动者健康出现损害需要进行职业病诊断、鉴定的，煤矿企业应当如实提供职业病诊断、鉴定所需的劳动者职业史和职业病危害接触史、作业场所职业病危害因素检测结果等资料。

1. 职业病诊断

职业病诊断必须在职业病诊断机构进行，应选择用人单位所在地、劳动者本人户籍所在地或者经常居住地的职业病诊断机构进行职业病诊断。职业病诊断机构组织 3 名以上单数职业病诊断医师进行集体诊断。职业病诊断医师独立分析、判断并提出诊断意见，任何单位和个人无权干预。职业病诊断机构作出职业病诊断结论后，出具职业病诊断证明书。证明书包括诊断结论和诊断时间。

2. 职业病鉴定

当事人如果对职业病诊断结果或职业病鉴定结论有异议，可以在接到职业病诊断证明书之日起 30 日内，向职业病诊断机构所在地设区的市级卫生行政部门申请鉴定。当事人对设区的市级职业病鉴定结论不服的，可以在接到鉴定书之日起 15 日内，向原鉴定组织所在地省级卫生行政部门申请再次鉴定。职业病鉴定实行两级鉴定制，省级职业病鉴定结论为最终鉴定。

3. 职业健康监护档案

煤矿应当为劳动者个人建立职业健康监护档案，并按照规定的期限妥善保存。职业健康监护档案应当包括劳动者个人基本情况、劳动者职业史和职业病危害接触史，历次职业健康检查结果及处理情况，职业病诊疗等资料。劳动者离开煤矿时，有权索取本人职业健康监护档案复印件，煤矿必须如实、无偿提供，并在所提供的复印件上签章。

模块四 煤矿灾害防治与应急避险

安全素质基本要求一
煤矿顶板灾害防治与应急避险

学习目标

1. 熟悉顶板冒落的预防相关内容。
2. 熟悉顶板冒落的预兆相关内容。
3. 熟悉顶板冒落处置措施。
4. 熟悉发生冒顶事故时的应急避险相关要求。

安全素质基本要求相关知识

顶板事故是指在井下采掘和生产服务过程中，顶板意外冒落造成的人员伤亡、设备损坏、生产中止等事故，是煤矿五大自然灾害之一。其导致的事故危害主要有三种：① 人员被堵、被埋或伤亡；② 已经或可能影响通风系统安全运行；③ 造成设备损坏、生产中止。

一、顶板冒落的预防

(1) 采取有效的支护措施。

(2) 及时处理局部漏顶，以免引起大范围冒顶。

(3) 坚持敲帮问顶及围岩观测分析制度，在进入采掘工作面装煤、支护前、装药前、爆破后等关键环节，要坚持敲帮问顶，处理已离层的顶板，如果处理不下来，应先进行临时支护。

(4) 严格按照规程作业。严禁空顶作业，所有支架必须架设牢固，严禁在浮煤或浮矸上架设支架。

二、顶板冒落的预兆

(1) 响声。顶板连续发出断裂声，这是由于直接顶和基本顶发生离层或顶板切断发出的声音。有时采空区内顶板发出像闷雷的声音，这是基本顶和上方岩层产生离层或断裂的声音。岩层下沉断裂、顶板压力急剧加大时，支架会发出很大声响。

(2) 掉渣。顶板岩石已有裂缝和碎块，其中小矸石稍受震动就掉落。这种掉渣一般由少逐渐增多，由稀逐渐变密。

(3) 片帮。冒顶前煤壁所受压力增加，变得松软，片帮煤比平时多。

(4) 漏顶。破碎的伪顶或直接顶，在大面积冒顶以前，有时因为背顶不严或支架不牢而出现漏顶。

(5) 裂缝。顶板的裂缝张开，裂缝增多。

(6) 脱层(离层)。检查顶板是否脱层要用“敲帮问顶”的方法，如果声音清脆，表明顶板完好；如果顶板发出“空空”的响声，说明上下岩层已经脱离。

(7) 瓦斯涌出量突然增大。

(8) 顶板淋水增大。

三、顶板处置措施

1. 采煤工作面处置措施

(1) 当冒落的煤、矸埋压住人时，不可惊慌，应在区队长、班组长和有经验的老工人的指挥下，严密监视冒落的顶板及两帮情况，加固冒顶处 10 m 范围内支护，用长柄工具捣掉悬矸、危岩后，由有经验的工人由外向里进行支护，动作要迅速，并设专人观察顶板。留好退路，严防继续冒落伤人，组织人力积极抢救被埋人员。

(2) 抢救时仔细侦察，分析遇险者位置和被压情况，尽量不破坏冒落矸石的堆积状态，小心搬开煤、矸救出伤员，严禁用锹、镐等强挖硬砸。

(3) 救出伤员后及时采取止血、包扎、骨折固定等救护措施，发生呼吸停止的要立即进行人工呼吸等现场救助并迅速送往医院。

(4) 若垮落、冒顶将人员堵在独头巷道，被堵人员要沉着、冷静，不要慌乱、乱喊乱叫，并设法自救。

(5) 若冒顶面积大，处理时间长，被堵人员要静卧休息，减少氧气消耗，有压风管路时可打开阀门，放入空气供人呼吸。节约矿灯电量、食物和水。若冒落的煤和矸不太多，可能扒出通道口时，应采取由有经验的老工人监视顶板，其他人员轮流攉扒的方法进行自救，并间断性地敲击金属物发出求救信号。

2. 掘进、巷修工作面处置措施

(1) 当发生顶板冒顶事故时，现场人员不可惊慌，要在区队长、班组长和有经验的老工人指挥下，严密监视顶板及两帮的情况，在确保安全的前提下立即加强、加固冒顶处 10 m 范围内的支护。

(2) 处理冒顶时，要用长钎子捣掉可能冒落的悬矸、危岩，由有经验的老工人由外向里进行支护，一般采用架设木垛的方法，在没有冒落危险的情况下，设专人观察顶板，留好退路，迅速架好支架，排好护顶木垛，一直到冒顶最高点将顶托住。

(3) 当冒落的煤、岩石埋压住人员时，要仔细侦察，分析遇险人员的位置和被埋压情况，在安全的前提下组织抢救工作。抢救中要尽量不破坏冒落岩石的堆积状态，小心搬开冒落的岩石，严禁使用锹、镐等强挖硬砸，严防对埋压人员造成二次伤害。

(4) 救出的伤员要及时采取止血、包扎、骨折固定等急救措施，发生呼吸停止的要立即进行人工呼吸等现场救助并迅速送往医院。

(5) 若冒落的矸石将人员堵在独头巷道内，被堵人员要沉着、冷静，不要乱喊乱叫。若冒顶面积大，处理的时间长，被堵人员应立即静坐休息，注意节约矿灯电量、食品和水，减少氧气消耗，保持足够的体力。有压风管的应打开压风阀门，保持良好的通风；若冒顶面积不太大，被堵人员应在区队长、班组长和有经验的老工人指挥下，专人监视顶板情况，采用轮番攉扒冒落岩石的方法组织自救，并间断性敲打铁管、钢轨等发出呼救信号，等待救援。

(6) 当冒顶的范围大，影响通风或人员被堵，可采用小断面快速修复的方法，架设比原来巷道规格小得多的临时支护，采用撞楔法把冒落的岩石控制住，从巷道两侧清理岩石，且边清理边维护，防止煤矸流入巷道。帮、顶维护好后，就可以架设永久支护。

(7) 当冒顶的长度大，不易处理时，可采用打绕道的方法，绕过冒落区去抢救被堵人员，或绕过冒落区后再转入正常掘进。

四、发生冒顶事故时的应急避险

(1) 迅速撤离。当发现工作地点有即将发生冒顶的征兆而又难以采取措施防止顶板冒落时，要迅速离开危险区，撤退到安全地点。

(2) 及时躲避。当冒顶发生而又来不及撤至安全地点时，应靠煤帮贴身站立避灾，但要注意避免煤壁片帮伤人；如靠近木垛，也可撤至木垛处避灾。

(3) 立即求救。冒落基本稳定后，遇险人员应立即采用呼叫、敲打（不要敲打对自己有威胁的支架、物料和岩块）等方法，发出有规律、不间断的求救信号，以便救援人员了解灾情，组织力量进行抢救。

(4) 自救和互救。事故发生后，遇险人员要听从灾区区队长、班组长和有经验的老工人的指挥，在保证安全的前提下，积极开展自救和互救。正视已发生的灾害，注意保持自身体力，未受伤和受轻伤人员要采取切实可行的措施设法营救被掩埋人员，并尽可能脱离险区或转移到较安全地点等待救援。

(5) 配合营救。发生冒顶埋人事故时，被埋压的人员不要惊慌失措，切忌猛烈挣扎；被隔堵的人员应在遇险地点维护好自身安全，构筑脱险通道，配合外部的营救工作。

(6) 现场安全负责人应根据现场实际情况采取果断措施进行处理；当无法处理时，要迅速带领人员撤离，防止事故扩大。

安全素质基本要求二
煤矿水灾防治与应急避险

学习目标

1. 熟悉矿井水灾相关内容。

2. 熟悉矿井水灾预防相关内容。

3. 熟悉发生透水事故前的预兆。

4. 熟悉矿井发生突水事故时的应急避险。

5. 熟悉发生突水事故后撤离现场时应注意的事项。

安全素质基本要求相关知识

一、矿井水灾特点与类型

矿区内大气降水、地表水、地下水通过各种通道涌入井下，成为矿井涌水。当矿井涌水量超过矿井正常排水能力时即会发生水患，称为矿井水灾，通常也称为透水。

煤矿水害是指发育于主要开采煤层顶底板直接或间接含水层中的水在矿井采掘过程中通过天然或人为扰动的导水通道进入矿井并给矿井带来灾害的过程与结果。

1. 突水的特点

(1) 突发性强，无明显前兆。

(2) 水量增速快，灾害控制难度大。

(3) 突水往往具有时滞性，容易造成误解。

(4) 突水量与过水通道有相互促进现象。

2. 按水源划分的各种水害类型

(1) 顶板裂隙水水害：水源为砂岩、砾岩等裂隙含水层的水。当煤层顶部有厚层砂岩和砾岩含水层，在裂隙发育时，若与上覆第四系冲积层发生水力联系，极可能导致较大突水事故。

(2) 底板灰岩水水害：在掘进或回采过程中，由于揭露导水断层、过导水灰岩陷落柱、煤层底板隔水层厚度变小或裂隙发育等情况，常常引起底板突水，造成淹面或淹井。

(3) 断层水水害：断层水即断裂带的积水，断层面通常还与不同的含水层连通，甚至与地表水相通，断层水的危害极大。

(4) 老空积水水害：由于预测预报不准或探放老空积水不彻底，当采掘巷道接近或遇到老空积水区时，引发大量老空水短时间内涌出，来势凶猛，常造成恶性事故。

(5) 封闭不良钻孔水害：封闭不良的钻孔就是一个良好的导水通道，它可以沟通钻孔所穿过的所有含水层和地表水而导致水害事故。

(6) 地表水水害：地表水通过采后冒落带、岩溶塌陷坑、断层带及封闭不良钻孔导入井下；或因工作面超限回采，破坏冲积层下防隔水煤柱，导致冲积层水和地表水溃入采煤工作面。

(7) 洪水水害：特大暴雨、洪水冲毁工业广场，造成泄水不畅，水位急速抬高，洪水从井口直接溃入井下。

二、矿井水灾预防

防治水工作要坚持以防为主、防治结合，以及当前与长远、局部与整体、地面与井下、防治与利用相结合的原则；坚持“预测预报、有疑必探、先探后掘、先治后采”的十六字方针；落实“探、防、堵、疏、排、截、监”七项措施，根据不同的水文地质条件，采用不同的防治方法，因地制宜，统一规划，综合治理。

(1) 严格按照规定留设防隔水煤(岩)柱。

(2) 在井下必要的地点设置截水建(构)筑物，如防水闸门和防水闸墙。

(3) 建立完善的井下排水系统。

(4) 严格按照有关规定进行矿井探放水。

三、发生透水事故前的预兆

1. 一般预兆

(1) 挂红。在煤(岩)裂隙表面附着有暗红色的水锈。

(2) 挂汗。煤(岩)壁上凝结有水珠，说明此时巷道接近积水区。但有时空气中的水分遇到低温煤(岩)壁也会挂汗，这是一种假象。所以，遇到煤(岩)壁挂汗时，要辨别真伪，其辨别方法是剥去一薄层煤(岩)，观察新暴露面是否也有潮气，若有则是透水预兆。

(3) 空气变冷。工作面接近大量积水时，气温骤降，煤壁发凉，人一进去就有阴冷的感觉，时间愈长愈感到阴凉。

(4) 出现雾气。当巷道温度很高时，积水渗到煤壁后蒸发而形成雾气。

(5) 水叫。若在采煤工作面煤壁、岩层内听到“吱吱”的水叫声，说明已接近高压积水区。若是煤巷掘进,则透水即将发生,这时必须立即发出警报,撤出所有受水威胁的人员。

(6) 煤层变湿、淋水加大。这表明已接近积水区。

(7) 矿压增大,顶板来压、片帮、底板鼓起。

(8) 水色发浑,有臭味。这是接近老空积水的征兆。

(9) 钻孔喷水、煤壁溃水。

(10) 裂缝出现渗水。若出水清净,则离积水区较远;若出水混浊,则离积水区较近。

(11) 煤层变潮湿、松软;煤帮出现滴水、淋水现象,且淋水可由小变大;有时煤帮出现铁锈色水迹。

(12) 工作面气温降低,或出现雾气及硫化氢气味。

(13) 有时可听到水的"嘶嘶"声。

2. 工作面底板灰岩含水层突水预兆

(1) 工作面压力增大,底板鼓起,底鼓量可达 500 mm 以上。

(2) 工作面底板产生裂隙,并逐渐增大。

(3) 沿裂隙或煤帮向外渗水,随着裂隙的增大,水量增加,当底板渗水量增大到一定程度时,煤帮渗水可能停止,此时水色时清时浊,底板活动时水变浑浊,底板稳定时水变清。

(4) 底板破裂,沿裂缝有高压水喷出,并有"嘶嘶"声或刺耳水声。

(5) 底板发生"底爆",伴有巨响,水大量涌出,水色呈乳白或黄色。

3. 冲击层水的突水预兆

(1) 突水部位发潮、滴水,滴水逐渐增大,仔细观察可发现水中有少量细砂。

(2) 发生局部冒顶,水量突增并出现流砂,流砂常呈间歇性,水色时清时浑,总的趋势是水量、砂量增加,直至流砂大量涌出。

(3) 顶板发生溃水、溃砂,这种现象可能影响到地表,致使地表出现塌陷坑。

四、矿井发生突水事故时的应急避险

矿井发生突水事故时,要根据灾情迅速采取以下有效措施进行紧急避险:

（1）在突水迅猛、水流急速的情况下，现场人员应立即避开出水口和泄水流，躲避到硐室内、拐弯巷道或其他安全地点。如情况紧急来不及转移躲避，可抓牢棚梁、棚腿或其他固定物体，防止被涌水冲倒和冲走。

（2）当老空水涌出，使所在地点有毒有害气体浓度增高时，现场人员应立即佩戴好隔离式自救器。在未确定所在地点空气成分能否保证人员生命安全时，禁止任何人随意摘掉自救器的口具和鼻夹，以避免中毒窒息事故发生。

（3）井下发生突水事故后，决不允许任何人以任何借口在不佩戴防护器具的情况下冒险进入灾区；否则，不仅达不到抢险救灾的目的，反而会造成自身伤亡、扩大事故。

（4）水害事故发生后，在现场及附近地点工作的人员脱离危险后，应在可能情况下迅速观察和判断突水的地点、涌水的程度、现场被困人员的情况等，并立即报告矿井调度室。同时，应利用电话或其他联络方式及时向下部水平和其他可能受到威胁区域的人员发出警报通知。

五、发生突水事故后撤离现场时的注意事项

如果涌水来势凶猛、现场无法抢救或者将危及人员安全，井下职工应沿着规定的避灾路线和安全通道迅速撤退到上部水平或地面。在行动中应注意下列事项。

1. 井下发生水灾初期的自救

（1）井下发生突水后，应立即用最快的方法通知附近区域的人员一起按照矿井灾害预防和处理计划中所规定的路线撤出。

（2）突水初期，水势很猛，冲力很大，人员撤退时一定要注意向高处走，沿着上山方向进入上部水平，然后出井。

（3）在撤退中，如出路已被水隔断，就要寻找井下位置最高、离井筒和大巷最近的地点暂时躲避；同时定时在钢轨和水管上敲打发出求救信号。

（4）如突水区设立水闸门，在人员撤出后，要立即紧紧关死水闸门，把水流完全隔断。

（5）水泵房人员在接到突水事故报警后，要立即关闭泵房两侧的密闭门，启动所有水泵，把突出的水尽快排出；没接到救灾领导人的撤退命令，绝对不可离开工作岗位。

（6）突水后，特别是老空积水突出以后，往往会从积水的空间放出大量有害气体，如瓦斯、硫化氢等，所以在避灾自救中要注意防止有害气体中毒和窒息。

2. 水灾现场处理

（1）应迅速判定水灾的性质，了解突水地点、影响范围、静止水位，估计突出水量、补给水源及有影响的地面水体。

（2）要掌握灾区范围、搞清事故前人员分布，分析被困人员可能躲避的地点以便迅速组织抢救。

（3）根据突水量的大小和矿井排水能力，积极采取排、堵、截水的技术措施。

（4）加强通风，防止瓦斯和其他有害气体的积聚和发生熏人等事故。

（5）在排水后进行侦察、抢险时，要防止冒顶、掉底和二次突水。

（6）在抢救和运送长期被困井下的人员时，要采取措施避免因突然改变他们已适应的环境和生存条件而造成不应有的伤亡。

3. 撤离注意事项

（1）撤离前，应当设法将撤退的避灾路线和目的地告知矿井负责人。

（2）透水后，应在可能的情况下，迅速观察和判断透水的地点、水源、涌水量、发生原因、危害程度等情况，根据预防水灾的避灾路线迅速撤至透水地点以上的水平，而不能进入突水点附近及下方独头巷道。

（3）行进中应靠近巷道一侧，抓牢支架或其他固定物体，尽量避开压力水头和泄水主流，并注意防止被水中滚动的矸石和木料撞伤。

（4）若透水破坏了巷道中的照明和路标，遇险人员应朝着有风流通过的上山巷道方向撤退。

（5）在撤退沿途和所经过的巷道交叉口，应留设指示行进方向的明显标志，以提示救护人员注意。

（6）人员撤退到竖井需从梯子间上去时，应遵守秩序，不要慌乱和争抢。行动中手要抓牢，脚要蹬稳，切实注意本人和他人安全。

（7）撤退过程中，若唯一出口被堵塞而无法撤退，应有组织地在独头工作面躲避，等待救护人员营救，严禁盲目潜水等冒险行为。

（8）被困期间断绝食物后，即使在饥饿难忍的情况下，也应努力克制自己，绝不嚼食杂物充饥。需要饮用井下水时，选择适宜的水源，并用纱布或衣服过滤。

（9）长时间被困井下，发现救护人员到来营救时，不可过度兴奋和慌乱。

安全素质基本要求三
煤矿火灾防治与应急避险

学习目标

1. 熟悉煤炭自燃的初期预兆。
2. 熟悉井下火灾的灭火方法。
3. 熟悉火灾事故的应急避险。
4. 熟悉发生火灾事故后安全撤离时的注意事项。

安全素质基本要求相关知识

凡发生在井下的火灾及发生在井口附近能够危害到井下安全的火灾，都叫作矿井火灾。发生矿井火灾的原因有两种：一是外部火源引起的火灾，二是煤炭本身的物理化学性质的内在因素引起的火灾。因此，矿井火灾分为两类：外因火灾和内因火灾。

外因火灾，又称外源火灾。在井下违章吸烟、拆卸矿灯、放明炮、电焊、气焊等，都可能引起井下火灾。内因火灾，又称煤炭自燃火灾。

一、煤炭自燃的初期预兆

煤矿内因火灾事故隐患主要表现为煤炭自然发火。煤炭自燃的初期预兆有如下几种：

（1）巷道内湿度增加，出现雾气、水珠。煤炭氧化初期生成水分，往往使巷道内湿度增加，出现雾气或在巷道壁上挂有水珠；浅部开采时，冬季在地面钻孔或塌陷处会发现水蒸气冒出或冰雪融化现象。

(2) 煤炭自燃放出焦油味。煤炭从“发烧”(自热)到自燃过程中，氧化时会产生多种碳氢化合物，并放出煤油味、汽油味、松节油味或焦油味等。当嗅到这些气味时，说明煤已自燃到了一定程度。

(3) 巷道内发热，气温升高。煤炭氧化自燃过程中要释放出大量热量。因此，从自然发火的地方流出的水和空气的温度比平时要高，人的皮肤可以直接感觉到。

(4) 人有疲劳感。煤炭氧化自燃过程中，会放出有害气体，如二氧化碳、一氧化碳、二氧化硫等，这些有害气体会使人感到头痛、闷热、精神不振、不舒服、有疲劳感。尤其是多数人有同感时，应提高警惕，查明原因，以防矿井火灾的发生。

二、井下火灾的灭火方法

煤矿灭火方法有直接灭火、隔绝灭火和封闭火区 3 种。

1. 直接灭火

(1) 采用灭火剂或挖出火源等方法把火直接扑灭，称为直接灭火法。常用的灭火剂有水、泡沫、干粉、二氧化碳、四氯化碳、卤代烷、惰气、砂子和岩粉等。

① 水。水是不燃液体，是消防上常用的灭火剂之一。使用水灭火的方法有水射流和水幕两种形式。

② 泡沫。泡沫是一种体积小，表面被液体围成的气泡群。泡沫的比重小，且流动性好，可实现远距离立体灭火，具有持久性和抗燃烧性，导热性能低，黏着力大。

③ 干粉。干粉灭火剂是目前公认的灭火效力较高的一种新型的化学灭火剂，应用范围比较广泛。

④ 卤代烃灭火剂。常用的卤代烃灭火剂是用氟、氯、溴取代甲烷和乙烷中的氢而制成的，因此也叫卤代烷灭火剂。

⑤ 砂子和岩粉。砂子和岩粉在煤矿广泛应用于扑灭电气火灾。

(2) 消除可燃物。直接灭火除了向火源喷射灭火剂以外，在有些条件下还可以清除可燃物，消除燃烧的物质基础。煤矿常用的是挖除火源。

(3) 用凝胶处理高温点和自燃火源。凝胶是近年来应用于煤矿井下防灭火较为广泛的材料，由基料[硅酸盐(水玻璃)]+促凝剂(碳酸氢氨等盐类)+水(90%左右)组成。

(4) 灌浆灭火。灌浆灭火是煤矿井下常用的灭火方法。灌浆灭火的方法因火源位置不同而异。常用的方法有井下巷道(钻窝)打钻灌浆、在火区密闭墙上插管灌浆和地面钻孔注浆 3 种。

2. 隔绝灭火

当不能直接将火扑灭时，为了迅速控制火势，使其熄灭，可在通往火源的所有巷道内砌筑密闭墙，使火源与空气隔绝。

3. 封闭火区

封闭火区的方法分为 3 种：

(1) 锁风封闭火区。从火区的进回风侧同时密闭，封闭火区时不保持通风。这种方法适用于氧气浓度低于瓦斯爆炸界限(小于 12%)的火区。

(2) 通风封闭火区。在保持火区通风的条件下，同时构筑火区进回风两侧的密闭。

(3) 注惰气封闭火区。

三、火灾事故的应急避险

(1) 井下若发现烟气或明火等火灾灾情，应立即通知在附近工作的人员及调度室。

(2) 如果火灾范围不大，应立即组织力量扑灭。

(3) 如果火灾范围大或是火势凶猛，则应在撤出灾区人员、保证自身安全的前提下，采取稳定风流、控制火势发展、防止人员中毒和预防瓦斯或煤尘爆炸的措施，并随时保持与地面指挥部的联系，根据指挥部的命令行事。

(4) 见到火或突然接到火警通知，需要立即撤退人员，要在判明灾情和自己实际处境以及应采取的应急措施的前提下再采取行动。

四、发生火灾事故后安全撤离时的注意事项

发生火灾事故时，如果不能直接扑灭或控制灾情，应迅速撤离火灾现场，撤离时要注意以下事项：

（1）要尽最大可能迅速了解或判明事故的性质、地点、范围和事故区域的巷道情况、通风系统、风流、火灾烟气蔓延的速度和方向，以及与自己所处巷道位置之间的关系，并根据矿井灾害预防与事故处理计划和现场实际情况确定撤退路线和避灾自救方法。

（2）撤退时，任何人在任何情况下都不要惊慌、不能狂奔乱跑，应在现场负责人和有经验的老工人带领下有组织地撤退。位于火源进风侧的人员，应迎着新鲜风流撤退。位于火源回风侧的人员或是在撤退途中遇到烟气有中毒危险时，应迅速佩戴好自救器，尽快通过捷径绕到新鲜风流中去，或是在烟气没有到达之前顺着风流尽快从回风出口撤到安全地点；如果距火源较近而且越过火源没有危险时，也可迅速穿过火区撤到火源的进风侧。

（3）如果在自救器有效作用时间内不能安全撤出，应在设有存储备用自救器的硐室换用自救器后再行撤退，或是寻找有压风管路系统的地点以压缩空气供呼吸之用。

（4）撤退行动既要迅速果断又要快而不乱。撤退中应靠巷道有连通出口的一侧行进，避免错过脱离危险区的机会，同时还要随时注意观察巷道和风流的变化情况，谨防火风压可能造成的风流逆转。

（5）如果是逆风或顺风撤退都无法躲避着火巷道或火灾烟气造成的危害，则应迅速进入避难硐室，没有避难硐室时应在烟气袭来之前选择合适的地点就地利用现场条件快速构筑临时避难硐室，进行避灾自救。

安全素质基本要求四
煤矿瓦斯事故的防治与应急避险

学习目标

1. 熟悉瓦斯爆炸及其预防相关内容。

2. 熟悉煤与瓦斯突出及其预防相关内容。

安全素质基本要求相关知识

在煤矿事故中与瓦斯有关的事故有5种，即瓦斯爆炸事故、瓦斯燃烧事故、瓦斯窒息事故、瓦斯喷出事故和煤与瓦斯突出事故。这5种事故通常都会造成重大人员伤亡，其中，瓦斯爆炸事故和煤与瓦斯突出事故发生频繁，危害最大。

一、瓦斯爆炸及其预防

瓦斯爆炸就是瓦斯(CH_4)在高温火源的作用下，与空气中的氧气发生剧烈的化学反应，生成二氧化碳和水蒸气，同时产生大量的热量，形成高温、高压，并以极高的速度向外冲击而产生的动力现象。

1. 瓦斯爆炸条件

瓦斯发生爆炸必须同时具备3个基本条件：一是瓦斯浓度在爆炸界限内，一般为5%～16%；二是混合气体中氧气的浓度不小于12%；三是有足够能量的点火源，温度在650～750 ℃。瓦斯爆炸的3个条件必须同时满足，缺一不可。

2. 预防瓦斯爆炸的措施

预防瓦斯爆炸应从瓦斯爆炸的3个条件入手，即设法防止瓦斯积聚和出现引燃火源；同时一旦出现瓦斯爆炸，还要设法防止爆炸事故扩大。

(1) 防止瓦斯积聚的措施。瓦斯积聚是指在0.5 m^3 及以上空间中瓦斯浓度达到2%及以上的现象。防止瓦斯积聚应落实瓦斯防治“十二字方针”，即先抽后采、监测监控、以风定产，从源头上消除瓦斯的危害。防止瓦斯积聚的基本方法如下：① 加强通风；② 加强瓦斯浓度和通风情况的检查；③ 及时处理局部积聚的瓦斯。

(2) 防止瓦斯引燃的措施：① 防止明火；② 防止电火花；③ 防止爆破引燃瓦斯；④ 防止机械摩擦、冲击火花。

(3) 限制瓦斯爆炸范围扩大的措施：

① 实行分区通风。

② 通风系统力求简单。

③ 装有主要通风机的出风井口应安装防爆门，以防止发生爆炸时通风机被毁坏，造成救灾和恢复生产困难。

④ 开采有煤尘、瓦斯爆炸危险的矿井，都必须用水棚或岩粉棚隔开。

⑤ 每个矿井每年必须由矿技术负责人组织编制矿井灾害预防和处理计划。

3. 发生瓦斯爆炸事故时的应急避险

(1) 当灾害发生时一定要镇静清醒，不要惊慌失措、乱喊乱跑。当听到或感觉到爆炸声响和空气冲击波时，应立即背朝声响和气浪传来的方向、脸朝下、双手置于身体下面、闭上眼睛迅速卧倒。头部要尽量低，有水沟的地方最好趴在水沟边上或坚固的障碍物后面。

(2) 立即屏住呼吸，用湿毛巾捂住口鼻，防止吸入有毒的高温气体，避免中毒和灼伤气管和内脏。

(3) 用衣服将自己身上的裸露部分尽量盖严，以防火焰和高温气体灼伤皮肉。

(4) 迅速戴好自救器，以防止吸入有毒气体。

(5) 高温气浪和冲击波过后应立即辨别方向，通过最短的距离进入新鲜风流中，并按照避灾路线尽快逃离灾区。

(6) 已无法逃离灾区时，应立即选择进入避难硐室中，充分利用现场的一切器材和设备来保护人员和自身安全。进入避难硐室后要注意安全，最好找到离水源近的地方，设法堵好硐口，防止有害气体进入。注意节约矿灯电量、食品和水，室外要做好标记，有规律地敲打连接外部的管子、轨道等，发出求救信号。

二、煤与瓦斯突出及其预防

煤与瓦斯突出是指在压力作用下，破碎的煤与瓦斯由煤体内突然向采掘空间大量喷出，它是一种瓦斯特殊涌出。

1. 煤与瓦斯突出的预兆

(1) 无声预兆。工作面顶板压力增大，使支架变形、煤壁外鼓、片帮、掉渣、顶板下沉或底板鼓起，煤层层理紊乱，煤暗淡无光泽，煤质变软，瓦斯涌出量异常或忽大忽小，煤壁发凉，打钻时有顶钻卡钻、喷瓦斯等现象。

(2) 有声预兆。煤层在变形过程中发生劈裂声、闷雷声、机枪声、响煤炮,声音由远到近、由小到大,有短暂的、有连续的,间隔时间长短也不同,煤壁发生震动和冲击,顶板来压,支架发出断裂声。

特别注意:任何一次突出前,并不是所有预兆都出现,仅出现其中一种或数种,而且有的预兆还不明显;也有的预兆距发生突出的时间很短。因此,发现任何预兆,都要格外警惕,及时报告并躲避。

2. 煤与瓦斯突出的危害

大量的煤与瓦斯在短时间内向采掘空间突然喷出,突出的煤流或岩石流抛出会掩埋井下作业人员、堵塞巷道,造成风流逆转,破坏井下设施、设备和通风系统,井巷中充满高浓度瓦斯会引起人员缺氧窒息死亡。当突出瓦斯与新鲜风流汇合后,遇到火源还可能引发燃烧或爆炸使灾害事故扩大。

3. 煤与瓦斯突出事故的预防

防突工作必须坚持"区域综合防突措施先行、局部综合防突措施补充"的原则,按照"一矿一策、一面一策"的要求,实现"先抽后建、先抽后掘、先抽后采、预抽达标"。突出煤层必须采取两个"四位一体"综合防突措施,做到多措并举、可保必保、应抽尽抽、效果达标,否则严禁采掘活动。对于预防和治理煤与瓦斯突出的各种措施和方法,必须根据具体条件合理选择,并遵守以下各项规定:

(1) 在突出地点工作的人员,必须经过专门训练,掌握防治突出的基本知识,熟悉突出的各种预兆和井下的避灾路线。

(2) 突出煤层采掘工作面都必须有独立的通风系统,并设专人检查瓦斯。该区域要安设直通矿调度室的电话,发现有突出危险时,立即撤出人员。

(3) 在突出危险区工作的人员必须佩戴隔离式自救器。

(4) 在有突出危险的煤层中进行采掘作业时,在一个或相邻的两个采区中,同一煤层的同一区段禁止布置 2 个工作面同时相向回采、禁止 2 个工作面同时相向掘进。

(5) 在有突出危险煤层中的掘进工作面,应在其进风侧的巷道中设置 2 道坚固的反向风门，并保持回风巷道畅通无阻。

(6) 在突出煤层的采掘工作面附近的进风巷中，必须设置有供给压缩空气的避难硐室或压风自救装置。

4. 发生煤与瓦斯突出事故的应急避险

(1) 佩戴隔离式自救器保护自己。

(2) 寻找可避难的场所。

(3) 新鲜风流区域的人员主动、正确地参加救护工作。

5. "四位一体"综合防突措施

我国对煤与瓦斯突出的防治技术进行了长期的研究，总结出了一套行之有效的两个(区域、局部)"四位一体"综合防突措施，在煤矿生产实际应用中取得了较好的效果。

(1) 区域"四位一体"综合防突措施：区域突出危险性预测、区域防突措施、区域防突措施效果检验、区域验证。

(2) 局部"四位一体"综合防突措施：工作面突出危险性预测、工作面防突措施、工作面防突措施效果检验、安全防护措施。

安全素质基本要求五
煤矿煤尘事故的防治与应急避险

学习目标

1. 熟悉煤尘爆炸及其预防相关内容。
2. 熟悉煤尘爆炸预防措施。
3. 熟悉煤尘爆炸的应急避险相关内容。

安全素质基本要求相关知识

在采掘生产过程中，特别是采掘工作面在爆破、落煤、运输过程中都会产生大量煤尘。煤尘危害主要有两个方面：一是对人体的危害。二是煤尘爆炸危害。煤尘爆炸是煤矿最严重的灾害之一，严重威胁矿井安全生产。

一、煤尘爆炸及其预防

风速过高会引起采掘工作面和运输巷道煤尘飞扬，而风速过低会使产尘点产生的煤尘排不出去导致浮尘量增加。带式输送机、刮板输送机各转载点如不采取有效防尘措施，会造成煤尘飞扬。当煤尘含量达到爆炸临界点，遇电气设备漏电产生的火花、爆破产生的火焰等引爆火源时，就会发生煤尘爆炸事故。

1. 煤尘爆炸事故灾害类型

(1) 在采掘生产过程中，特别是采掘工作面在爆破、落煤、运输过程中都会产生大量煤尘，煤尘浓度可达到爆炸界限，当电气设备漏电产生火花、爆破产生火焰等引爆火源存在时，就会发生煤尘爆炸事故。

(2) 煤尘爆炸时会产生高温、高压、有毒有害气体，造成人员伤亡、机械设备和巷道的破坏，强大的冲击波会造成风流逆转、通风系统紊乱，还可能引起其他地点连续爆炸。

(3) 采掘工作面及其回风巷发生煤尘爆炸事故时，将影响本采区；当引起连续爆炸时，将扩大影响范围，直至影响整个矿井；进风井附近发生煤尘事故时，将影响其进风流中的所有工作地点，反风不及时将影响整个矿井。

2. 煤尘爆炸的条件

煤尘发生爆炸必须同时具备 3 个基本条件：一是煤尘本身具有爆炸性，而且浮游煤尘要达到一定浓度（下限为 45 g/m^3，上限为 1 500～2 000 g/m^3）；二是混合气体中氧气的浓度不小于 18%；三是有足够能量的点火源，温度在 610～1 050 ℃之间。

二、煤尘爆炸预防措施

(1) 矿井开采新水平、新煤层，要及时对煤层开展煤尘爆炸性鉴定工作，根据鉴定结果采取相应的安全措施，并将作业场所的煤尘降低到《煤矿安全规程》规定的浓度以下。

(2) 建立煤尘监测制度，加强采掘工作面和主要场所的煤尘监测，消除煤尘隐患。

(3) 加强巡查及管理，防止井下出现明火、爆破火焰、电气火花等引爆火源。

(4) 按照“源头治理、科学防治”的原则，认真落实减尘、捕尘、洗尘有关规定。完善防尘洒水系统，采取湿式钻眼，使用水炮泥，爆破前后冲洗煤壁，爆破时采用高压喷雾或压气喷雾降尘，采掘面回风巷按规定安设自动控制风流净化水幕，转载点采用自动喷雾降尘或密闭尘源除尘器抽尘净化等措施。

三、煤尘爆炸的应急避险

发生煤尘爆炸事故后的危险区域，救援人员只能在救人的情况下才能进入，且必须采取有效措施，保证救援人员的安全。

(1) 如果事故不能及时得到控制，或有扩大趋势，或抢救非常困难时，由指挥部决定是否请求外援。

(2) 井下发生煤尘爆炸事故时，一般有较大声响和较强的冲击波以及煤尘飞扬。如发生以上情况，立即采取如下措施：

① 无论任何人，凡发现灾害事故，不论灾害程度如何、波及范围大小，都应立即向矿调度室汇报，并详细说明事故发生的地点、时间、类别、事故现场情况、冲击波的方向及事故可能波及的地点。

② 事故现场的区队长或工程技术人员及通风、安检部门人员应立即组织在场人员采取一切有效措施进行自救和抢险救灾，将事故消灭在初发阶段。

③ 不能有效消除危险时，应立即组织灾区人员和受威胁区域的人员迅速沿避灾路线撤离。

④ 采煤工作面发生事故时，受灾人员要以事故区为中心，分别由上、下顺槽撤退，转入安全的进风巷道。

(3) 在发生煤尘爆炸事故灾区人员无法迅速撤离时，应考虑下述方法避灾：

① 避灾人员要戴上自救器或用湿毛巾堵住口鼻，以隔绝火焰和防止高温有害气体的伤害，待爆炸冲击波过去后，迅速撤到安全地点。

② 不能撤离的人员迅速转入独头巷道(最好是岩石巷道)等安全

地点，停止局部通风机，切断电源，断开风筒，堵住入口，防止有毒气体侵入，并在躲避地点巷道口悬挂矿灯、工具并定时敲打管子、铁轨等发出呼救信号，等待救援。

③ 避灾地点若有压风管，可设法打开压风管路，以便向避灾人员输送新鲜空气。

（4）调度室接到井下灾情报告后，立即通知矿山救护队赶赴现场实施救援。

（5）救护队伍到达现场后，要维持事故现场原状，经全面侦察后再采取措施。如果需要开动局部通风机供风，必须请示指挥部后再确定，不能贸然行事。

（6）爆炸产生火灾，应同时进行灭火和救人，并应采取防止再次发生爆炸的措施。

（7）井筒、井底车场或石门发生爆炸时，在侦察确定没有火源，无爆炸危险的情况下，应派遣 1 个小队救人，1 个小队恢复通风。如果通风设施损坏不能恢复，2 个小队应全部去救人。

（8）爆炸事故发生在采煤工作面时，派 1 个小队沿回风侧、1 个小队沿进风侧进入救人，在此期间必须维持通风系统原状。

（9）井筒、井底车场或石门发生爆炸时，为了排除爆炸产生的有毒、有害气体，抢救人员应在查清确无火源的基础上，尽快恢复通风。如果有害气体严重威胁回风流方向的人员，为了紧急救人，在进风方向的人员已安全撤退的情况下，可采取区域反风。之后，矿山救护队应进入原回风侧引导人员撤离灾区。

（10）在救灾过程中，应采取措施防止局部火灾或瓦斯爆炸点燃被扬起的沉积煤尘引起二次爆炸。

（11）根据事故的变化情况，由指挥部决定及时改变处理方案。

（12）严格停送电措施，防止事故扩大。

（13）医院急救人员根据情况迅速带齐物品进行现场急救。

（14）需要矿井反风时，由总指挥下达反风命令。

安全素质基本要求六
生产安全事故及其防治基础知识

学习目标

1. 了解生产安全事故的概念及类型。
2. 了解生产安全事故的原因及预防。
3. 了解事故处理“四不放过”原则。

安全素质基本要求相关知识

一、生产安全事故的概念及类型

生产安全事故，是指生产经营单位在生产经营活动中发生的伤害人身安全和健康，或者损坏设备设施，造成经济损失，导致原生产经营活动暂时中止或永远终止的意外事件，包括造成人员死亡、伤害、职业病、财产损失或其他损失的所有意外事件。

1. 按《生产安全事故报告和调查处理条例》分类

根据《生产安全事故报告和调查处理条例》规定，生产安全事故一般分为特别重大事故、重大事故、较大事故和一般事故。造成30人及以上死亡的事故属于特别重大事故，造成10～29人死亡的事故属于重大事故，造成3～9人死亡的事故属于较大事故，造成1～2人死亡的事故属于一般事故。

2. 煤矿事故分类

(1) 顶板事故，是指冒顶、片帮、顶板掉矸、顶板支护垮倒、冲击地压、露天煤矿边坡滑移垮塌等，底板事故视为顶板事故。

(2) 瓦斯事故，是指瓦斯(煤尘)爆炸、燃烧，煤(岩)与瓦斯突出，中毒、窒息事故。

(3) 机电事故，是指机电设备(设施)导致的事故，包括运输设备在安装、检修、调试过程中发生的事故。

(4) 运输事故,是指运输设备(设施)在运输过程中发生的事故。

(5) 爆破事故,是指爆破崩人、触响瞎炮造成的事故。

(6) 火灾事故,是指煤与矸石自然发火和外因火灾造成的事故,其中煤层自燃未见明火、逸出有害气体中毒视为瓦斯事故。

(7) 水害事故,是指地表水、老空水、地质水、工业用水造成的事故及透黄泥、流砂导致的事故。

(8) 其他事故,是指以上7类事故以外的事故。

二、生产安全事故的原因及预防

任何事故的发生都是有原因的,生产安全事故也不例外。一般来讲,发生生产安全事故的原因,主要包括人的不安全行为、物的不安全状态和管理上的缺陷等。

1. 人的不安全行为

(1) 麻痹、侥幸心理,工作蛮干,在“不可能意识”的支配下,发生了安全事故。

(2) 精神疲惫、酒后上班、班中睡觉、擅自离岗、干与本职工作无关的事以及工作时注意力不集中、思想麻痹。

(3) 未正确佩戴或使用安全防护用品。

(4) 操作和作业时,违反安全规章制度和安全操作规程,未制定或执行相应的安全措施。

(5) 机器在运转时进行检修、调整、清扫等作业。

(6) 在有可能出现坠落物、吊装物的地方冒险通过、停留。

(7) 在作业和危险场所随意走、攀、坐、靠。

(8) 违规使用非专用工具、设备或用手代替工具作业。

2. 物的不安全状态

(1) 防护、保险、警示等装置缺失或存在缺陷。

(2) 机械、电气设备维护检修不到位,带“病”运转。

(3) 物体的固有性质和建造设计使其存在不安全状态。

(4) 设备安装不规范,或超期使用、部件老化。

3. 管理上的缺陷

(1) 管理人员在思想上对安全工作的重要性认识不足,将其视为可有可无，日常以麻木的心态和消极的行为对待安全工作，安全法律责任意识淡薄。

(2) 规章制度、安全技术操作规程、作业规程、安全技术措施、岗位责任制等，未建立、不健全或不完善。

(3) 管理人员不学习、不理解、不彻底落实企业的各种安全规章制度，只注重生产指标，忽视安全检查、安全教育和隐患排查治理。

(4) 管理人员安全知识不全面、安全管理能力差、安全管理执行力不强。

管理上的缺陷的主要预防措施为：

(1) 严格贯彻落实“安全第一，预防为主，综合治理”的安全生产方针。安全生产工作应当以人为本，坚持安全发展，坚持“安全第一，预防为主，综合治理”的方针，强化和落实生产经营单位的主体责任，建立健全生产经营单位负责、职工参与、政府监管、行业自律和社会监督的机制。

(2) 广泛开展安全教育和培训工作。通过安全教育和培训，不断提高从业人员的安全意识和安全素质，加强自主保安和相互保安，认真学习并贯彻落实《煤矿安全规程》、安全技术操作规程和作业规程等三大规程，杜绝违章指挥、违章作业、违反劳动纪律等“三违”行为。

(3) 认真贯彻落实岗位责任制。岗位责任制是企业根据法律法规建立的针对所有从业人员保证安全生产责任层层落实的制度。所有从业人员都按照岗位责任制的要求上标准岗、干标准活，工作中各负其责，才能搞好安全生产工作。

(4) 积极开展风险预控、隐患排查治理工作。煤矿作业过程中存在很多风险，因此要求作业人员在从事每项工作前，必须充分认识到作业过程中存在的各类风险，并提前采取有效措施，防止发生各类安全事故。同时，工作中还要经常进行隐患排查，发现问题立即解决或汇报，防止隐患演变成事故。

三、事故处理“四不放过”原则

发生事故后，必须按照“四不放过”的原则进行处理，其具体内容是：事故原因没有查清不放过，事故责任人没有受到处理不放过，事故责任人和广大群众没有受到教育不放过，没有采取防范措施不放过。

1. 事故原因没有查清不放过

发生事故后，必须查清事故的直接原因和间接原因，只有这样，才能根据事故原因制定相应的防范措施，杜绝类似事故再次发生。

2. 事故责任人没有受到处理不放过

发生事故后，或者对人员造成了伤害，或者造成了财产的损失，影响了生产经营单位的经济利益，因此必须严格按照安全事故责任追究的规定和有关法律法规的要求对事故责任人进行处理。对于触犯刑法的，还要依法追究其刑事责任。

3. 事故责任人和广大群众没有受到教育不放过

发生事故后，必须对事故责任者和广大群众进行安全教育，使事故责任者和广大群众了解事故发生的原因、造成的危害和防范措施，并认真吸取教训，防止类似事故在本岗位和其他相关岗位再次发生。

4. 没有采取防范措施不放过

发生事故后，必须根据事故原因，制定、采取相应的防范措施，以达到防止事故再次发生的目的。

模块五　自救、互救与现场急救

大量煤矿事故事实证明，当矿井发生灾害事故后，事故现场人员在万分危急的情况下，依靠自己的智慧和力量，积极正确地开展自救和互救工作，是最大限度地减少事故损失的重要环节。因此，每个入井人员都必须掌握自救、互救的基本方法。

安全素质基本要求一　自救器的使用

学习目标

1. 掌握化学氧自救器的使用。
2. 掌握压缩氧自救器的使用。

安全素质基本要求相关知识

自救器是入井人员在井下发生火灾，瓦斯、煤尘爆炸，煤与瓦斯突出等事故时防止有害气体中毒或缺氧窒息的一种随身携带的呼吸保护器具，其体积小、重量轻、便于携带。

煤矿必须使用隔离式自救器。隔离式自救器能防护所有的有害气体，它的作用包括提供氧气、防止窒息和防止有害气体中毒。隔离式自救器分类见表 1-3。

表 1-3　隔离式自救器分类

分类	压缩氧	化学氧
气源	压缩氧气	化学生氧
周期	反复使用	一次性
维护保养	复杂	简单
适用范围	有毒有害气体、缺氧环境	

一、化学氧自救器的使用

化学氧自救器是指利用化学生氧物质产生氧气的隔离式呼吸保护器。它用于灾区环境大气中缺氧或存在有毒有害气体的环境，供一般入井人员使用，只能使用 1 次。

以 ZH30D 化学氧自救器为例，其中字母 Z 代表自救器，H 代表化学氧，30 代表防护时间为 30 min，D 代表设计序号。

1. 化学氧自救器结构

化学氧自救器的结构如图 1-2 所示。

自救器的操作与使用
（微信扫码观看）

2. 防护特点

（1）提供人员逃生时所需的氧气。

（2）呼吸在人体与自救器之间循环进行，与外界空气成分无关，能防护各种有毒气体。

（3）用于从火灾、爆炸、突出的灾区中逃生。

3. 使用方法

（1）佩戴位置。将专用腰带穿入自救器腰带环内，固定在背部右侧腰间，如图 1-3(a)所示。

（2）开启扳手。使用时先将自救器沿腰带转到右侧腹前，左手托底，右手拉护罩胶片，使护罩挂钩脱离壳体并丢掉，再用右手掰锁口带扳手至封印条断开后，丢开锁口带，如图 1-3(b)所示。

（3）去掉上外壳。左手抓住下外壳，右手将上外壳用力拔下、扔掉，如图 1-3(c)所示。

（4）套上挎带。将挎带套在脖子上，如图 1-3(d)所示。

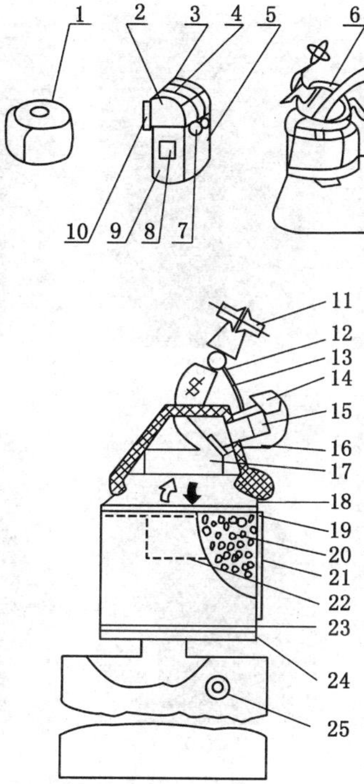

1—保护套；2—上外壳；3—前锁口带；4—封印条；5—使用注意牌；6—呼吸保护器；7—后封口带；8—铭牌；9—下外壳；10—皮带穿环；11—鼻夹；12—头带；13—鼻夹绳；14—口具；15—口具塞；16—降温网；17—口水挡板；18—生氧罐；19—上过滤装置；20—生氧剂；21—隔热底座；22—快速启动筒；23—下过滤装置；24—气囊；25—排气阀。

图 1-2　化学氧自救器结构图

(5) 提起口具并立即戴好。用力提起口具，此时气囊逐渐鼓起，立即拔掉口具塞并同时将口具塞入口中，口具片置于唇齿之间，牙齿紧紧咬住牙垫，紧闭嘴唇，如图 1-3(e)所示。若尼龙绳被拉断，气囊未鼓，可以直接拉启动环。

(6) 夹好鼻夹。两手同时抓住两个鼻夹垫的圆柱形把柄，将鼻夹拉开，此时佩戴人要憋住一口气，用鼻夹垫准确夹住鼻子。

(7) 调整挎带。如果挎带过长，抬不起头，可以拉动挎带上的大圆

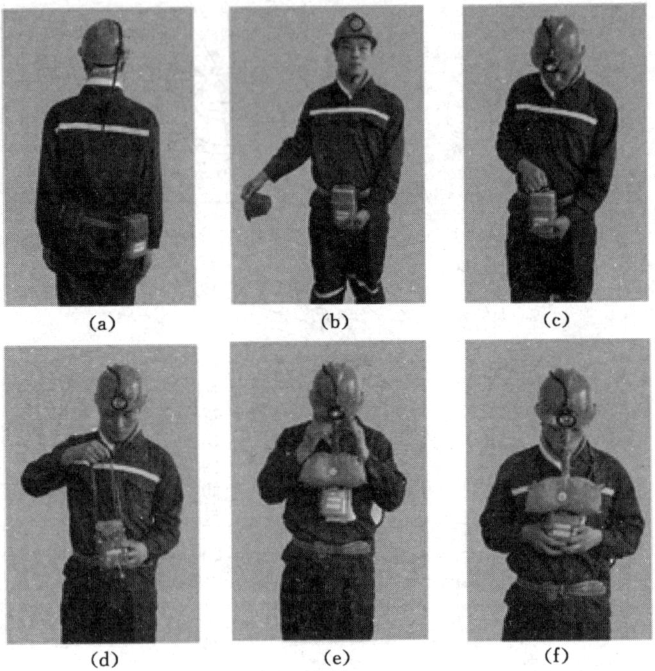

图1-3　化学氧自救器的使用方法

环，使挎带缩短，长度适宜后，系在小圆环上，如图1-3(f)所示。

(8) 退出灾区。上述操作完成后，开始撤离灾区。途中感到吸气不足时不要惊慌，应放慢脚步，做深呼吸，待气量充足后再快步行走。

4. 使用注意事项

(1) 每班携带自救器前，应检查自救器外壳有无损伤或松动，如发现不正常现象，应及时将自救器送到发放室检查校验。

(2) 携带自救器时，应避免碰撞、跌落，禁止将自救器当坐垫用；禁止用尖锐的器具猛砸外壳或药罐；禁止自救器接触带电体或浸泡在水中。

(3) 携带自救器时，任何场所不准随意打开自救器上外壳；如果自救器上外壳已意外开启，应立即停止携带，做报废处理。

(4) 在井下工作时，一旦发现事故征兆，应立即佩戴自救器后迅速撤离。佩戴自救器要求操作准确、迅速。

(5) 佩戴自救器撤离火区时，要冷静、沉着，最好匀速行走。

(6) 在整个逃生过程中，要注意把口具、鼻夹戴好，保证不漏气，严禁从嘴中取下口具说话。

(7) 吸气时，比平时正常吸气干、热一些，表明自救器在正常工作，对人体无害，此时千万不可取下自救器。

(8) 当发现呼气时气囊瘪而不鼓，并渐渐缩小时，表明自救器的使用时间已接近终点，要做好应急准备。

二、压缩氧自救器的使用

压缩氧自救器是指利用压缩氧气供氧的隔离式呼吸保护器。它用于灾区环境大气中缺氧或存在有毒有害气体的情况，是一种可反复多次使用的自救器，每次使用后只需要更换吸收二氧化碳的吸收剂和重新充装氧气即可重复使用。

1. 压缩氧自救器的结构

压缩氧自救器的结构如图 1-4 所示。

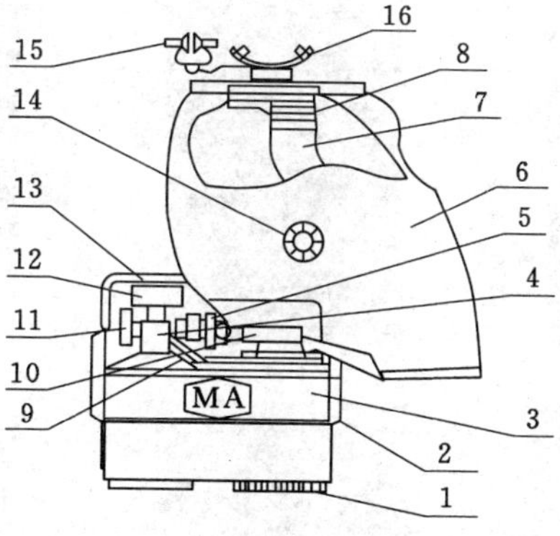

1—底盖；2—挂钩；3—清净罐；4—氧气瓶；5—减压阀；6—气囊；
7—呼气软管；8—呼气阀；9—支架；10—补气压板；11—手轮开关；
12—压力表；13—上盖；14—排气阀；15—鼻夹；16—口具。

图 1-4　压缩氧自救器的结构图

2. 防护特点

(1) 提供人员逃生时所需的氧气，能防护各种毒气。

(2) 可反复多次使用。

(3) 用于有毒气或缺氧的环境条件下。

(4) 可用于压风自救系统的配套装备。

3. 使用方法

(1) 携带时,挎在肩膀上或者挂在专用皮带上,如图 1-5(a)、(b)所示。

(2) 使用时,先打开外壳封口带手把。

(3) 打开上盖,然后左手抓住氧气瓶,右手用力向上提上盖,如图 1-5(c)所示;此时氧气瓶开关即可自动打开,随后将主机从下壳中拽出,如图 1-5(d)所示。

(4) 摘下安全帽,挎上挎带,戴好安全帽。

(5) 拔开口具塞,将口具放入口腔里,牙齿咬住牙垫,如图 1-5(e)所示。

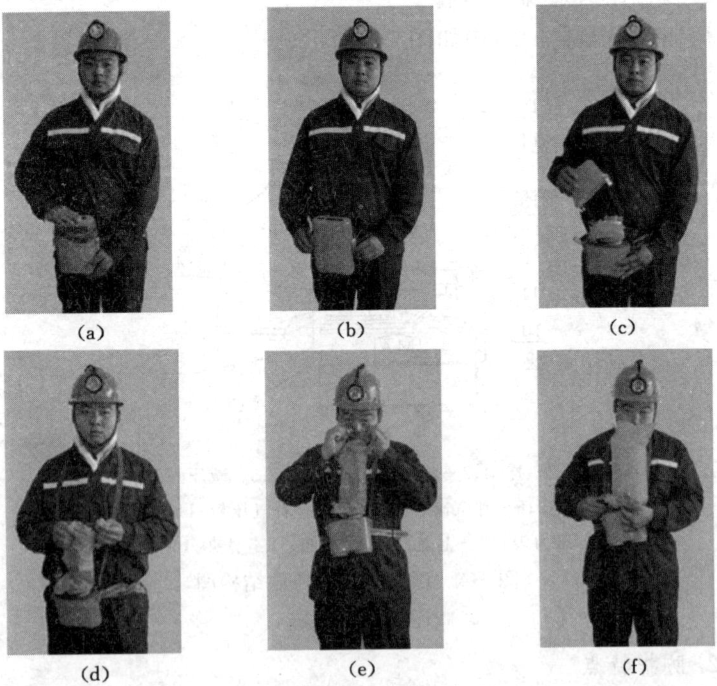

图 1-5　压缩氧自救器的使用方法

(6) 将鼻夹夹在鼻子上,开始呼吸。

(7) 在呼吸的同时,按动补给按钮,1～2 s气囊充满后立即停止(在使用过程中发现气囊供气不足时,也可按上述方法操作),如图1-5(f)所示。

(8) 挂上腰钩。

4. 使用注意事项

(1) 使用符合《隔绝式氧气呼吸器和自救器用氢氧化钙技术条件》(MT 454)要求的CO_2吸收剂,每隔半年更换一次。

(2) 清净罐中的CO_2吸收剂,无论是否使用到额定防护时间,都必须清空后重新换装新药。

(3) 用于充填自救器的氧气应符合《医用及航空呼吸用氧》(GB 8982)的规定。

(4) 每隔3年要对氧气瓶做水压试验。

(5) 每隔半年检查一次气密性和氧气压力。

(6) 使用中要养成经常观察氧气瓶压力表的习惯,以掌握耗氧情况。

(7) 高压氧气瓶储装有20 MPa的氧气,携带过程中要防止撞击、磕碰和摔落,也不许把压缩氧自救器当坐垫使用。

(8) 呼气和吸气时都要慢而深(即深呼吸)。口与自救器的距离不能过近,以免气囊内的呼气软管打折,增加呼气阻力。

(9) 使用中应防止利器刺伤、划伤气囊。

(10) 在未达到安全地点时严禁摘下自救器。

安全素质基本要求二 避难硐室的自救避灾

学习目标

1. 掌握永久避难硐室相关规定。

2. 掌握临时避难硐室相关规定。

3. 掌握在避难硐室避难时应注意的相关事项。

安全素质基本要求相关知识

避难硐室是井下发生灾害事故后，人员无法撤离灾区时的避难场所。避难硐室分为事先构筑好的永久避难硐室和由避灾人员用身边现有材料建造的临时避难硐室。

一、永久避难硐室

永久避难硐室预先设在井底车场附近或采区工作地点安全出口的路线上，距工作点不能太远（即在自救器的有效工作时间内可到达）。避难硐室的容积原则上应能容纳采区的全体人员。硐室内应备有供避灾人员呼吸用的供气装备（如压风自救装置）、通信设备、自救器、药品、食物等。需要注意两个问题：一是硐室内的供气装置要有保障，即空气气源能长时间供气，遇险人员使用的呼吸装置要佩戴方便、迅速，呼吸自如舒畅。二是硐室内要存放一定数量的自救器，其防护时间要长一些（如 30 min 以上的化学氧和压缩氧自救器），确保遇险人员在条件允许时，佩戴自救器从避难硐室撤到安全地点或井上。进入避难硐室的流程如图 1-6 所示。

二、临时避难硐室

临时避难硐室是一旦出现灾变事故，遇险人员在等待救援的过程中利用现场的材料临时搭建的设施。临时避难硐室是利用独头巷道、硐室或两道风门之间的巷道，由避灾人员临时修建的，所以应在这些地点事先准备好所需的木板、木桩、风筒、黏土、砂子或砖等材料，还应装有带阀门的压气管。避灾时，若无构筑材料，避灾人员就用衣服和身边现有的材料临时构筑避难硐室，以减少有害气体的侵入。密闭应该设置两道，设置密闭时人应站在里面。

三、在避难硐室避难时的注意事项

（1）进入避难硐室前，应在硐室外留有矿灯、衣服、工具等明显标志，以便矿山救护队及时发现。

（2）避难人员在避难硐室中应保持安静、不急躁，尽量俯卧于巷道底部，避免不必要的体力和氧气消耗，以便延长避难时间。

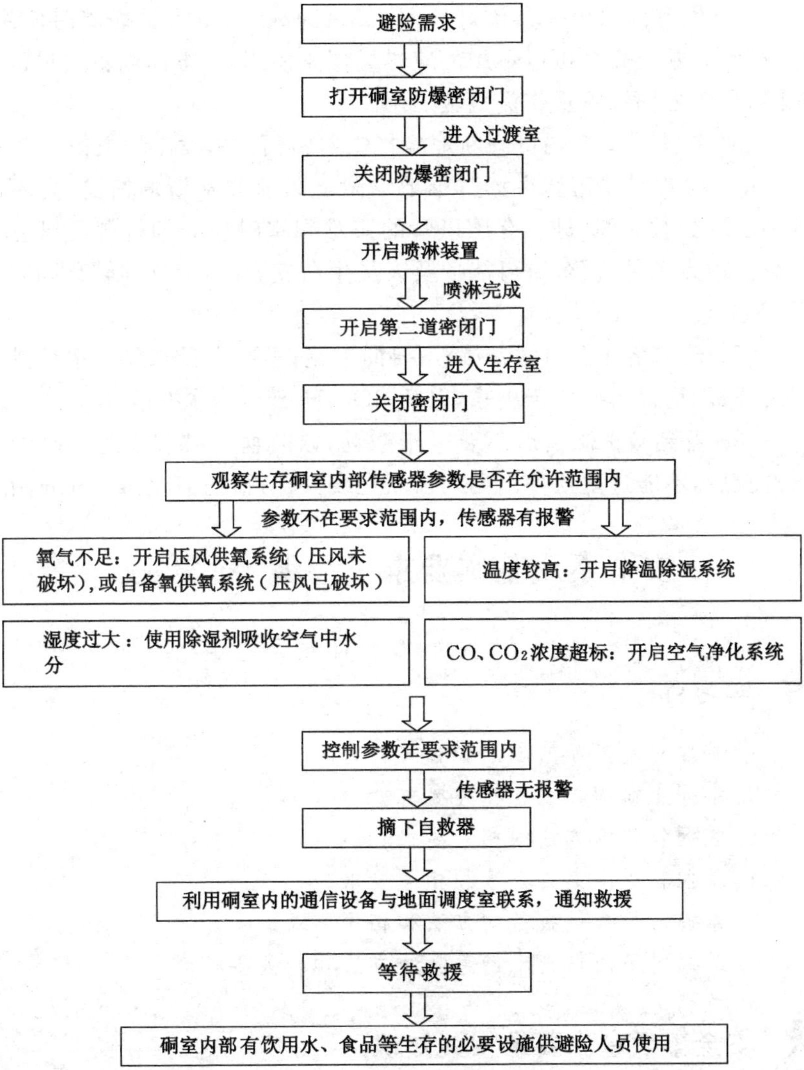

图 1-6　进入避难硐室的流程图

(3) 在避难中，要保持良好的精神状态和心理状态，坚持克服各种困难，坚定信心。

(4) 硐室内只留一盏矿灯照明,其余熄灭,以备人员撤离时使用。自救器、急救袋暂时可以不用的应尽量停止使用,一方面以备延长待救时间,另一方面以备重伤员抢救之用。

(5) 在避难硐室内可间断地敲打铁器、岩石等,发出呼救信号。

(6) 避难时要密切注意避难地点附近风流和瓦斯的情况,要不断改善争取待救时间(进入有压风管的避难硐室时应立即打开压风管)。若避难地点条件恶化,有可能危及人员生命安全时,应立即转移到附近安全地点。

(7) 被水堵在上山的人员,不要向下跑,不要盲目探险。水被排走露出顶板时,也不要急于出来,以防 SO_2、H_2S 等气体中毒。

(8) 看到救护队员后不要过于激动,以防血管破裂。避难时间过长被救后,不能过多饮食和见到强烈光线,以防损伤消化器官和眼睛。

安全素质基本要求三　现场急救

学习目标

1. 掌握心肺复苏的方法和相关要求。
2. 掌握止血的方法和相关要求。
3. 掌握包扎的方法和相关要求。
4. 掌握骨折固定的方法和相关要求。
5. 掌握伤员搬运护送的方法和相关要求。
6. 掌握对不同伤员现场急救的方法和相关要求。

安全素质基本要求相关知识

现场急救的关键在于"及时",时间上突出一个"急"字,技术上突出一个"救"字。争取在最短的时间内有效地完成急救和安全转运任务。对伤员要快抢、快救和快运是事故伤员救治工作的第一步,这不但直接关系到伤员的生死,而且能为后续各级救治打下基础,必须及时、准确。

要做好伤员分类工作，优先抢救危重伤员，积极防止休克、感染等并发症。

现场互救必须遵守转运原则：初步确切止血、骨折简易固定、生命体征平稳、医护全程护送、边救边送、就近医院救治。

现场急救必须遵守“三先三后”的原则：

(1) 窒息(呼吸道完全堵塞)或心跳、呼吸骤停的伤员，必须先进行人工呼吸或心脏复苏后搬运。

(2) 对出血的伤员，先止血后搬运。

(3) 对骨折的伤员，先固定后搬运。

现场急救的方法包括心肺复苏、止血、创伤包扎、骨折临时固定和伤员搬运。

一、心肺复苏

煤矿井下每名职工都要掌握急救相关知识。一旦发现有人晕倒，应采取如下 4 个步骤措施：第一步判断意识；第二步呼救；第三步翻转体位；第四步胸外心脏按压。如图 1-7 所示。

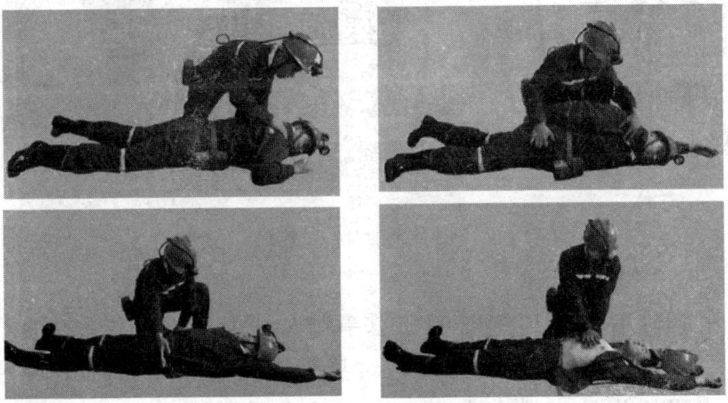

图 1-7　发现有人晕倒的处理程序

胸部正中，乳头连线水平(两乳头连线中点)，右手中、食指沿一侧肋弓向内上方滑动至胸骨下端，左手掌根靠紧食指，放于胸骨上，按压频率 100～120 次/min，按压深度 5～6 cm。如图 1-8(a)所示。

1. 胸外心脏按压

操作方法如下：

首先使伤员仰卧在木板上或地上，解开其上衣和腰带，脱掉其胶鞋。救护者位于伤员右侧，手掌面与前臂垂直，一手掌面压在另一手掌面上，使双手重叠置于伤员胸骨1/3处(其下方为心脏)，以双肘和臂肩之力有节奏地、冲击式地向脊柱方向用力按压，使胸骨下陷至少5～6 cm；按压后，迅速抬手使胸骨复位，以利于心脏的舒张。按压次数以每分钟100～120次为宜。按压过快，心脏舒张不够充分，心室内血液不能完全充盈；按压过慢，动脉压力低，效果也不好，如图1-8(b)所示。

心肺复苏操作步骤
(微信扫码观看)

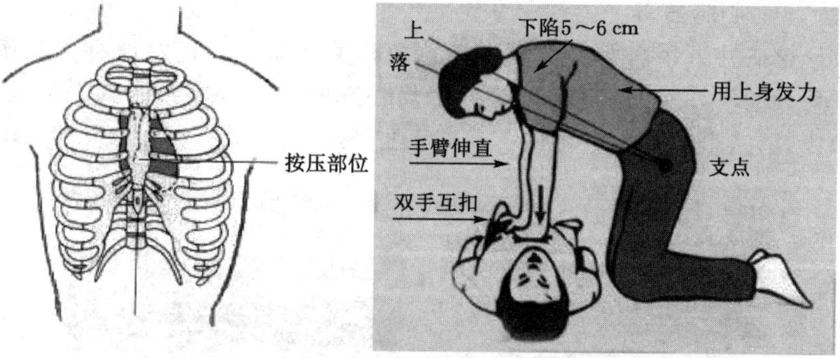

(a)　　(b)

图1-8　胸外心脏按压部位示意图

使用胸外心脏按压术时的注意事项如下：

① 按压的力量应因人而异。对身强力壮的伤员按压力量可大些；对年老体弱的伤员力量宜小些。按压的力量要稳健有力、均匀规则，重力应放在手掌根部，着力仅在胸骨处，切勿在心尖部按压。同时注意用力不能过猛，否则可致肋骨骨折、心包积血或引起气胸等。

② 胸外心脏按压与口对口吹气法最好同时施行，无论单人心肺复苏还是双人心肺复苏，均为每按压心脏30次，做口对口人工呼吸2次。

③ 按压显效时，可摸到颈总动脉、股动脉搏动，散大的瞳孔开始缩

小，皮肤转为红润。

2. 人工呼吸

适用于休克、溺水、有害气体中毒、窒息或外伤窒息等引起的呼吸停止、假死状态者。

在施行人工呼吸前，先要将伤员运送到安全、通风良好的地点，将伤员领口解开，注意保持体温，腰背部垫上软的衣服等。先清除口中脏物，把舌头拉出或压住，防止堵住喉咙、妨碍呼吸。各种有效的人工呼吸都必须在呼吸道畅通的前提下进行。常用的方法有口对口吹气法、仰卧压胸法和俯卧压背法 3 种。

① 口对口吹气法。它是效果最好、操作最简单的一种人工呼吸方法。操作前使伤员仰卧，救护者在其头的一侧，一只手托起伤员下颌，并尽量使其头部后仰，另一只手将其鼻孔捏住，以免吹气时从鼻孔漏气；救护者深吸一口气，紧贴伤员的口将气吹入，迫使伤员吸气，然后松开捏鼻的手，并用手压其胸部以帮助伤员呼气。如此有节律、均匀地反复进行，每分钟应吹气 14～16 次。注意吹气时切勿过猛、过短，也不宜过长，以占一次呼吸周期的 1/3 为宜。

② 仰卧压胸法。让伤员仰卧，救护者跨跪在伤员大腿两侧，两手拇指向内，其余四指向外伸出，平放在其胸部两侧乳头之下，借半身重力压伤员胸部，挤出伤员肺内空气；然后救护者身体后仰，除去压力，伤员胸部依其弹性自然扩张，使空气吸入肺内。如此有节律地进行，要求每分钟压胸 16～20 次。

此法不适用于胸部外伤或 SO_2、NO_2 中毒者，也不能与胸外心脏按压法同时进行。

③ 俯卧压背法。此法与仰卧压胸法操作大致相同，只是伤员俯卧，救护者跨跪在伤员大腿两侧。因为这种方法便于排出肺内水分，因而对溺水者急救较为适合。

二、止血

1. 少量出血的处理

表面伤口和擦伤，应用干净的水冲洗，用创可贴或干净的纱布、手绢包扎伤口。

2. 严重出血的止血方法

(1) 直接压迫止血，如图 1-9 所示。

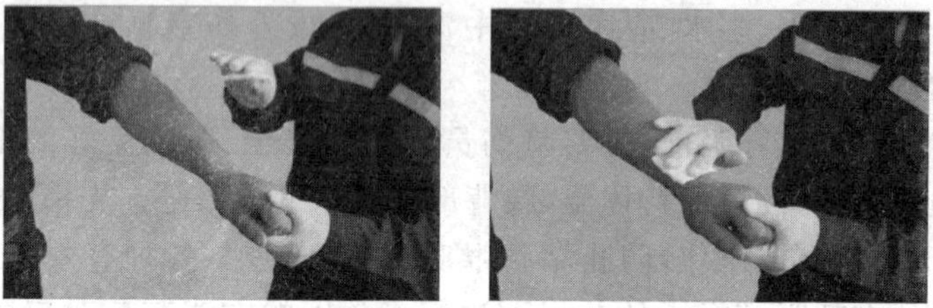

图 1-9　直接压迫止血示意图

(2) 加压包扎止血，如图 1-10 所示。

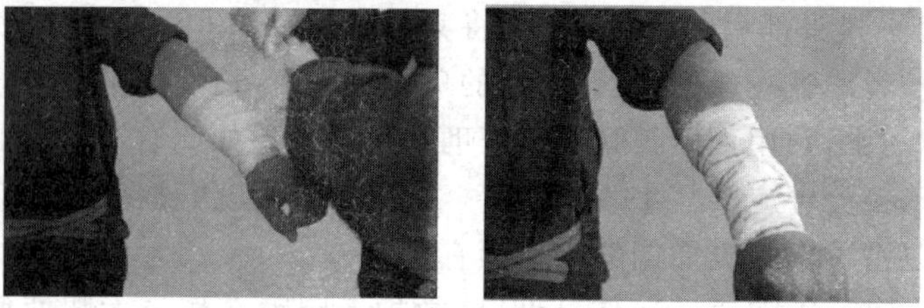

图 1-10　加压包扎止血示意图

(3) 止血带止血。

① 表带式止血带止血，如图 1-11 所示。

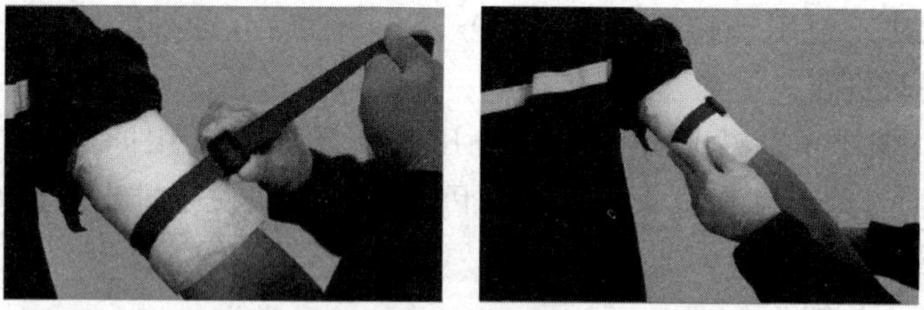

图 1-11　表带式止血带止血示意图

② 橡胶管止血带止血，如图 1-12 所示。

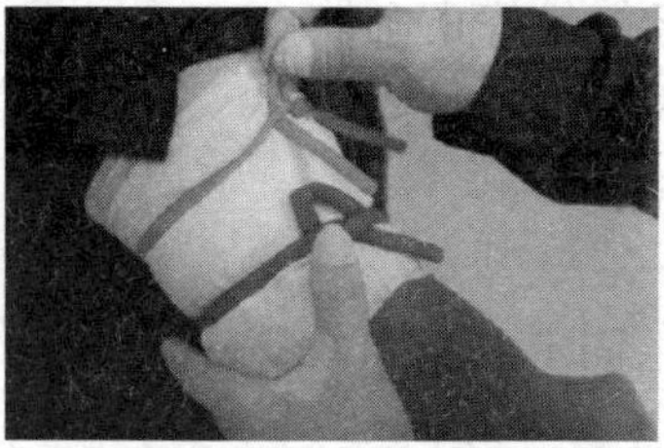

图 1-12 橡胶管止血带止血示意图

止血带止血法
（微信扫码观看）

③ 布带止血带止血，如图 1-13 所示。

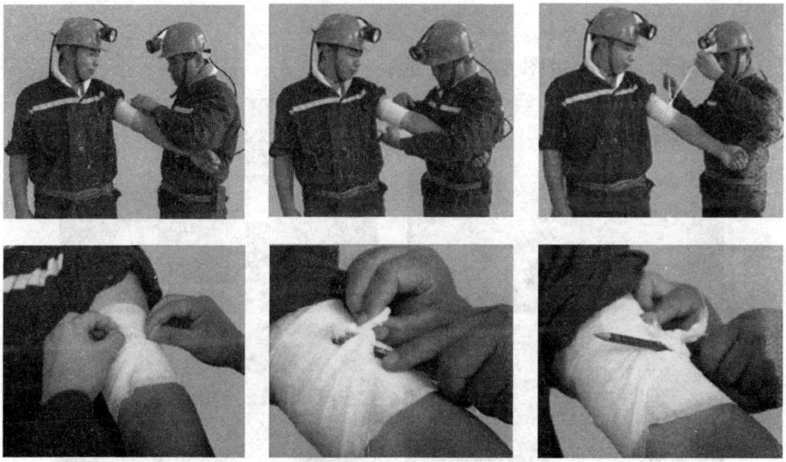

图 1-13 布带止血带止血示意图

上止血带的注意事项如下：

① 止血带不能直接缠在皮肤上。

② 上肢出血扎在上臂上 1/3 处，下肢出血扎在大腿中上部。

③ 松紧适度。

④ 做好明显标记。

⑤ 每隔 40～50 min 放松一次，每次放松 2～3 min。放松时，应采取指压止血。

⑥ 不能用铁丝、电线、绳索等代替止血带。

⑦ 结扎止血带的时间一般不应超过 2 h。

三、包扎

1. 包扎的目的

止血、保护伤口、防止感染、固定夹板和敷料。

2. 包扎的要求

轻、快、准、牢，先盖后包。

3. 包扎的材料

绷带、三角巾、四头带、多头带、就地取材。

4. 绷带包扎方法

(1) 环形包扎，如图 1-14 所示。

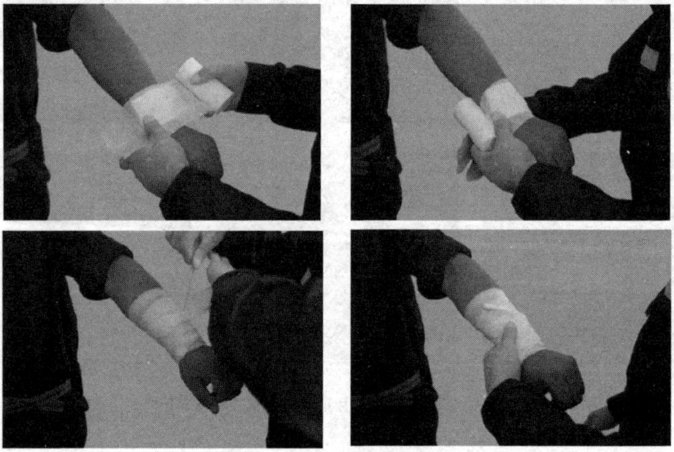

图 1-14 环形包扎示意图

(2) 螺旋包扎，如图 1-15 所示。

(3) 螺旋反折包扎，如图 1-16 所示。

(4) "8"字包扎，如图 1-17 所示。

(5) 三角巾包扎，如图 1-18 所示。

三角巾包扎法
（微信扫码观看）

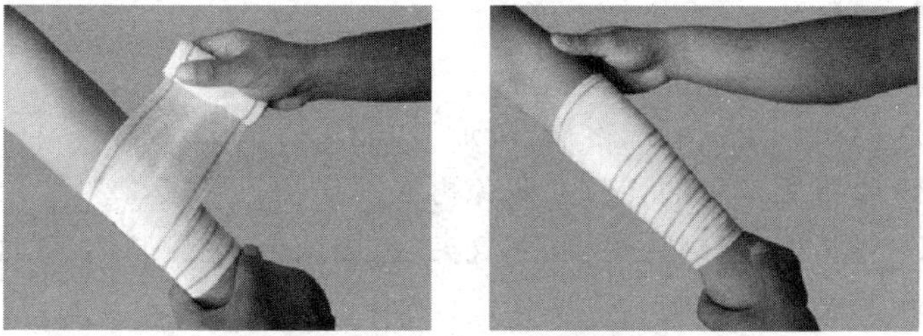

图 1-15　螺旋包扎示意图

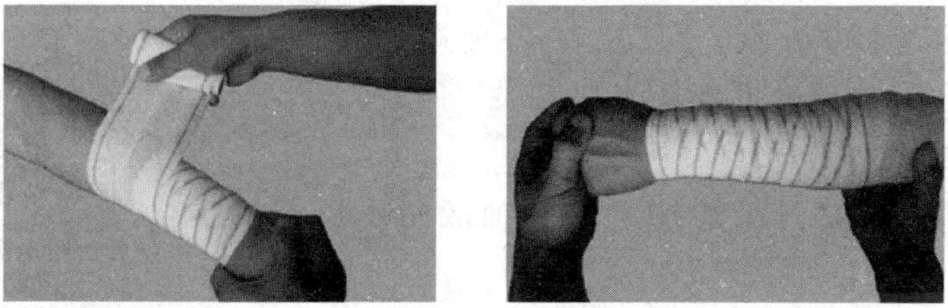

图 1-16　螺旋反折包扎示意图

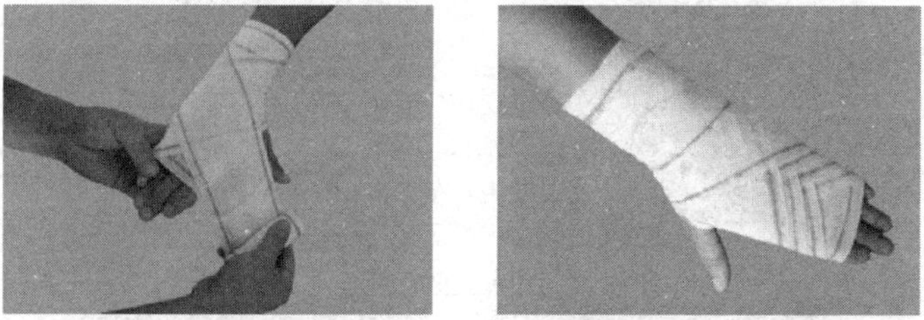

图 1-17　“8”字包扎示意图

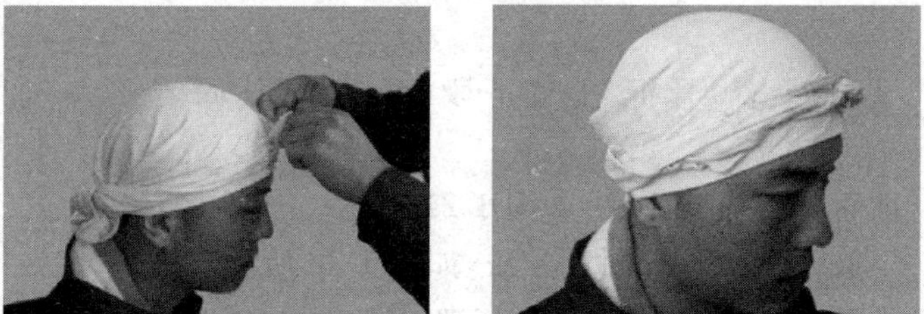

图 1-18　三角巾包扎示意图

四、骨折的固定

（1）骨折原因：外力导致。

（2）骨折判定：肿胀、疼痛、畸形、功能障碍。

（3）骨折固定目的：制动、避免再次损伤、利于搬运。

（4）骨折固定材料：夹板、充气夹板、固定架、健侧肢体、就地取材。

（5）骨折固定原则：

① 首先检查意识、呼吸、脉搏及处理严重出血。

② 夹板的长度应能将骨折处的上下关节一同加以固定。

③ 骨断端暴露，不要拉动，不要送回伤口内。

④ 开放性骨折现场不要冲洗、不要涂药，应该先止血包扎，再固定。

⑤ 暴露肢体末端，以便观察血液循环情况。

（6）骨折固定方法：

① 锁骨骨折固定方法，如图 1-19 所示。

骨折固定操作步骤
（微信扫码观看）

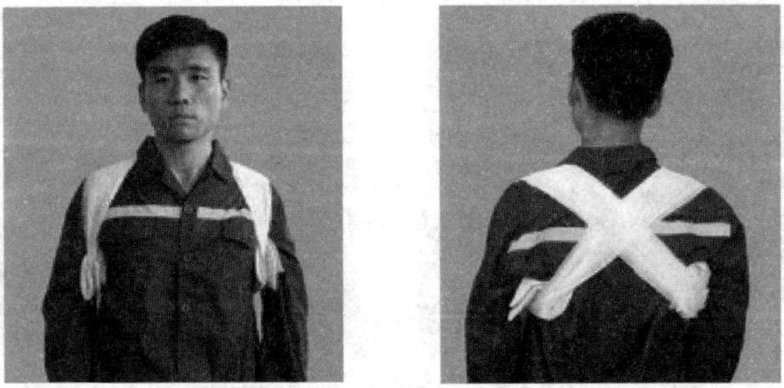

图 1-19　锁骨骨折固定方法

② 上肢（上臂）骨折、上臂下段（髁上）骨折固定方法，如图 1-20 所示。

③ 前臂骨折固定方法，如图 1-21 所示。

④ 下肢（大腿）骨折固定方法，如图 1-22 所示。

⑤ 下肢（小腿）骨折固定方法，如图 1-23 所示。

五、伤员的搬运护送

搬运时应尽量不增加伤员的痛苦，避免造成新的损伤及合并症。

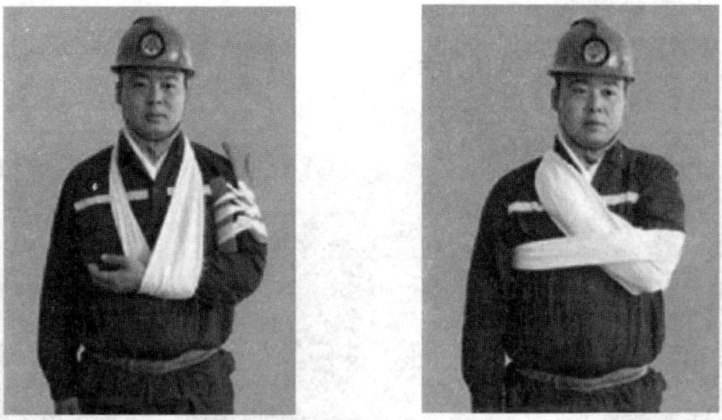

图 1-20 上肢骨折固定方法

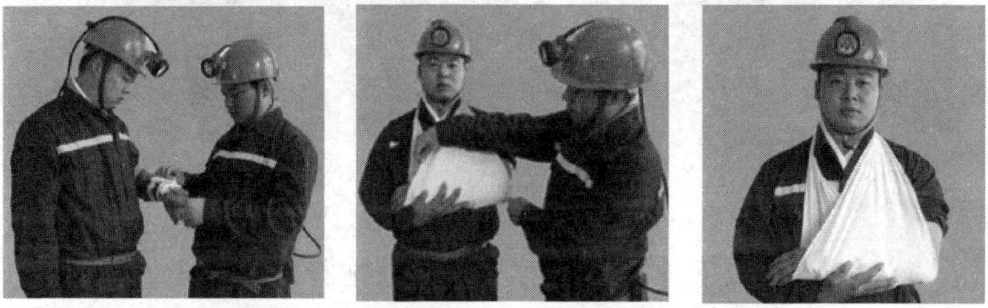

图 1-21 前臂骨折固定方法

图 1-22 下肢(大腿)骨折固定方法

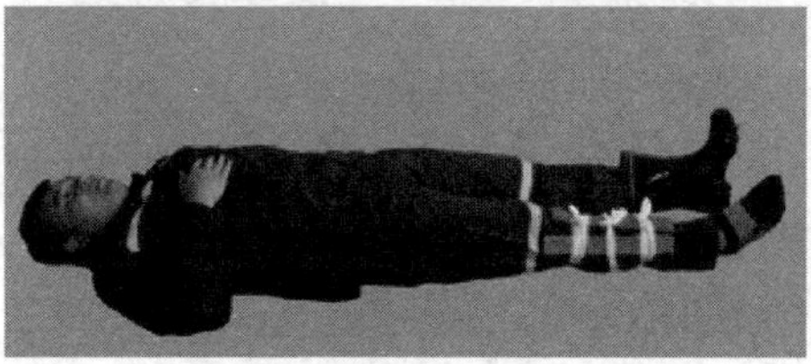

图 1-23 下肢(小腿)骨折固定方法

1. 单人徒手搬运法

（1）扶行法，如图 1-24 所示。

（2）背负法，如图 1-25 所示。

图 1-24　扶行法

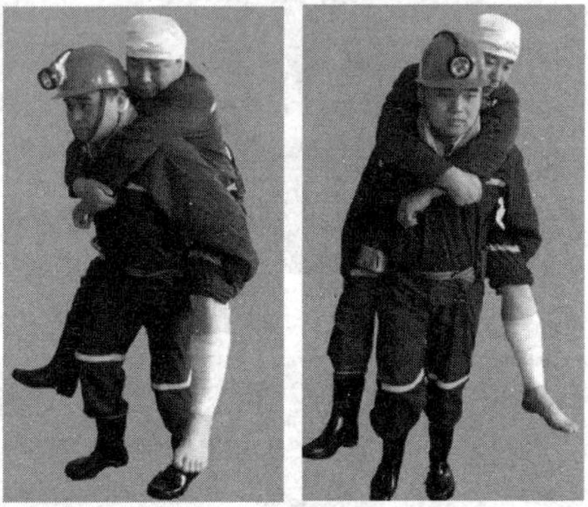

图 1-25　背负法

（3）拖行法（腋下拖行、衣服拖行、毛毯拖行），如图 1-26 所示。

图 1-26　拖行法

（4）爬行法，如图 1-27 所示。

图 1-27　爬行法

2. 双人徒手搬运法

(1) 轿杠式，如图 1-28 所示。

图 1-28　轿杠式

(2) 椅拖式，如图 1-29 所示。

图 1-29　椅拖式

3. 三人徒手搬运法

三人徒手搬运法如图 1-30 所示。

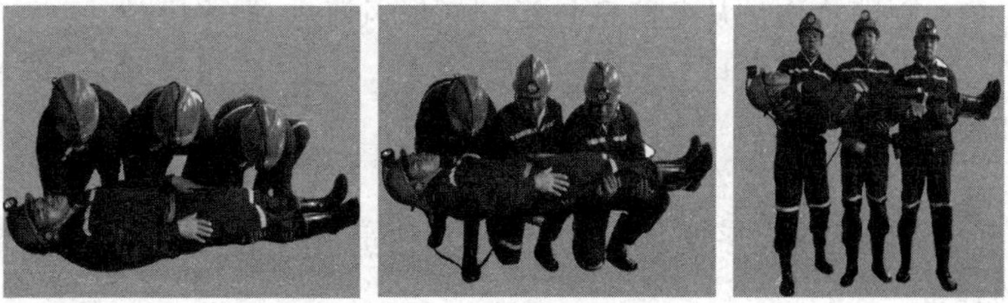

图 1-30　三人徒手搬运法

4. 四人徒手搬运法

四人徒手搬运法如图 1-31 所示。

图 1-31　四人徒手搬运法

5. 担架搬运

担架搬运如图 1-32 所示。

图 1-32　担架搬运

六、对不同伤员的现场急救

1. 对中毒或窒息人员的急救

(1) 立即将伤员从危险区抢运到新鲜风流中，取平卧位。

(2) 立即将伤员口、鼻内的黏液、血块、泥土、碎煤等除去，解开上衣和腰带，脱掉胶鞋。

(3) 用衣服覆盖在伤员身上保暖。

(4) 根据心跳、呼吸、瞳孔等特征和伤员的神智情况，初步判定伤情的轻重。

(5) 当伤员出现眼红肿、流泪、畏光、喉痛、咳嗽、胸闷现象时，说明是二氧化硫中毒。当出现眼红肿、流泪、喉痛及手指、头发呈黄褐色现象时，说明是二氧化氮中毒。一氧化碳中毒的显著特征是嘴唇呈桃红色，两颊有红斑点。对二氧化硫、二氧化氮的中毒者只能进行口对口的人工呼吸，不能进行压胸或压背法的人工呼吸。

(6) 人工呼吸持续的时间以恢复自主性呼吸或到伤员真正死亡时为止。当救护队来到后，转由救护人员用苏生器苏生。

2. 对外伤人员的急救

对外伤人员、烧伤人员、出血人员和骨折人员的急救，应分别采用包扎创面、止血和骨折临时固定等急救措施，然后迅速送往地面，到医院救治。

3. 对溺水者的急救

突水中，人员溺水时，可能造成呼吸困难而窒息死亡。对溺水者应采取如下措施急救：

(1) 转送：把溺水者从水中救出后，立即送到比较温暖和空气流动的地方，松开腰带，脱掉湿衣服，盖上干衣服保暖。

(2) 检查：检查溺水者的口鼻，如果有泥水和污物堵塞，应迅速清除，擦洗干净，以保持呼吸道通畅。

(3) 控水：将溺水者取俯卧位，用木料、衣服等垫在其肚子下面；施救者左腿跪下，把溺水者的腹部放在右侧大腿上，使其头朝下；按压其背部，迫使水从体内流出。

(4) 上述控水效果不理想时，应立即做俯卧压背法人工呼吸或口对口吹气，或胸外心脏按压。

4. 对触电者的急救

(1) 立即切断电源，或使触电者脱离电源。

(2) 迅速观察伤员有无呼吸和心跳。如发现已停止呼吸或心音微弱，应立即进行人工呼吸或胸外心脏按压。

(3) 若呼吸和心跳都已停止，应同时进行人工呼吸和胸外心脏按压。

(4) 对遭受电击者，若有其他损伤，如跌伤、出血等，应做相应的急救处理。

5. 对冒顶埋压人员现场急救

(1) 扒伤员时须注意不要损伤人体。靠近伤员身边时,扒掘动作要轻巧稳重,以免对伤员造成伤害。

(2) 如果确知伤员头部位置,应先扒去其头部煤岩块,以使头部尽早露出外面。头部扒出后,要立即清除口腔、鼻腔的污物。与此同时扒身体其他部位。

(3) 此类伤员常常发生骨折,因此在扒掘与抬离时必须十分小心。严禁用手去拖拉伤员双脚或用其他粗鲁动作拖扒伤员,以免增加伤势。

(4) 当伤员呼吸困难或停止呼吸时,可进行口对口人工呼吸。

(5) 有大出血者,应立即止血。

(6) 有骨折者,应用夹板固定。如怀疑有脊柱骨折者,应该用硬板担架转运,千万不能由人扶持或抬运。

(7) 转运时须有医务人员护送,以便对发生的危险情况给予急救。

6. 对长期被困在井下人员的急救

(1) 严禁用矿灯照射遇险者的眼睛,应用毛巾、衣服片、纸张等蒙住其眼睛。

(2) 用棉花或纸张堵住遇险者双耳。

(3) 注意保暖。

(4) 不能立即升井,应将其放在安全地点逐渐适应环境和稳定情绪。待情绪稳定,体温、脉搏、呼吸及血压等稍有好转后,方可升井送医院。

(5) 搬运时要轻抬轻放、缓慢行走,注意伤情变化。

(6) 升井后和治疗初期,劝阻亲属探视,以免伤员过度兴奋发生意外。

(7) 不能让伤员吃过量或硬的食物,限量吃一些稀软、易消化的食物,以使肠胃功能逐渐恢复。

模块六　风险分级管控与隐患排查治理

安全技术基础知识一
安全风险分级管控基础知识

学习目标

1. 了解风险的概念。
2. 了解风险控制方法相关内容。

安全技术基础知识相关知识

一、风险的概念

风险是指事故发生的可能性与事故后果严重性的组合。在煤矿作业中,存在着各种各样的风险。例如,入井人员乘罐笼过程中,存在着提升钢丝绳断裂同时防坠器失效、罐笼坠入井底的风险;立井提升过程中,存在过卷、松绳、断绳等各类风险;斜井串车提升过程中,存在矿车掉道、矿车撞人和跑车的风险;井下水平巷道机车运输过程中,存在触电、掉道、撞人或撞坏支护设施的风险。

在一定的条件下,对现场岗位中的风险进行预先辨识、风险评估,继而采取有效措施,消除、减少、控制风险,使风险降到人们可接受程度的一系列活动,称为风险预控管理。

风险预控管理的基本原理是运用风险管理的技术,通过探求风险发生、变化的规律,认识、估计和分析风险对安全生产所造成的危害,运用计划、组织、指导、管制等一系列手段,实现"一切意外均可避免""一切风险皆可控制”的风险管理目标。

二、风险控制方法

煤矿风险预控管理体系的基本内涵，是指在煤矿整个运营过程中，对煤矿各个生产系统、生产环节中的各种危险源进行预先辨识，对各种风险进行评价分析，继而采取有效措施消除、减少和控制风险，并在一定经济、技术条件下，通过“人、机、环、管”（即人员、机电设备、环境、管理）的最佳匹配，防止风险转化为事故，实现本质安全，做到安全生产。

煤矿作业现场风险预控，可以从以下几个方面进行控制：

（1）提高安全意识和安全素质。员工按规定参加安全培训，贯彻落实“以人为本”的指导思想，通过安全培训，提高煤矿从业人员的安全意识和技术水平，变“要我安全”为“我要安全”。

（2）落实各项规章制度。主要以各种制度规范煤矿从业人员的行为，如操作人员的手指口述、现场班组长验收签字、安全检查工检查等。

（3）落实操作程序。在现有安全技术操作规程的基础上，对每一个工种作业中的每一道工序都制定出详细的操作程序，不论任何人，在同一岗位上完成某一工序时，都按照规定的操作程序执行，这就避免了违章操作和误操作的发生，在很大程度上减小了风险发生的可能性。

（4）执行操作标准。以《煤矿安全规程》、安全技术操作规程为依据，对每一项工作都制定出操作标准，提高操作水平，降低事故发生的概率。

安全技术基础知识二
事故隐患排查治理基础知识

学习目标

1. 了解隐患的概念。
2. 了解隐患的分类。
3. 了解隐患排查管理制度。
4. 了解常见事故隐患的治理措施。

安全技术基础知识相关知识

一、隐患的概念

隐患,是指在生产活动中存在的可能导致不安全事件或事故发生的问题,包括人的不安全行为、物的不安全状态和管理上的缺陷。隐患从性质上分为一般安全隐患和重大安全隐患。

在煤矿作业现场,事故隐患如未能得到及时消除,往往会导致事故发生,现场作业人员必须予以高度重视。

二、隐患的分类

(1) 按隐患危害程度分类。

一般隐患:危险性不大,事故影响或损失较小的隐患。

重大隐患:危险性大,可能造成较大事故,造成人身伤亡或财产损失的隐患。它是煤矿企业建设和生产过程中存在的可能导致重大人身伤亡或者重大经济损失的危险性因素。

(2) 按隐患表现形式分类。人的隐患(认识隐患、行为隐患)、物的隐患、环境隐患和管理隐患。

(3) 按煤矿安全生产的专业分为一通三防、顶板(采掘)、机电运输、地测防治水、安全管理、爆破和其他隐患。

三、隐患排查管理制度

煤矿企业应当建立和完善以下各项事故隐患排查管理制度:

(1) 制定事故隐患定期排查治理制度,落实具体的排查时间、方法、人员、措施以及事故隐患的种类、等级等。

(2) 制定事故隐患排查治理责任制度,明确事故隐患排查治理工作的组织领导,整改资金的落实,治理效果的检查;明确具体的事故隐患排查治理工作要求;明确具体的事故隐患排查治理的管理程序;明确具体的事故隐患排查治理人员。

(3) 制定事故隐患分级管理制度,并明确事故隐患的分级范围、治理措施、要求及责任。

(4) 制定事故隐患的报告制度,煤矿企业应当将难以排除的事故隐患按照隶属关系和管理权限向煤炭管理部门报告,并报煤矿安全监察机构备案，不得不报、谎报或者拖延迟报。

四、常见事故隐患的治理措施

作业现场的隐患排查治理是围绕消除人的不安全行为、物的不安全状态和环境的不安全因素展开的，针对作业现场的常见事故隐患，要采取以下措施：

（1）规范操作人员的安全行为，结合班组的具体情况，以及国家的法律法规、相关规定和标准，制定规章制度和操作规程。

（2）正确穿戴和使用劳动防护用具、用品。

（3）严格执行煤矿安全规程、安全技术操作规程、作业规程的相关规定。

（4）加强对作业场所的安全检查，及早发现问题，及时妥善地整改。

（5）加强生产设备管理，尤其是设备的防爆管理，按规定做好设备、安全设施、防护装置的维护保养，使之始终保持完好状态。

（6）保证各种保护和监测系统灵敏、可靠，井下设备、电缆完好。

（7）设备布置、物料码放要尽可能地科学合理，保持通道畅通。

（8）及时清扫垃圾、废料，整理现场的原材料、产品和工具。

模块七　岗位“双述”基础知识

学习目标

1. 熟悉岗位描述相关内容。
2. 熟悉手指口述相关内容。

安全操作技能相关知识

岗位“双述”是指煤矿生产中，为确保操作安全，各岗位的职工在作业操作前，对工作环境和操作对象进行设备与环境描述、岗位主要风险描述及安全确认。主要包括岗位描述和手指口述。

一、岗位描述

岗位描述是一种对自我状况、安全责任、作业标准、作业环境、工艺流程、设备工具性能特点、协作配合等内容进行描述，从而逐步达到岗位作业本质安全水平的综合性知行训练。

岗位描述主要内容包括自我状况描述、设备与环境描述、岗位风险与安全确认、操作程序和避灾路线等几方面。

岗位描述的根本目标是进一步清晰岗位责任制，培养行家能手，锤炼岗位专家型职工队伍，但具体岗位、具体工种也可不拘泥于上述岗位描述的内容，各集团、各公司、各矿可根据实际情况进行岗位描述。

二、手指口述

手指口述就是要求现场作业人员在作业和操作中，运用心想、眼看、手指、口述等一系列行为，对与安全有关的每一道关键工序、每一处关键部位、每一个关键环节进行确认，使人员的注意力高度集中，避免操作失误，从而减少事故，实现安全操作。

手指口述的动作要求是上身保持直立姿势，眼睛紧紧注视着需要确认的对象，右手用力挥动手臂由上向下，食指指向需要确认的对象，刺激大脑思考，把最关键的话大声说出来。

手指口述的作用是：

（1）促使操作者保持高度集中的注意力。

（2）增强操作者的定力和稳定性，使操作者强制自己排除各种干扰。

（3）快速启动作业，使操作者迅速进入作业状态，并把注意力稳定在作业状态。

（4）强化对操作程序的记忆再现，增强作业的系统性、条理性及完整性。

（5）实现记忆的清晰化，提高操作的精确度，减少误差。

（6）严密地分析当前的作业状况，及时准确地作出判断，进行正确的选择。

（7）提高作业者对操作行为的自信心。

（8）有利于对关键性操作或问题、错误多发点的提醒。

手指口述简单易学，实用操作性强。手指口述操作法让我们在工作中少出错误、少出纰漏，是风险预控管理的重要方法，可为安全生产打下良好的基础。

第二部分　掘进作业

掘进作业安全技术基础知识
掘进作业安全操作技能
掘进作业典型事故案例

模块一　掘进作业安全技术基础知识

安全技术基础知识一　专业技术基础知识

学习目标

1. 熟悉巷道施工概念。
2. 熟悉巷道分类。
3. 熟悉巷道施工方法及工序。
4. 熟悉巷道施工机械化作业线。

安全技术基础知识相关知识

一、巷道施工概述

巷道是指在煤矿建设和生产过程中，为进行采掘工作而在相关煤层或岩层中开凿的水平或倾斜的空洞(不包括井筒和硐室)。巷道是煤矿组织生产的重要场所，是实现煤炭生产的先决条件之一。

巷道施工是矿井井巷工程中最重要的工作之一。由于长期受围岩条件、施工空间、施工自然条件、施工设备、施工技术、施工人员水平和施工组织等因素限制，巷道施工在质量和成本以及安全管理上不能全面发挥各自的施工优势，并受到制约。

近年来，我国巷道施工无论在施工理念和施工组织上，还是在施工方法、机械设备、材料工艺上，都发生了巨大的变化，促使巷道在质量、安全上都有了质的飞跃。可实现施工机械从人工钻眼、装运岩石、砌碹支护到钻眼、岩石装运和支护机械化的转变；巷道施工支护材料从料石到钢筋混凝土，施工管理理念从粗放型到集约型，施工方法从以人工为主到采用机械为主，施工队伍由单一掘进队到综合掘进队的转变。

二、巷道分类

(1) 巷道按其断面岩石的组成不同可分为岩巷、煤巷和半煤岩巷。

(2) 巷道按其施工的角度不同可分为平巷、斜巷、立井。

(3) 巷道按其施工的方法不同可分为钻爆法施工巷道和机械法施工巷道。

三、巷道施工方法及工序

根据巷道围岩的强度、整体性、含水量及其他地质条件，巷道施工方法可选用钻爆法和机械法。

巷道施工主要由掘进和支护两道工序组成。在巷道具体施工中又将掘进工序细分为破岩和岩石装运两道工序，故巷道施工由破岩、岩石装运和巷道支护三大工序组成。

(一) 破岩

破岩是巷道施工的第一道工序，即采用一定的方法和设施将巷道所处位置中的岩石掏出，为后续的岩石装运和巷道支护工作做好准备，使巷道空间能够满足矿井生产需求。

巷道施工中通常采用钻爆法和机械法两种方法破岩。

1. 钻爆法

钻爆法是指采用钻眼、装药、爆破的方法破碎岩石，机械方法装运岩石，人工或人工配合机械支护巷道的方法。

爆破破岩必须先布置炮眼，然后再装入炸药，进行爆破。

(1) 钻眼

钻眼工作需要使用钻眼机械。按使用的动力不同，钻眼机械可分为气动凿岩机、电动凿岩机、液压和内燃凿岩机。按破岩机理不同，又可分为冲击式、旋转式和旋转冲击式3类。

井巷掘进中，在岩石中钻眼主要采用冲击式钻眼法；在煤层中钻眼主要采用旋转式钻眼法。

① 冲击式凿岩机

冲击式凿岩机械是以压缩空气为动力的钻孔机具，按其安设与推进方式可分为手持式、气腿式、向上式和导轨式 4 种。使用普遍的是气腿式凿岩机。

气腿式凿岩机的机身下有一个气腿，起支撑与推进作用，主要用来钻凿水平方向和倾斜方向的炮眼。其操作灵活、适应性强，使用最为广泛。定型产品有 YT-23 型（原 7655 型）和 YT-24 型等。现以 YT-23 型凿岩机为例，说明其构造和动作原理。

YT-23 型凿岩机的外形如图 2-1 所示。主机由柄体、机身和机头三个部件组成，利用两根螺杆固装在一起。

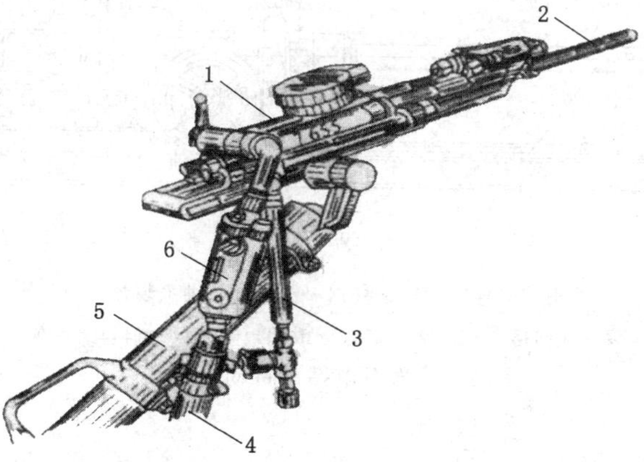

1—凿岩机主机；2—钎子；3—水管；4—压气软管；5—气腿；6—注油器。

图 2-1　YT-23 型气腿式凿岩机

柄体又名后盖，由把手、水针、操纵阀、水阀、换向阀、调压阀等部件组成。操纵阀控制机器运转；调压阀掌握气腿的推力；换向阀控制气腿的减压、放气。

机身由缸体和缸体内的棘轮、螺旋棒（来复棒）、阀柜、阀、阀套、活塞、导向套、消音罩等组成。依靠这些部件，实现配气、冲击和转钎动作。

机头部分由机头、转动套、钎尾套和钎卡等组成，起着传递扭矩和卡钎的作用。

② 旋转式凿岩机

旋转式钻眼机械有电动、气动、液压驱动3种，其中使用最多的是电动钻眼机械(简称电钻)。电钻按使用条件和推进方式，分为手持式煤电钻和支架式岩石电钻2种。本书介绍岩石电钻及其特点。

岩石电钻由于电动机容量大、质量大，钻进时需要很大的轴推力，故必须有自动推进与支撑设备。

岩石电钻安装在特制的导轨上，由电动机、减速箱、牵引装置、机壳和供水装置等组成(图2-2)。

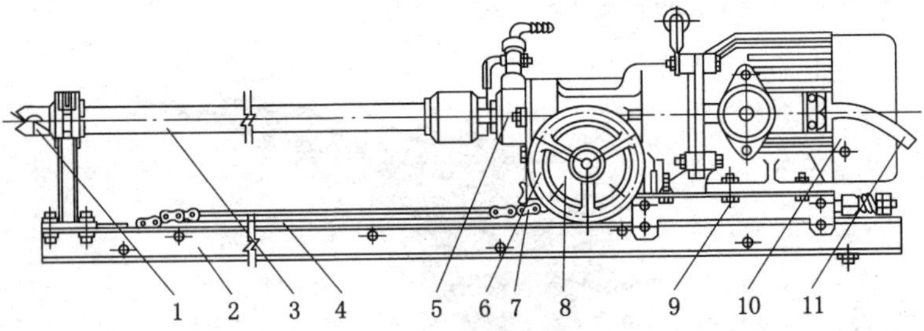

1—钻头；2—导轨；3—钻杆；4—链条；5—供水装置；6—手轮；7—导向链条；8—离合器；9—滑架；10—电动机；11—电缆。

图2-2 岩石电钻与自动推进装置

电动机经减速后带动蜗轮蜗杆，通过摩擦离合器，带动链轮在链条上做正反转动，从而带动岩石电钻沿导轨进行前后移动。

(2) 爆破

装药爆破是岩石破碎的重要工序，它是采用在炮孔中安设炸药，通过炸药爆炸产生的能量对巷道围岩进行冲击破碎，从而达到破岩的目的。钻眼爆破技术主要包括岩巷光面爆破技术、毫秒爆破技术、断裂控制爆破技术等。

爆破工序主要由井下爆破作业人员进行，这里不做过多阐述。

2. 机械法

机械法破岩是指采用机械切割的方式破碎岩石，其工序同钻爆法，它是巷道施工发展的主要方向。机械法破岩主要采用掘进机进行施工。

我国目前以悬臂式掘进机单巷掘进为主，按工作机构破落煤岩的方式不同，悬臂式掘进机分为纵轴式掘进机和横轴式掘进机2类。

我国目前使用的掘进设备以国内研制开发的ELMB型煤巷掘进机（图2-3）为主。

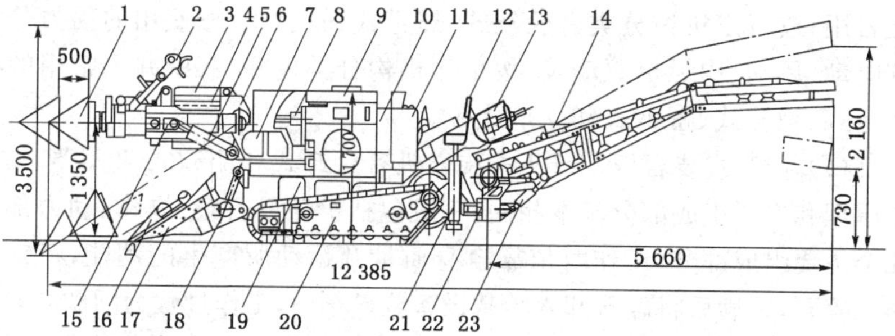

1—截割头；2—托梁器；3—伸缩油缸；4—减速器；5—升降油缸；6—电动机；7—回转座；8—回转油缸；9—油箱与泵站；10—电控箱；11—操纵台；12—司机座；13—刮板输送机；14—带式输送机；15—导轨架；16—扒爪；17—铲板；18—铲板油缸；19—主机架；20—行走部；21—起重油缸；22—带式输送机转座；23—带式输送机升降油缸。

图2-3　ELMB型煤巷掘进机

ELMB型煤巷掘进机可用于开掘任意断面形状的巷道，该机除截割部采用电动机、减速器传动外，其余各部均采用液压传动。它可以在掘进断面为5.5～8.5 m^2、坡度不大于12°的煤和半煤岩巷中工作，适用于切割岩石坚固性系数 $f<4$（局部 $f=5$）的煤或岩石。

（二）*岩石装运*

岩石装运（简称装岩）就是将破碎的岩石装运出施工地点，以便进行巷道支护工作。岩石装运可以采用人工和机械两种方法进行，现多采用机械方法进行岩石装运工作。

装岩是巷道掘进作业中繁重而又费时的工序，一般占掘进循环时间的35%～50%。为提高装岩机械化水平及其生产率，选择配套适宜的装运设备，组成合理的装岩作业线是很重要的。

装岩工作包括工作面装岩和调车运输两项工作，这两项工作必须做到配备人员适当、协调一致、操作熟练、机械故障少等，这样才能取得较好的效果。

1. 装岩机的类型

岩石装载机的类型较多，如按用途分类有平巷用、斜巷用、装煤用、装岩用；按行走机械分类有轮轨式、履带式、轮胎式；按使用的动力分类有电动、风动、内燃机驱动等；按工作机构分类更多，其中井下常用的有铲斗式、耙斗式、蟹爪式和立爪式等。

(1) 铲斗式装岩机。铲斗式装岩机有后卸式和侧卸式两大类，其工作原理和主要组成部分基本相同，一般包括铲斗及行走、操作、动力部等几个主要组成部分，工作时依靠自身质量及运动所产生的动能，将铲斗插入碎石，铲满后将碎石卸入转载设备或矿车中，工作过程为间歇式。

(2) 耙斗式装岩机。耙斗式装岩机是一种结构简单的装岩设备，动力为电力，行走方式为轨轮式。它不仅适用于水平直巷道装岩，也可用于倾斜巷道和弯道装岩，近年来在煤炭行业得到了广泛应用。耙斗式装岩机主要由绞车、耙斗、台车、挡体、滑轮组、卡轨器、固定楔等部分组成，如图 2-4 所示。

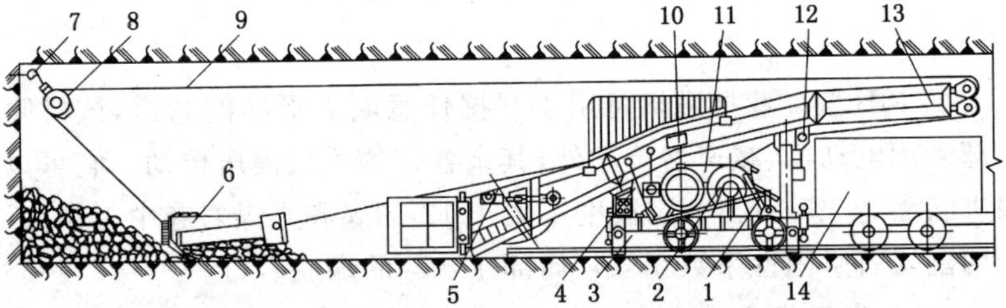

1—连杆；2—主副滚筒；3—卡轨器；4—操作手柄；5—调整螺丝；
6—耙斗；7—固定楔；8—尾轮；9—耙斗钢丝绳；10—电动机；
11—减速器；12—架绳轮；13—卸料槽；14—矿车。

图 2-4 耙斗式装岩机装岩示意图

耙斗式装岩机与铲斗后卸式装岩机相比，具有结构简单、操作容易、工作可靠、岩尘量小、维修量小等优点；缺点是机器体积大，移动麻烦，耙齿和钢丝绳磨损严重。

(3) 蟹爪式装岩机。这类装岩机主要由蟹爪、履带行走部、转岩输送机、液压系统和电气系统等组成。装岩机前端的铲板上设有一对蟹爪,在电动机或液压马达驱动下,连续交替扒取矸石,并经刮板输送机运到机尾带式输送机或刮板输送机上,而后装入运输设备。蟹爪式装岩机能够连续工作,并且装载宽度大,效率高,但其结构复杂,履带行走对软岩巷道不利,更适用于装硬岩。

(4) 立爪式装岩机。立爪式装岩机由装载机构、转载机构及行走机构3部分组成。优点是装矸结构简单可靠,动作机动灵活,对巷道断面和岩石块度适应性强,能挖水沟和清理底板,效率高。

2. 装岩机的选择

选择装岩机考虑的因素比较多,主要包括巷道断面大小,装岩机的装载宽度和生产率,适应性和可靠性,操作、制造和维修的难易程度,装岩机的造价和效率等方面。

目前国内使用较多的是铲斗后卸式装岩机和耙斗式装岩机,侧卸式装岩机次之,蟹爪式、立爪式装岩机正在不断完善和发展。在实际工作中,应根据工程条件、设备条件以及上述因素综合考虑。

(三) 巷道支护

经过破岩和装岩工序后,为保证一定年限内巷道能够满足矿井的生产需求,应对巷道围岩进行加固和维护工作,即巷道支护。较早施工的巷道大多使用架设棚式支架与砌筑石材整体式支架,现在大多是以提高围岩自承载能力的锚喷支护为主。

1. 巷道支架的类型

巷道支架按使用时间长短分为临时支架与永久支架。

巷道支架按其力学性能可分为刚性支架和可缩性支架。

按支架材料的不同,巷道支架又可分为木支架、金属支架、石材支架、混凝土支架、钢筋混凝土支架等。

按照巷道支架承载机理的不同,可以将支护方式分为被动支护和主动支护。

2. 棚式支架

棚式支架(简称棚子),是矿井井下常用的一种传统支架,依据使用的材料不同,棚式支架可分为木支架、金属支架、装配式钢筋混凝土支架等。

(1) 木支架

木支架由于工作特性与多数巷道围岩的变形规律不相适应,且容易腐朽,因此服务年限短。木支架的形式主要是一梁二柱亲口式梯形支架。主要用于地压不大、断面较小、服务年限短的采区巷道和失修巷道的维护,在服务年限较长的巷道掘进施工中用作临时支护。

(2) U 型钢可缩性支架

U 型钢可缩性支架采用 U 型钢制作,其结构如图 2-5 所示。

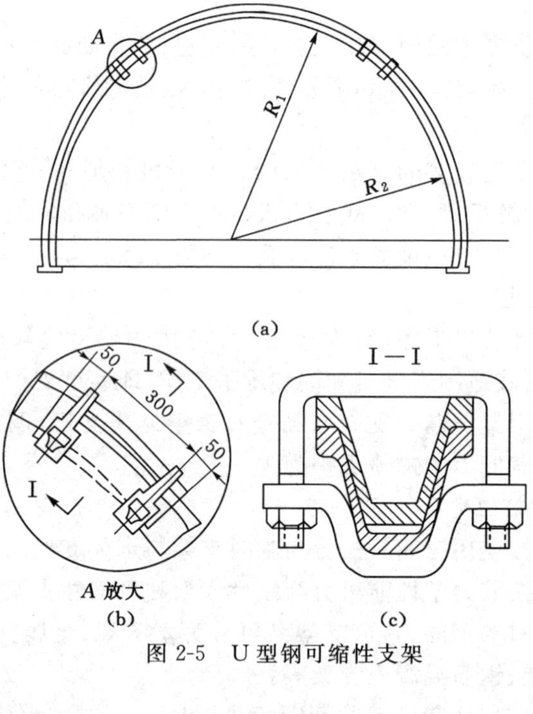

(a)

A 放大
(b)

(c)

图 2-5 U 型钢可缩性支架

每架棚子一般由 3 个基本构件所组成。一根曲率为 R_1 的弧形顶梁和两根上部曲率为 R_2 的柱腿。弧形顶梁的两端插入和搭接在柱腿的弯曲部分上,组成一个三心拱。根据巷道断面尺寸、主要来压方向及围岩移近量的大小,可以采用节数不同的结构形式,支架一般 3～5 节。

梁腿搭接长度为 300～500 mm，该处用两个卡箍固定（每个卡箍包括一个 U 型螺杆和一块 U 型垫板、两个螺母），柱腿下部焊有150 mm×150 mm×10 mm 的铁板作为底座。

支架的伸缩可以用卡箍的松紧程度来调节和控制，通常要求卡箍上的螺帽预紧力矩大于等于 300 N·m，以保证支架的初撑力。U 型钢可缩性金属支架适用于矿压大且不稳定和围岩变形量大的巷道，支护断面一般不大于 12 m^2，支护棚距一般为 0.7～1.1 m，相邻支架之间的金属拉杆通过螺栓、夹板等互相连接，也可打入撑柱撑紧，加强支架沿巷道轴线方向的稳定性。

3. 锚喷支护

锚喷支护是锚杆与喷射混凝土联合支护的简称，二者可以单独使用，即锚杆支护与喷射混凝土支护。锚喷支护还可与金属网联合支护。锚喷支护具有施工机械化程度高、成本低、节约材料和施工速度快等优点。

(1) 锚杆支护

锚杆是锚固在岩体内维护围岩稳定的杆状结构物。传统的锚杆支护理论有悬吊理论、组合梁理论、组合拱（压缩拱）理论，近期又发展了最大水平应力理论。树脂锚杆是目前国内外使用最广泛的锚杆。树脂锚杆由锚固剂（树脂胶囊）、杆体、托盘和螺母等组成。锚杆结构如图 2-6所示。

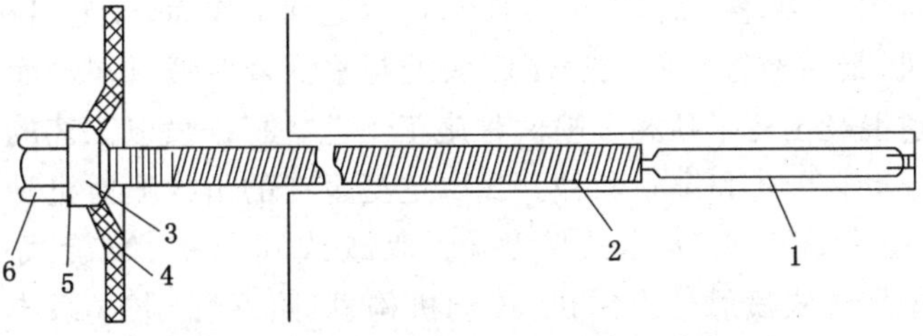

1—树脂药卷；2—杆体；3—球形垫圈；4—托盘；5—减磨垫圈；6—螺母。

图 2-6　树脂锚杆结构

锚杆杆体是锚杆的主体，杆体材质及表面结构直接影响锚固范围以及对围岩的支护阻力。根据杆体屈服强度的大小将杆体分为 3 类：

普通锚杆、高强锚杆和超高强锚杆。

锚固剂将杆体与围岩黏结在一起，在围岩深部与浅部发生不一致变形过程中，锚固剂将围岩变形传递给杆体，同时将杆体对围岩变形的约束传递给围岩。锚固剂在锚杆与围岩相互作用过程中具有重要作用。树脂锚固剂通常是将树脂、固化剂、促凝剂严密包装在一定长度和直径的胶囊中，树脂和促凝剂装在一室，固化剂与之隔离包装在另一室。锚固剂胶囊被锚杆端头捣破搅拌后，促凝剂促进树脂和固化剂发生化学反应，使锚杆杆体通过锚固剂与钻孔壁固结在一起。

树脂锚杆适用范围比较广泛，既适用于硬岩、中硬岩，也适用于软岩、煤层巷道；既适用于木锚杆，也适用于金属锚杆；既适用于集中锚固类锚杆，也适用于长锚固类锚杆。树脂锚杆使用安全可靠，操作简便快速，质量有保证。

锚杆支护施工工艺包括钻锚杆眼和安装锚杆两个工序。钻锚杆眼和安装锚杆均使用单体轻便式锚杆眼钻机施工。

（2）喷射混凝土

喷射混凝土是将一定配比的水泥、砂、石子和速凝剂等混合搅拌均匀，装入喷射机，以压缩空气为动力，使拌和料沿管路吹送至喷头处与水混合，并以较高的速度喷射在岩面上凝结硬化的一种新型支护形式，其工艺流程如图 2-7 所示。首先将砂、石过筛，按配合比和水泥一同送入搅拌机内搅拌，然后用矿车将拌和料运送到工作面，经上料机装入气动喷射机，最后经输料管吹送至喷头处与水混合后喷射在岩面上。

喷射混凝土有干喷和湿喷两种施工工艺。根据喷射工艺的要求，喷射机相应也有干式和湿式两种。我国定型生产的干式喷射机种类较多。常见的有 ZHP-2 型转体式喷射机、双罐式喷射机、螺旋式喷射机。ZHP-2 型转体式喷射机由主机、传动机构、风路系统、电气系统、机架等组成。主机由旋转体、密封胶板、定量下料机构、搅拌器、料斗、出料弯头、上下壳体等组成，见图 2-8。定量下料机构由定量隔板和定量叶片组成，隔板可上下移动，以调整喷射能力。沿旋转体四周均匀地布置有 14 个 U 形槽，外圈的槽腔为料槽，里圈的为气室，其底部连通成 U 形。

喷射混凝土之前，应检查巷道断面尺寸是否符合设计要求，若有欠

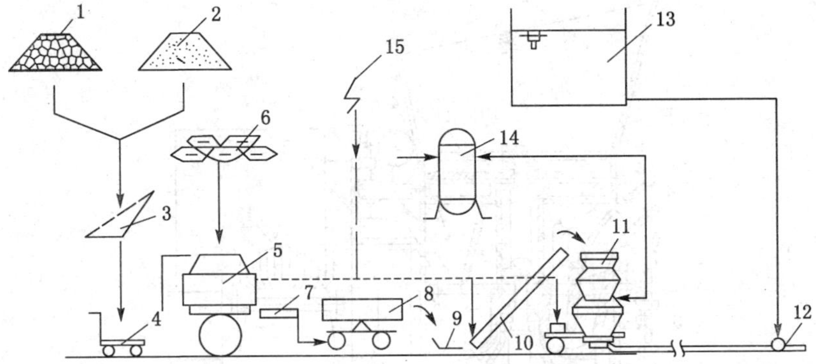

1—石子；2—砂子；3,7—筛子；4—磅秤；5—搅拌机；6—水泥；
8—运料小车；9—料盘；10—上料机；11—喷射机；
12—喷嘴；13—水箱；14—风包；15—电源。

图 2-7　喷射混凝土的工艺流程

挖部分应事先予以处理。用高压风、水冲洗岩面，使用钢钎敲掉活石，清除巷道两帮基底的存矸，并达到设计规定的深度（底板以下100 mm）。认真检查机械设备和管线，准备好照明、信号和防尘等各项设施，以保证喷射质量和作业安全。

四、巷道施工机械化作业线

（一）岩巷机械化作业线

1. 凿岩机＋耙斗式装岩机为主的机械化作业线

该作业线是指巷道施工工序中以凿岩机钻眼，装药爆破，耙斗式装岩机、矿车装运矸石，然后采取锚喷等方式支护施工巷道。这种机械作业线是巷道施工的主要方式之一，适用于各种断面的巷道施工。

2. 凿岩台车＋侧卸式装岩机为主的机械化作业线

该作业线是指巷道施工工序中以凿岩机钻眼，装药爆破，侧卸式装岩机、矿车装运矸石，然后采取锚喷等方式支护施工巷道。这种机械作业线是巷道施工的主要方式之一，适用范围广，但受到侧卸式装岩机的影响。

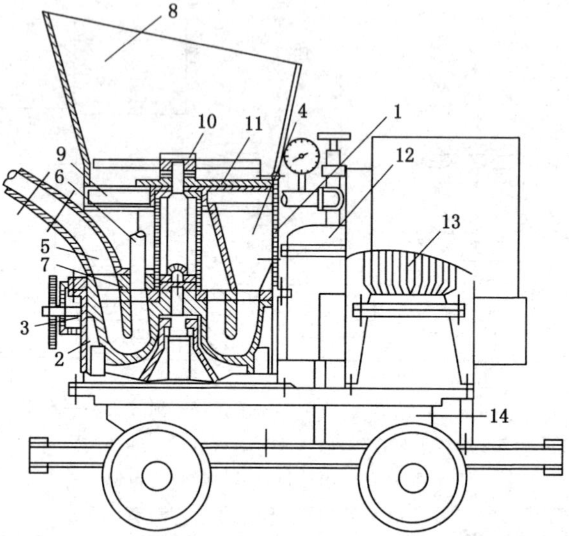

1—上壳体；2—下壳体；3—旋转体；4—入料口；5—出料弯头；6—进风管；7—密封胶板；8—料斗；9—拨料板；10—搅拌器；11—定量板；12—油水分离器；13—电动机；14—减速器。

图 2-8　ZHP-2 型混凝土喷射机

3. 凿岩机＋耙斗式装岩机＋梭式矿车为主的机械化作业线

该作业线是指巷道施工工序中以凿岩机钻眼，装药爆破，耙斗式装岩机、梭式矿车装运岩石，然后采取锚喷等方式支护施工巷道。这种机械作业线是巷道施工的主要方式之一，适用范围广，但受到梭式矿车的影响。

4. 液压钻车＋挖掘装载机＋带式输送机机械化作业线

该作业线是指巷道施工工序中以液压钻车钻眼，装药爆破，挖掘装载机装矸至带式输送机上运输矸石，然后采取锚喷等方式支护施工巷道。这种机械作业线是目前巷道施工的主要方式之一，适用范围广。

5. 掘进机＋带式输送机机械化作业线

该作业线是指巷道施工工序中以掘进机破岩，掘进机自行装矸至带式输送机上运输矸石，然后采取锚喷等方式支护施工巷道。这种机械作业线是目前正在大力推广的施工方式，适用范围广，巷道进尺高。

(二) 煤巷机械化作业线

采用掘进机掘进煤巷时,必须有一套与之相适应的机械运输设备,它们相互配合形成一条机械化作业线,这是加快煤巷掘进速度和提高工作效率的根本途径。目前常用的煤巷施工机械化作业线有以下几种。

1. 掘进机+刮板输送机机械化作业线

该作业线的主要设备是煤巷掘进机和刮板输送机,是目前国内采用较多的机械化作业线。掘进机截割的煤(岩)经装载机构、转载机卸给其下方的刮板输送机,经刮板输送机输送卸载到煤仓或其他运输设备上。当刮板输送机与掘进机的桥式转载机配套使用时,需要将输送带小车拆掉,换上落地车,落地车轮骑在刮板输送机槽帮两侧,随掘进机向前掘进而沿槽帮运行。掘进机向前掘进达到桥式转载机的最大搭接长度时,需要停机延长刮板输送机。虽然该作业线在机器工作时能连续运输,但如果频繁延长刮板输送机,会造成运输间断、劳动强度大、占用人员多的问题。该作业线主要适用于巷道坡度变化大、巷道长度较短的条件。

2. 掘进机+可伸缩双向带式输送机机械化作业线

该作业线的主要设备是煤巷掘进机和可伸缩双向带式输送机。该作业线是目前我国综掘机械化中最先进的一种,在大型煤矿的区段平巷掘进中得到了广泛使用,并取得了很好的经济效果。掘进机切割的煤经装运机构、桥式转载机、可伸缩双向带式输送机卸至其他运输设备上,带式输送机向外送煤的同时,能向工作面运送各种材料,使上输送带出煤和下输送带(回空输送带)进料形成一个运输系统。为减少延长输送带辅助时间,输送带可储存 100 m 的长度。掘进工作面延长带式输送机的方法如图 2-9(a)所示。掘进机在工作面向前掘进到桥式转载机的最大搭接长度时,掘进机后退使其尾部与可伸缩带式输送机尾部连接,同时将可伸缩带式输送机的尾部与中间架部分的连接装置脱开,如图2-9(b)所示;通过掘进机前移,将带式输送机尾部拖前 12～15 m,如图2-9(c)所示;最后在预留的间隔空间中进行中间架的组装工作。

该作业线的主要特点是:可充分发挥掘进机的生产效率,切割、装载、运输生产能力大,掘进速度快,上输送带出煤,下输送带运料,输送

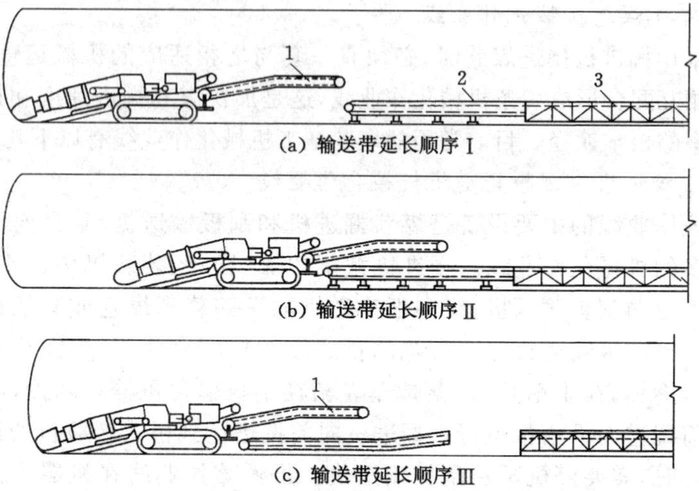

1—桥式转载机;2—带式输送机尾部;3—可伸缩带式输送机的中间架。

图 2-9　伸缩式带式输送机延长方法

带延长速度快(每延长 12 m 输送带仅需 30 min),并可利用伸缩输送带延长时间进行工作面永久支架安设工作,有效地利用掘进循环时间。

3. 煤巷掘进机+梭式矿车(或仓式列车)机械化作业线

该作业线由煤巷掘进机、梭式矿车(或仓式列车)、电机车等部分组成。掘进切割的煤经装载机构、带式转载机卸入梭式矿车(或仓式列车),然后通过梭式矿车(或仓式列车)车厢底板上刮板输送机逐渐运向后部,直至均匀装满仓式列车,最后由电机车牵引至卸载地点。

该作业线不能平行作业,掘进机使用效率不能充分发挥,适用于装卸地点距离较短的巷道,井下必须有卸载站。

4. 煤巷掘进机+吊挂式带式转载机+矿车、电机车机械化作业线

该作业线适用于采用金属永久支护、矿车运输的小断面巷道。为了提高掘进效率,减少调车次数和调车停机时间,在巷道转弯半径允许的前提下尽量先用长度较大(可容 8～10 辆矿车)的吊挂式带式转载机,如图 2-10 所示。吊挂式带式转载机一端与掘进机相连,另一端通过行走导轮吊挂在巷道顶板专设的单轨梁上,掘进机向前掘进时,吊挂

式带式转载机一起向前移动。

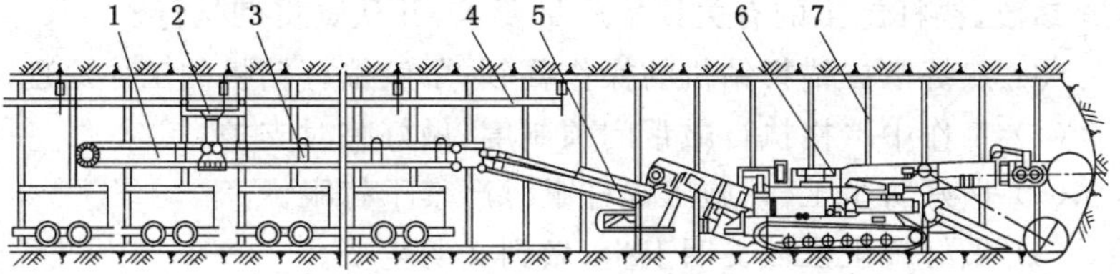

1—机尾部；2—吊挂小车；3—中间架；
4—1140E 轨道；5—机头部；6—掘进机；7—拱形支架。

图 2-10　掘进机与吊挂式带式转载机、矿车组成的机械化作业线

安全技术基础知识二　本岗位安全责任制

学习目标

1. 掌握锚杆支护岗位安全责任制。
2. 掌握喷浆作业岗位安全责任制。
3. 掌握架棚支护岗位安全责任制。
4. 掌握钻眼作业岗位安全责任制。
5. 掌握液压钻车司机岗位安全责任制。
6. 掌握装卸料操作岗位安全责任制。
7. 掌握巷道维护作业岗位安全责任制。
8. 掌握背药工岗位安全责任制。
9. 掌握煤层注水工岗位安全责任制。
10. 掌握乳化液泵司机岗位安全责任制。

安全技术基础知识相关知识

一、锚杆支护岗位安全责任制

（1）必须经过安全技术培训，考试合格，取得安全培训合格证，持证上岗。

(2) 认真执行“三大规程”,掌握作业规程主要内容,熟知锚杆眼的布置参数、锚杆施工的有关技术质量要求,并认真贯彻执行。

(3) 熟练掌握锚杆钻机的操作要领,了解锚杆钻机的工作原理。

(4) 工作中严格执行敲帮问顶制度,做好临时支护。

(5) 做好防尘工作,施工锚杆眼时严禁干打眼。

(6) 做好施工区域文明卫生,做到文明生产。

(7) 做好工种协调,听从班组长安排,按正确的施工程序工作,确保施工质量与安全。

(8) 熟知锚杆钻机使用的整体流程及异常信息的处理方法,操作期间严格按照规定站位,确保施工质量与安全。

二、喷浆作业岗位安全责任制

(1) 必须经过安全技术培训,考试合格,取得安全培训合格证,持证上岗。

(2) 认真执行“三大规程”,掌握作业规程主要内容,熟知喷浆施工的有关技术质量要求,并认真贯彻执行。

(3) 熟练掌握喷浆机的操作要领,了解喷浆机的工作原理,按章操作。

(4) 作业过程中严格执行敲帮问顶制度,防止掉渣伤人。

(5) 严格按照喷浆工艺进行喷浆作业,做好防尘工作。

(6) 做好施工区域文明卫生,做到文明生产。

(7) 做好工种协调,听从班组长安排,按正确的施工程序工作,确保施工质量与安全。

三、架棚支护岗位安全责任制

(1) 必须经过安全技术培训,考试合格,取得安全培训合格证,持证上岗。

(2) 认真执行“三大规程”,掌握作业规程主要内容,熟知架棚支护的有关技术质量要求,并认真贯彻执行。

(3) 必须熟悉支架架型、结构及支护配件,要按支护设计或作业规程的支护要求施工。

(4) 熟练掌握架棚支护所需用的各种设备、设施以及工具的操作要领，了解其工作原理，按章操作。

(5) 工作中严格执行“敲帮问顶”制度，防止掉渣伤人，做好临时支护。

(6) 做好防尘工作。

(7) 做好施工区域文明卫生，做到文明生产。

(8) 做好工种协调，听从班组长安排，按正确的施工程序工作，施工期间站位要正确，确保施工质量与安全。

四、钻眼作业岗位安全责任制

(1) 必须经过安全技术培训，考试合格，取得安全培训合格证，持证上岗。

(2) 认真执行“三大规程”，掌握作业规程主要内容，熟知钻眼的布置参数及钻眼施工的有关技术质量要求，并认真贯彻执行。

(3) 熟练掌握钻眼施工设备的操作要领，了解其工作原理。

(4) 钻眼工作必须在支护完好的情况下施工。

(5) 做好防尘工作，严禁干钻眼。

(6) 做好施工区域文明卫生，做到文明生产。

(7) 做好工种协调，听从班组长安排，按正确的施工程序工作，施工期间站位要正确，确保施工质量与安全。

五、液压钻车司机岗位安全责任制

(1) 必须经过安全技术培训，考试合格，取得安全培训合格证，持证上岗。

(2) 认真执行“三大规程”，掌握作业规程主要内容，熟知所操作液压钻车的机械性能、工作原理。

(3) 熟练掌握液压钻车的操作要领，按程序操作。

(4) 液压钻车施工必须在支护完好的情况下操作。

(5) 做好防尘工作，严禁干打眼。

(6) 司机在开机过程中，要认真操作，严格按爆破图表施工。钻车在前进或后退时，要注意前后左右不能有人员停留和障碍物，以免伤人。

(7) 做好施工区域文明卫生，做到文明生产。

(8) 做好工种协调，听从班组长安排，按正确的操作程序施工，确保施工质量与安全。

六、装卸料操作岗位安全责任制

(1) 必须经过安全技术培训,考试合格,取得安全培训合格证,持证上岗。

(2) 认真执行"三大规程",掌握作业规程主要内容。

(3) 熟练掌握装卸设备、工具的操作要领,了解装卸设备、工具的工作原理。

(4) 工作中严格执行敲帮问顶制度,做好临时支护。

(5) 做好防尘工作,坚持工作地点附近 20 m 范围内巷道喷雾洒水制度,戴好防尘口罩。

(6) 做好施工区域文明卫生,做到文明生产。

(7) 熟练使用运料设备设施,安全施工。

(8) 做好工种协调,听从班组长安排,按正确的操作程序操作施工,确保施工质量与安全。

七、巷道维护作业岗位安全责任制

(1) 必须经过安全技术培训,考试合格,取得安全培训合格证,持证上岗。

(2) 认真执行"三大规程",掌握作业规程主要内容。

(3) 熟练掌握巷道维修设备、工具的操作要领,了解设备、工具的工作原理。

(4) 工作中严格执行敲帮问顶制度,必须在支架完好或加固牢固的支护条件下作业,做好临时支护。

(5) 巷道维修工作必须在具有可靠安全出口的条件下进行。

(6) 做好防尘工作,坚持工作地点附近 20 m 范围内巷道喷雾洒水制度,戴好防尘口罩。

(7) 巷道维修工作必须在通风良好的环境内进行,杜绝瓦斯超限。

(8) 做好施工区域文明卫生,做到文明生产。

(9) 做好工种协调,听从班组长安排,按正确的操作程序操作施工,施工期间站位要正确,确保施工质量与安全。

八、背药工岗位安全责任制

(1) 必须牢固树立"安全第一、预防为主"的思想,熟悉爆炸材料性能。

(2) 必须经过培训,经考核合格,取得安全培训合格证,持证上岗。

(3) 经单位涉爆人员核查并经相关单位批准办理领药工证。

(4) 严格遵守《煤矿安全规程》《火工品管理规定》及井下炸药库其他相关规定。

(5) 做好爆炸材料的领退工作,做到领取、使用过程安全可靠。

(6) 认真参加区队及矿相关部门的业务技能培训和安全学习。

(7) 不得将爆炸物品移交给无掘进作业证的员工。

(8) 不得损坏炸药箱或炸药,保证炸药箱完好,炸药完好使用或完好退库。

九、煤层注水工岗位安全责任制

(1) 必须经过安全技术培训,考试合格,取得安全培训合格证,持证上岗。

(2) 认真执行"三大规程",掌握作业规程主要内容和煤层注水的有关技术质量要求,并认真贯彻执行。

(3) 熟练掌握注水所需用的各种设备、设施以及工具的操作要领,了解其工作原理,按章操作。

(4) 工作中严格执行敲帮问顶制度,防止掉渣伤人,做好临时支护。

(5) 做好防尘工作。

(6) 做好施工区域文明卫生,做到文明生产。

(7) 做好工种协调,听从班组长安排,按正确的施工程序工作,确保施工质量与安全。

十、乳化液泵司机岗位安全责任制

(1) 严格执行《煤矿安全规程》、作业规程、操作规程和交接班制度,必须持证上岗,坚守工作岗位,按工作面要求及时开泵、停泵,不准将泵站私自交给无证人员操作。

(2) 积极参加矿、队举办的技术培训,熟悉、掌握泵站液压系统工作原理及设备结构、性能,对设备进行精心维护和保养,使泵站保持在良好状态下运行。

(3) 每班对设备进行一次全面检查,发现问题及时处理。

(4) 随时注意观察泵站的运转情况和各设备部位的温度，检查水位、油位、压力、声音等是否正常，发现问题应及时处理。

(5) 保持泵站及周围整洁卫生，不得有积尘、积水和杂物。如果泵站上方有淋水，必须采取防淋水措施。

(6) 定期清洗过滤器，保证乳化液清洁，乳化液配比必须符合3%～5%的规定，压力应达到规定标准。

安全技术基础知识三　本岗位风险及控制

学习目标

1. 掌握锚杆支护岗位风险及控制。
2. 掌握喷浆作业岗位风险及控制。
3. 掌握架棚支护岗位风险及控制。
4. 掌握钻眼作业岗位风险及控制。
5. 掌握液压钻车司机岗位风险及控制。
6. 掌握装卸料操作岗位风险及控制。
7. 掌握巷道维护作业岗位风险及控制。
8. 掌握背药工岗位风险及控制。
9. 掌握煤层注水工岗位风险及控制。
10. 掌握乳化液泵司机岗位风险及控制。

安全技术基础知识相关知识

一、锚杆支护岗位风险及控制

1. 锚杆支护岗位风险

(1) 锚杆支护工作面有瓦斯、有毒有害气体超限，人员中毒或瓦斯爆炸风险。

(2) 有工作面顶板掉渣伤人的风险。

(3) 高压风、水伤人的风险。

(4) 钻眼机具倾倒及伤人的风险。

(5) 断钎伤人的风险。

(6) 不按施工顺序施工,有顶板冒落或帮部片落伤人的风险。

2. 锚杆支护岗位风险控制措施

(1) 保持工作面通风良好,确保有害气体浓度不超过《煤矿安全规程》规定。

(2) 进入工作面后由外往里检查支护情况,发现失效支护立即处理。打锚杆、锚索眼前,首先敲帮问顶,处理顶帮危岩活矸(煤),使用可靠的临时支护,杜绝空顶作业;确认安全后,方可按所点眼位进行钻眼。

(3) 确保高压风、水管路连接可靠,并按规定固定牢固。外接水源和风源在送入锚杆钻机前应设有专用阀门,锚杆钻机开动前,控风、控水扳把应处于关闭状态,不用时及时关闭开关。

(4) 工作时钻机支腿必须平稳牢靠,不得支在活矸或物料上。

(5) 锚杆钻机钻进过程中,钻杆与钻机应保持直线。操作时其他人员要离开钻孔中心线,以防钻杆折断后发生意外;当钻机突然卡钻时,将产生较大的反转扭矩,操作者应精心操作,以防扭伤。

(6) 钻眼顺序应由外向里进行,先顶后帮,由上向下,布置一个锚杆眼后安装一根锚杆。

二、喷浆作业岗位风险及控制

1. 喷浆作业岗位风险

(1) 作业人员吸入大量粉尘造成人身伤害的风险。

(2) 敲帮问顶不彻底造成顶板掉渣伤人的风险。

(3) 高压风、水弹回伤人的风险。

(4) 水泥、回弹料及粉尘溅入眼睛伤人的风险。

(5) 喷头出料管伤人的风险。

(6) 用手拌料伤人的风险。

(7) 机具伤人的风险。

2. 喷浆作业岗位风险控制措施

(1) 作业前佩戴好防尘口罩,并采取降尘措施。

(2) 进入工作面作业前,首先进行敲帮问顶工作,找净顶帮活矸

(煤),同时必须检查工作地点的支架是否稳固完好,锚网喷支护巷道检查锚网质量是否符合规定要求;空顶距是否符合要求,如发现有不安全情况必须立即处理。

(3) 压风管、高压水管,必须按规定进行吊挂;管子之间,管子与风、水设备之间的接头必须连接牢固,发现损坏及老化应及时更换,以免高压风、水伤人。

(4) 喷浆手工作中必须戴好防护眼镜,穿好雨衣、雨裤。

(5) 喷射时,一人紧握喷枪,一人照明并偕同移动输料管,输料管不得出现死弯。喷浆手要一手紧握喷枪头,掌握喷射方向,一手握着水环进水阀门,控制水量大小。严禁喷头朝向人员;在处理管路堵塞时,喷头要朝向底板,喷浆手用力按住喷头,前方严禁站人。

(6) 喷浆机运转时,严禁将手或工具伸入喷浆机,以防伤人。

(7) 按正确的方法和程序进行喷浆操作,开始喷浆和喷浆结束时按正确顺序开停风、水、电。

三、架棚支护岗位风险及控制

1. 架棚支护岗位风险

(1) 进入作业地点不认真执行敲帮问顶制度,存在顶板活矸掉落伤人风险。

(2) 架棚时不按规定使用临时支护设施,存在顶板冒落伤人风险。

(3) 顶板未进行超前支护或超前支护不规范,挖棚窝、背顶时存在顶板冒落伤人风险。

(4) 抬运架棚材料时配合不协调存在材料掉落伤人风险。

(5) 使用刚性支架,上梁人员少,存在掉梁伤人风险。

(6) 支护材料不合格、支架质量不符合要求存在倒棚伤人风险。

(7) 作业时有瓦斯超限熏人或瓦斯爆炸伤人的事故隐患。

2. 架棚支护岗位风险控制措施

(1) 架设支架前必须先执行敲帮问顶,站在安全地点将活煤、活矸找掉。

(2) 必须在可靠的临时支护下进行永久支护,使用好前探梁临时支护,杜绝空顶作业。

（3）作业前及时排除安全隐患，挖腿窝、背顶时必须有专人照看。

（4）抬运架棚材料时，要协调配合，口号一致，同起同落，以防伤人。

（5）架设刚性支架时，要5人以上配合上梁，以防掉梁伤人。

（6）杜绝使用结构、形式、材质、规格等不符合设计要求和锈蚀严重及变形的金属支架，支架必须构件齐全，帮、顶背实刹牢，做到中心正、亲口严、扎脚够，以防止倒棚伤人。

（7）工作面保持正常通风，有害气体浓度不超过《煤矿安全规程》规定，施工过程中保护好通风设施。

四、钻眼作业岗位风险及控制

1. 钻眼作业岗位风险

（1）工作面风量不足，造成有毒有害气体熏人及发生瓦斯、煤尘爆炸事故造成人员伤亡的风险。

（2）工作面支护条件不好、空顶作业或顶板掉渣伤人的风险。

（3）钻眼机具转动伤人的风险。

（4）高压风、水管弹起伤人的风险。

（5）钻眼时断钎伤人的风险。

（6）残爆、拒爆不及时处理伤人的风险。

（7）钻眼、装药平行作业造成事故伤人的风险。

（8）透老空造成事故伤人的风险。

2. 钻眼作业岗位风险控制措施

（1）工作面必须保持正常通风，必须有足够的新鲜空气。有害气体浓度超过《煤矿安全规程》规定，或有煤与瓦斯突出征兆时不准钻眼，应立即报告本单位值班室及矿调度室，并及时按规定进行处理。

（2）进入工作面作业前，首先进行敲帮问顶工作，找净顶帮活矸危岩，同时检查工作地点的支护是否完好，控顶距是否符合要求，发现不安全情况必须立即处理。找顶工具长度应符合巷道高度要求，找顶人员应戴手套，并防止煤矸顺钻杆而下伤人。

（3）清理作业场所杂物，平整作业场地，保证作业现场良好的作业环境，将钻眼机具稳固牢靠。每人只能操作一台凿岩机，人员应站在凿岩机侧后方，身体贴紧气腿，领钎人员严禁戴手套。操作者应精心操作,钻眼时不要加压过猛,两臂用力要均匀,防止产生较大的反转扭矩而扭伤手腕或钻杆折断伤人。开眼和钻眼过程中,不准用手扶钻杆、掏眼口的煤岩粉。

(4) 高压风水管路必须连接牢固可靠,按规定吊挂。钻眼作业结束后,及时按要求拆除风水管路,禁止将锚杆钻机平置于地面,防止误动作造成伤害事故。

(5) 接钻杆时必须连接牢固。钻眼时从气腿后向前看,钻杆、凿岩机和气腿要在同一垂直面上,钻眼深度到位后,拔钻杆要慢速旋转,缓缓退出。

(6) 发现工作面有瞎管、残药,必须在爆破工按照《煤矿安全规程》相关规定处理完毕后,方可钻眼。严禁利用炮眼残底(无论有无残余炸药)继续加深。

(7) 严禁钻眼、装药平行作业。

(8) 误揭老空或老巷时,有下列情况之一,不得钻眼,应立即报告本单位值班室及矿调度室,并及时按规定进行处理:

① 顶板压力大,有冒顶片帮危险时;

② 有透水征兆(即挂红、挂汗、空气变冷、发生水叫、淋水增大等现象),如眼内向外流水时,严禁拔出钻杆;

③ 钻孔内有刺激性气味气体涌出时;

④ 掘进工作面瓦斯超限或有突出征兆时。

五、液压钻车司机岗位风险及控制

1. 液压钻车司机岗位风险

(1) 钻车司机不熟悉钻车性能,误操作造成伤人的风险。

(2) 工作面顶板或支护条件不好,造成顶板掉渣或冒落矸石伤人的风险。

(3) 开工不检查机械,造成误伤人的风险。

(4) 开机时机械运转造成伤人的风险。

(5) 钻眼结束后,不按规定停车造成后续工作中钻机伤人的风险。

2. 液压钻车司机岗位风险控制措施

(1) 钻车司机必须掌握钻车使用说明书的内容，了解钻车的结构、工作原理及液压、电气、压气、水路等系统。

(2) 钻车司机应与班组长共同检查工作面顶板与支护等安全情况，无隐患后方准开车作业。

(3) 开车前检查各油箱油位，操作手柄是否处于“零”位，螺丝是否紧固，特别是凿岩机固定螺栓和钎头扶钎器导向架螺栓必须紧固。送电后，查看前后车灯是否正常照明。

(4) 启动电动机前，将前后照明灯打开，撤离周围人员。开机前要发出警报，并进行四周瞭望，确保机器周围危险区内无人后，方可开机。操作各手柄，观察各运转部位的运转是否正常。

(5) 凿岩工作全部完成后，退回凿岩机及推进器，收拢钻臂及支腿，将注水阀门关闭，停止供水，卸掉水管。将钻车退出掘进工作面，停放在安全地点，各操作手柄回复到“零”位。关闭钻车各电气开关，切断钻车供电电源。机器较长时间停用时，必须断开隔离开关。

六、装卸料操作岗位风险及控制

1. 装卸料操作岗位风险

(1) 司机不熟悉机械性能，误操作造成机械伤人的风险。

(2) 工作面通风状况不良好，瓦斯等有害气体超限造成伤人或者瓦斯爆炸的风险。

(3) 施工现场顶板或支护不够完好，顶板掉渣或冒落造成伤人的风险。

(4) 作业人员吸入大量粉尘造成人身伤害的风险。

(5) 出煤(矸)时，未爆炸的炸药、雷管受力后发生爆炸崩人的风险。

(6) 人工装载时锹镐伤人的风险。

(7) 矿车跑车伤人的风险。

(8) 机械电缆坠落触电伤人的风险。

(9) 装载机运转时伤人的风险。

2. 装卸料操作岗位风险控制措施

(1) 司机必须熟悉所操作机器的结构、性能及工作原理，能准确、熟练地操作机器，并懂得设备的一般维护保养和故障处理知识。

(2) 施工现场必须通风良好，有害气体浓度不超过《煤矿安全规程》规定。

(3) 开工前检查现场，要认真敲帮问顶，及时消除隐患，严禁空顶作业，确保施工现场及后路巷道顶帮支护完好，空顶距离不超过作业规程规定时，方能施工作业。

(4) 装载前，要向巷道底板洒水，保持煤矸湿润，降低装载过程中产生的粉尘浓度。

(5) 发现未爆炸的炸药、雷管应及时交给爆破工处理。

(6) 装车工应佩戴手套，准备好工具，锹、镐安装要牢固。装车时要相互照应，禁止人员手扶车沿。

(7) 斜巷装车应提前和绞车司机联系好，做到“行人不行车、行车不行人”，且装载地点必须有可靠的信号。斜巷装车，必须使用绞车提升矿车，矿车停在装车地点后，矿车下方必须有可靠的阻车装置，严禁摘钩装车，矿车的正下方不准站人；平巷装车，应使用掩车器将矿车打掩好，严禁用煤(岩)块稳车。

(8) 使用装载机时，装载机用的电缆应悬挂好，离工作面很近的电缆应设置灵活可靠的滑线装置。

(9) 装载机运行时，应保证有充足的照明。除了司机外，其周围不得有任何人和机具。

七、巷道维护作业岗位风险及控制

1. 巷道维护作业岗位风险

(1) 巷道维修时，有通风不良造成有害气体超限使人员中毒窒息或者瓦斯爆炸的风险。

(2) 工作地点巷道支护条件差，支护变形严重，有漏煤(矸)冒顶倒架伤人风险。

(3) 巷道维修时，因没有安全出口，冒顶时人员被堵在无风巷道内的风险。

(4) 施工过程中敲帮问顶不彻底，有顶板掉渣或冒顶伤人的风险。

(5) 爆破后的残爆、瞎炮未及时处理，存在崩人的风险。

(6) 维修完巷道后，顶板未背实或新老支架搭茬不严，存在压倒支架冒顶的风险。

(7) 木垛盘式反井维修时,有坠落伤人的风险。

(8) 在有车辆运输的巷道中维修巷道时,存在行车伤人的风险。

(9) 在有架空线的巷道中进行巷道维修时,存在操作人员触电伤人的风险。

2. 巷道维护作业岗位风险控制措施

(1) 修复旧巷道时,首先必须保证通风良好。开工前检查风筒、防尘装置等通风设备是否完好;确保迎头瓦斯、各类气体的浓度符合《煤矿安全规程》规定后,方可操作。

(2) 对支架进行维修和更换时,要事先对该地点进行加固,可靠安全长度不得低于 10 m。

(3) 在维修巷道过程中,要保证安全出口及后路畅通,由外向里施工。检查维修井中各垛盘时,应由上向下逐架检查维修。

(4) 每班开工前,作业过程中,必须进行敲帮问顶工作。找顶顺序按先外后里、先顶后帮进行。敲帮问顶时人员要站在支护完好的地点,保持后路畅通。

(5) 爆破后,爆破工、班组长要到迎头详细检查瓦斯、残爆、瞎炮等,处理好问题后再进行其他作业。

(6) 支架在更换后,支架与顶帮之间的空隙必须塞紧背实,大冒顶处使用木垛接顶背实,在支架间安设牢固的撑木或拉杆。下班时,应将新旧支架间茬口封严,场地应清理干净。

(7) 木垛盘式反井维修时,维修人员必须系安全带。

(8) 在有车辆运输的巷道中进行巷道维修时,要注意来往车辆。

(9) 在有架空线的巷道中进行巷道维修时,首先切断架空线的电源,挂上停电牌,接上临时接地后,方可开展工作。

八、背药工岗位风险及控制

1. 背药工岗位风险

(1) 未按火药票领取炸药,造成炸药丢失的风险。

(2) 没有专人看管炸药,造成炸药丢失的风险。

(3) 未按照标准运送炸药,造成炸药爆炸伤人的风险。

(4) 剩余炸药未如实上交,炸药丢失或引发爆炸造成伤人的风险。

(5) 背药工运送炸药过程中,剧烈晃动引起爆炸造成伤人的风险。

2. 背药工岗位风险控制措施

(1) 背药工持火药票领取炸药时必须当场检查炸药规格和数量是否与火药票一致,确认无误后方可装箱。

(2) 炸药在工作面存放期间必须由背药工看管,炸药必须在背药工视线内。

(3) 炸药由专职背药工运送,并在爆破工的监护下运送,两人之间距离不得超过 30 m,不得小于 5 m。

(4) 背药工和班组长、爆破工都必须在现场确认炸药剩余数量,确认无误后签字。

(5) 背药工在炸药运送时应轻拿轻放,平稳行走。

九、煤层注水工岗位风险及控制

1. 煤层注水工岗位风险

(1) 进入作业地点不认真执行敲帮问顶制度,冒顶片帮伤人的风险。

(2) 作业人员吸入大量粉尘造成人身伤害的风险。

(3) 对相关规定不熟悉,造成违章作业,出现伤人的风险。

(4) 封孔不严密,造成喷孔伤人的风险。

(5) 开机前未确认设备完好,造成伤人的风险。

2. 煤层注水工岗位风险控制措施

(1) 进入工作地点后必须先敲帮问顶,站在安全地点将危岩、活矸找掉。

(2) 工作前佩戴好防尘口罩,对工作区域进行洒水降尘。

(3) 认真执行“三大规程”,掌握作业规程主要内容以及煤层注水的有关技术质量要求,按规定进行操作。

(4) 采用水泥砂浆或封孔器封孔,封孔长度至少为 1 m。

(5) 开钻前要进行试机,发现问题及时处理,然后再开钻作业。

十、乳化液泵司机岗位风险及控制

1. 乳化液泵司机岗位风险

(1) 未执行敲帮问顶制度,顶板掉渣,存在支架歪倒伤人风险。

(2) 转动部位未安设防护罩,存在转动部件伤人风险。

(3) 高压管接头 U 型卡脱落,存在胶管脱落伤人风险。

(4) 乳化液不足,损坏泵及支架的风险。

(5) 泵吸液腔不放气,泵压力不稳。

2. 乳化液泵司机岗位风险控制措施

(1) 观察顶板,严格执行敲帮问顶制度,发现支架变形严重应及时向班长汇报。

(2) 转动部件安装防护罩,并确认完好。

(3) 确保U型卡齐全完好。

(4) 确保乳化液充足,压力表压力符合规定。

(5) 试运行过程中将吸液腔放气。

安全技术基础知识四 本岗位事故隐患排查治理方法

学习目标

1. 掌握锚杆支护岗位隐患排查及治理。
2. 掌握喷浆作业岗位隐患排查及治理。
3. 掌握架棚支护岗位隐患排查及治理。
4. 掌握钻眼作业岗位隐患排查及治理。
5. 掌握液压钻车司机岗位隐患排查及治理。
6. 掌握装卸料操作岗位隐患排查及治理。
7. 掌握巷道维护作业岗位隐患排查及治理。
8. 掌握背药工岗位隐患排查及治理。
9. 掌握煤层注水工岗位隐患排查及治理。
10. 掌握乳化液泵司机岗位隐患排查及治理。

安全技术基础知识相关知识

一、锚杆支护岗位隐患排查及治理

1. 隐患内容

(1) 未经培训无证上岗。

(2) 临时支护不符合要求。

(3) 安全设施未按规定使用。

(4) 施工现场有害气体浓度超过规定。

(5) 施工现场及后巷顶帮支护不完好。

(6) 锚杆(索)支护顶、帮滞后距离超过作业规程规定。

(7) 锚杆支护巷道出现顶板离层、开裂,下沉量达到 150 mm 以上,未采取加强支护措施。

(8) 锚索支护巷道未按设计要求打注锚索,出现锚索长度不足、截锚杆(索)现象。

(9) 连续 3 根及以上锚杆失效。

(10) 空顶距离超过作业规程规定。

(11) 顶板有危岩,未敲帮问顶。

(12) 锚杆使用锚固剂的数量、质量、品种不符合作业规程要求。

(13) 不按照措施要求对支护锚杆进行拉拔力试验。

(14) 顶部锚杆没有按照从外到迎头顺序施工。

(15) 将回收的锚杆修复后用于巷道顶板的主体支护。

(16) 利用正常支护的锚杆(索)、钢带、架棚起吊或牵引物件。

(17) 锚杆距肩窝或锚杆距底板的距离超过设计规定。

(18) 锚杆(索)角度、外露长度超过作业规程规定。

(19) 锚索预紧力不足,锚索安装角度与设计偏差 5°以上。

2. 隐患治理

(1) 作业人员应经培训合格,持证上岗,严格按安全操作规程进行操作。

(2) 严格按照作业规程中规定的支护参数进行临时支护,严禁空顶作业。

(3) 严格按照作业规程中的规定使用安全设施,不完好的安全设施应立即更换。

(4) 有害气体超过规定时,作业人员戴好自救器,立即沿避灾路线撤离,或就近撤至避难硐室避险。

(5) 严格按措施规定对迎头及后巷进行支护,发现支护不完好的地点立即支护。

(6) 严格按照规程中的规定支护锚杆(索),锚杆(索)滞后时停止其他作业补打锚杆(索)。

(7) 锚杆支护巷道出现顶板离层、开裂严重现象,或下沉量达到150 mm以上时,应立即采取补强加固措施,补打锚杆(索)加固。

(8) 加强隐蔽工程管理,锚索支护巷道严格按照设计施工锚索,严禁出现锚索长度不足、截锚杆(索)现象。

(9) 发现连续3根及以上锚杆失效时,应立即在失效地点补打锚杆或锚索加强支护。

(10) 空顶距离超过作业规程规定时,立即进行临时支护;临时支护后再进行永久支护。

(11) 发现顶板有危岩时,安排专人敲帮问顶,敲掉危岩活矸。

(12) 加强作业人员管理,验收人员现场监督落实,严格按照规程中的规定使用锚固剂。

(13) 严格按照规程规定对锚杆进行拉拔力试验,不符合要求时应及时补打。

(14) 顶部锚杆应按照由外向里的顺序施工,严禁跳打。

(15) 巷道正常顶板支护应使用完好的新锚杆,严禁使用修复锚杆。

(16) 现场需起吊或牵引物件时,必须重新布置锚杆或锚索,严禁使用正常支护的锚杆(索)、钢带、架棚,避免破坏支护。

(17) 严格按照规程要求参数进行支护,距离超过设计规定时,应补打锚杆。

(18) 加强工程质量管理,锚索外露超长时应及时截断;角度不符合要求时应及时补打。

(19) 加强工程质量管理,锚索预紧力不足时应重新张紧,若失效应重新补打,锚索安装角度与设计偏差5°以上时应及时补打。

二、喷浆作业岗位隐患排查及治理

1. 隐患内容

(1) 未经培训无证上岗。

(2) 施工现场有害气体浓度超过规定。

(3) 在带电架线下拌料。

(4) 斜巷内拌料、上料,车辆未采取固定措施。

(5) 处理管路堵塞时未停止压风。

(6) 喷浆材料质量不合格或未按规定配比拌料。

(7) 预先将速凝剂拌入料中。

(8) 处理堵塞或喷浆作业时,喷射口前方有人。

(9) 未进行初喷或初喷不符合规定。

(10) 喷浆厚度不符合规定。

(11) 喷浆作业时,未开启喷雾降尘。

(12) 巷道内有失效锚杆未处理就喷浆封闭。

2. 隐患治理

(1) 作业人员应经培训合格,持证上岗,严格按安全操作规程进行操作。

(2) 有害气体浓度超过规定时,作业人员应戴好自救器,立即沿避灾路线撤离,或就近撤至避难硐室避险。

(3) 拌料前应选择在顶、帮支护完好的安全地点,严禁在带电架线下拌料。

(4) 斜巷内拌料、上料时,应对车辆采取阻车措施,防止车辆下滑或跑车。

(5) 管路堵塞时,应停掉压风进行处理。

(6) 严格按照规定配比配注浆材料,对质量不合格的材料停止使用并更换。

(7) 严格按照措施规定拌入速凝剂。

(8) 处理堵塞或喷浆作业时,应提醒作业人员撤至后方安全地点。

(9) 严格按照规定先进行初喷,再进行复喷。

(10) 加强工程质量管理,严格按照规定喷浆,并打眼检查喷浆厚度是否符合要求。

(11) 喷浆作业前,确认喷雾完好,喷浆时开启喷雾降尘。

(12) 喷浆前先进行检查,发现巷道内有失效锚杆应先补打后再喷浆封闭。

三、架棚支护岗位隐患排查及治理

1. 隐患内容

(1) 未经培训无证上岗。

(2) 临时支护不符合要求。

(3) 未按规定使用安全设施。

(4) 架棚巷道、炮掘工作面整体加固长度不够。

(5) 施工现场有害气体浓度超过规定。

(6) 无牢固工作平台。

(7) 利用正常支护的锚杆(索)、钢带、架棚起吊或牵引物件。

(8) 连续 5 棚及以上棚腿赤脚。

(9) 架棚巷道迎头 10 m 整体加固数量不够或不完好。

(10) 巷道三、四角门抬棚未按规定施工和管理。

(11) 拆除原有支护后,未及时架设临时支护。

(12) 架棚支护未按规程规定接顶或巷道接顶不实。

(13) 拱形棚卡缆的螺母扭矩不够、卡缆失效或不配套、搭茬距离不符合规定。

(14) 架棚巷道棚腿未落在实底上或软底未穿鞋赤脚。

(15) 连续 3 棚前倾后仰、调斜超过规定。

(16) 巷帮未按措施背帮接实。

2. 隐患治理

(1) 作业人员应经培训合格,持证上岗,严格按安全操作规程进行操作。

(2) 严格按照作业措施中规定的支护参数进行临时支护,严禁空顶作业。

(3) 严格按照作业规程中的规定使用安全设施,不完好的安全设施应立即更换。

(4) 严格按照安全技术措施中的规定对巷道进行加固,加固不到位时应立即停止作业进行加固。

(5) 有害气体浓度超过规定时,作业人员应戴好自救器,立即沿避灾路线撤离,或就近撤至避难硐室避险。

(6) 搭设平台后要进行安全确认,检查作业平台的牢固程度,发现不牢固时应立即处理。

(7) 现场需起吊或牵引物件时,必须重新布置锚杆或锚索,严禁使用正常支护的锚杆(索)、钢带、架棚,避免破坏支护。

(8) 发现棚腿赤脚时,应立即补打锚杆支护固定棚腿。

(9) 架棚前,按照措施规定对巷道迎头 10 m 进行整体加固。

(10) 严格按照规定进行三、四角门抬棚施工和管理。

(11) 拆除原有支护后,应及时架设临时支护,严禁空顶作业。

(12) 架棚支护时,应按规程规定背顶,确保接顶。

(13) 架棚时,验收人员监督落实,确保拱形棚卡缆的螺母扭矩、搭茬距离符合规定。

(14) 架棚时,必须在巷道底板掏好柱窝,确保棚腿与巷道硬底接触。

(15) 严格按照措施支护参数架棚,出现前倾后仰等情况时应及时调整。

(16) 架棚支护时,应按规程措施规定背帮,确保接实帮部。

四、钻眼作业岗位隐患排查及治理

1. 隐患内容

(1) 未经培训无证上岗。

(2) 未按爆破作业图表钻眼。

(3) 干打眼、不执行综合防尘措施。

(4) 锚杆机钻进速度太快或顶推过猛钻杆弯曲甩出,伤害作业人员。

(5) 凿岩机司机站位不正确,造成凿岩机歪倒或断钎伤人事故。

(6) 多台凿岩机交叉作业,断钎可能造成伤人事故。

(7) 施工现场有害气体浓度超过规定。

(8) 回钻杆时用力过猛,造成凿岩机歪倒伤人事故。

2. 隐患治理

(1) 作业人员应经培训合格,持证上岗,严格按安全操作规程进行操作。

(2) 严格按照措施规定布置炮眼,避免出现爆破效果不好或其他爆破事故的发生。

(3) 打眼必须采用湿式打眼，严禁干打眼；确需干打眼时，必须有防尘措施。

(4) 操作锚杆机时，顶推用力适度，钻进速度适中。

(5) 凿岩机司机扶钻时要躲开眼口的方向，站在凿岩机侧面，两腿前后错开，脚蹬实底，不得踩空或骑在气腿上钻眼。

(6) 多台凿岩机同时钻眼时，要划分好区域，做到定钻具、定钻工、定位置、定眼数和定责任，不得上下交叉作业。

(7) 有害气体超过规定时，作业人员应戴好自救器，立即沿避灾路线撤离，或就近撤至避难硐室避险。

(8) 回钻杆时，用力应均匀；多人协调配合时，步调一致，同时用力。

五、液压钻车司机岗位隐患排查及治理

1. 隐患内容

(1) 未经培训无证上岗。

(2) 施工现场有害气体浓度超过规定。

(3) 未按爆破作业图表钻眼。

(4) 干打眼、不执行综合防尘措施。

(5) 开机未开水，干打眼。

(6) 液压钻车管路漏液，造成设备损坏。

(7) 钻车移动时，移动范围内有人作业，容易发生伤人事故。

(8) 钻车钻进时，钻车钻臂摆动范围内有人，容易碰伤人员。

(9) 钻车移动时，无人负责照看钻车电缆，容易损坏电缆引发机电事故。

(10) 钻车行走时，支腿未升起，钻车可能侧翻伤人。

2. 隐患治理

(1) 作业人员应经培训合格，持证上岗，严格按安全操作规程进行操作。

(2) 有害气体浓度超过规定时，作业人员应戴好自救器，立即沿避灾路线撤离，或就近撤至避难硐室避险。

(3) 严格按照规定布置炮眼，避免出现爆破效果不好或其他爆破事故的发生。

(4) 打眼必须采用湿式打眼，严禁干打眼。

(5) 开机前必须开水，严禁干打眼。

(6) 钻车钻进前应先进行试运转，确保管路完好；钻进过程中，发现管路漏液时应立即停止作业，并进行处理。

(7) 钻车移动时，移动范围内严禁站人。

(8) 钻车打眼时，钻车钻臂摆动范围内严禁有人。

(9) 钻车移动时，必须有专人负责照看钻车电缆。

(10) 钻车移动前，必须将支腿升起至距离地面 100 mm 以上。

六、装卸料操作岗位隐患排查及治理

1. 隐患内容

(1) 未经培训无证上岗。

(2) 施工现场有害气体浓度超过规定。

(3) 装载作业人员未学习作业规程和施工安全技术措施。

(4) 装载前，未敲帮问顶，空顶作业。

(5) 装载前，未对作业现场洒水而产生粉尘。

(6) 装载前，未检查装载设备，未确认安全保护设施是否齐全有效。

(7) 装载时，存在直径大于 300 mm 的大块煤(岩)。

(8) 向矿车内装煤时超过车帮，装岩过满。

(9) 装载完毕后，未清扫装载机。

(10) 装载机未悬挂好电缆。

(11) 半煤岩巷掘进时煤岩未分装、分运。

2. 隐患治理

(1) 作业人员应经培训合格，持证上岗，严格按安全操作规程进行操作。

(2) 有害气体浓度超过规定时，作业人员应戴好自救器，立即沿避灾路线撤离，或就近撤至避难硐室避险。

(3) 安全技术措施审批结束后，技术员、技术副队长负责向所有参加施工的人员贯彻，并做好贯彻记录。

(4) 装载前，严格按照规定安排专人敲帮问顶，敲掉危岩活矸，严禁空顶作业。

(5) 装载前,及时开启水源对巷道降尘。

(6) 装载前,对装载设备进行全面检查,确认安全保护设施齐全有效后方可开机。

(7) 装载前,应对大块煤(岩)进行破碎。

(8) 严格按照规定装车,向矿车内装煤(岩)时严禁超过车帮。

(9) 装载完毕后,应及时清扫装载机。

(10) 严格按照规定对电缆进行吊挂,避免交叉缠绕等现象。

(11) 半煤岩巷掘进时,应集中出矸或煤,或安排人员进行煤矸分流。

七、巷道维护作业岗位隐患排查及治理

1. 隐患内容

(1) 未经培训无证上岗。

(2) 施工现场有害气体浓度超过规定。

(3) 非独头巷道两个相向修护点之间的距离小于 20 m。

(4) 锚喷巷道修护时违反措施规定,超循环进尺。

(5) 拆除原有支护后,未及时架设临时支护。

(6) 巷道修护时未按照由外向里、先顶后帮的顺序施工。

(7) 处理高冒巷道找顶工具与措施要求不符合。

(8) 更换巷道支护前,未采取加固措施。

(9) 人员进入未临时支护的严重失修区域作业。

(10) 失修巷道修护时未挂警示牌。

(11) 后路不畅或积矸、浮煤超过规定继续施工。

(12) 倾斜巷道修护时无隔离措施分段平行施工。

2. 隐患治理

(1) 作业人员应经培训合格,持证上岗,严格按安全操作规程进行操作。

(2) 有害气体浓度超过规定时,作业人员应戴好自救器,立即沿避灾路线撤离,或就近撤至避难硐室避险。

(3) 非独头巷道两个相向修护点之间的距离小于 20 m 时,应立即停止一个修护点的作业。

(4) 锚喷巷道修护时,严格按照规定维修,避免循环进尺过大发生顶板事故。

(5) 拆除原有支护后,应及时架设临时支护,严禁空顶作业。

(6) 巷道修护时要坚持由外向里、先顶后帮的原则。

(7) 处理高冒巷道找顶时,严格按照措施规定配备找顶工具。

(8) 更换巷道支护前,必须先对巷道进行加固。

(9) 人员进入严重失修区域作业时,应先进行临时支护,确保安全后方可作业。

(10) 失修巷道修护时,应按规定设置警示牌,防止其他人员进入失修区域。

(11) 巷道维修后其他作业前,必须清理后巷的积矸或工具,确保后路畅通。

(12) 倾斜巷道修护时,必须按照规定采取隔离措施。

八、背药工岗位隐患排查及治理

1. 隐患内容

(1) 未经培训无证上岗。

(2) 爆破材料由专职背药工运送,运送期间没有爆破工的监护。

(3) 未按火药票领取炸药,数量未点清。

(4) 剩余炸药未如实上交,造成炸药丢失或引发爆炸伤人事故。

(5) 没有专人看管炸药,造成炸药丢失。

(6) 未检查炸药是否变质;炸药变质失效,导致拒爆事故。

(7) 运送炸药时,背药工与爆破工距离过近,可能出现爆破事故。

(8) 背药工运送炸药期间搭乘人车或中途逗留,可能出现爆破事故。

2. 隐患治理

(1) 作业人员应经培训合格,持证上岗,严格按安全操作规程进行操作。

(2) 爆破材料运送期间,必须有爆破工的监护。

(3) 背药工必须当场检查炸药规格和数量是否与火药票一致,确认无误后方可装箱。

(4) 工作面爆破结束后必须将剩余的炸药如实上交。

(5) 炸药在工作面存放期间必须由背药工看管,炸药必须在背药工视线范围内。

(6) 背药工在领取炸药时,必须仔细检查炸药外表破损及变质情况,发现破损的炸药交材料库进行更换。

(7) 运送炸药期间背药工与爆破工之间距离不得超过 30 m,不得小于 5 m。

(8) 领出炸药后,背药工迅速背往工作地点,不得搭乘人车,不得中途逗留,更不得进入机电硐室或转给他人。

九、煤层注水工岗位隐患排查及治理

1. 隐患内容

(1) 未经培训无证上岗。

(2) 未学习作业规程和施工安全技术措施,不了解设备、设施以及工具的操作要领。

(3) 注水期间封孔不严密。

(4) 未正确使用 U 型卡或用其他物品代替 U 型卡,造成高压胶管甩出伤人。

(5) 注水时,封孔器未使用保险绳,可能造成封孔器喷出伤人。

(6) 注水前,未按规定敲帮问顶或护帮板、伸缩梁使用不到位,造成煤墙片帮或顶板落矸伤人。

(7) 进入煤墙侧作业时未对采煤机和刮板输送机停电、闭锁,设备误启动造成作业人员伤害。

(8) 施工现场有害气体浓度超过规定。

2. 隐患治理

(1) 作业人员应经培训合格,持证上岗,严格按安全操作规程进行操作。

(2) 熟练掌握注水所需用的各种设备、设施以及工具的操作要领,了解其工作原理,按章操作。

(3) 严格按照安全技术措施中的规定进行封孔,避免出现喷孔伤人事故。

(4) 连接高压胶管时必须使用相匹配的 U 型卡并上到位。

(5) 煤层注水前,用保险绳固定封孔器后部注水管;煤层注水时,人员应躲开注水孔位置,防止封孔器喷出伤人。

(6) 作业人员进入煤壁侧作业前,首先敲帮问顶,找掉活矸危岩;打开作业范围内支架伸缩梁、护帮板,并对支架闭锁;当伸缩梁、护帮板使用到位后,顶、帮仍不能支护到位的,必须采取有效的临时支护措施。

(7) 人员进入机道内作业时,必须对采煤机和刮板输送机停电、闭锁。

(8) 有害气体浓度超过规定时,作业人员应戴好自救器,立即沿避灾路线撤离,或就近撤至避难硐室避险。

十、乳化液泵司机岗位隐患排查及治理

1. 隐患内容

(1) 未经培训无证上岗。

(2) 转动部件未安设防护罩。

(3) 乳化液不足。

(4) 泵吸液腔不放气,泵压力不稳。

(5) 误启动乳化液泵,造成高压液体伤人。

(6) 乳化液浓度配比不合格,造成液压元件损坏。

(7) 乳化液泵站无法准确检测乳化液浓度,易造成液压元件损坏。

(8) 乳化液泵压力达不到要求,造成支架支护强度低。

2. 隐患治理

(1) 作业人员应经培训合格,持证上岗,严格按安全操作规程进行操作。

(2) 转动部件安装防护罩并确认完好,避免出现转动部件碰伤人。

(3) 确保乳化液充足,压力表压力符合规定。

(4) 试运行过程中对吸液腔放气。

(5) 乳化液泵工开泵前,应向工作面喊话询问;未经允许,严禁开启乳化液泵。

(6) 严格按照配比卡配制乳化液。

(7) 现场必须配备检测工具,乳化液泵司机经常检测乳化液浓度,并做好记录;工作面液压系统完好,无漏液、窜液。

(8) 应检查乳化液泵压力，确保达到要求。

安全技术基础知识五
《煤矿安全规程》及安全生产标准化的相关规定

学习目标

1. 熟悉《煤矿安全规程》的相关规定。
2. 熟悉安全生产标准化的相关要求。

安全技术基础知识相关知识

一、《煤矿安全规程》的相关规定

《煤矿安全规程》中涉及巷道掘进、支护与维修的条款如下：

第五十七条　采用反井钻机掘凿暗立井、煤仓及溜煤眼时，应当遵守下列规定：

(一) 扩孔作业时，严禁人员在下方停留、通行、观察或者出渣。出渣时，反井钻机应当停止扩孔作业。更换破岩滚刀时，必须采取保护措施。

(二) 严禁干钻扩孔。

(三) 及时清理溜矸孔内的矸石，防止堵孔。必须制定处理堵孔的专项措施。严禁站在溜矸孔的矸石上作业。

(四) 扩孔完毕，必须在上、下孔口外围设置栅栏，防止人员进入。

第五十八条　施工岩(煤)平巷(硐)时，应当遵守下列规定：

(一) 掘进工作面严禁空顶作业。临时和永久支护距掘进工作面的距离，必须根据地质、水文地质条件和施工工艺在作业规程中明确，并制定防止冒顶、片帮的安全措施。

(二) 距掘进工作面 10 m 内的架棚支护，在爆破前必须加固。对爆破崩倒、崩坏的支架必须先行修复，之后方可进入工作面作业。修复支架时必须先检查顶、帮，并由外向里逐架进行。

(三) 在松软的煤(岩)层、流砂性地层或者破碎带中掘进巷道时，必须采取超前支护或者其他措施。

第六十一条 使用耙装机时，应当遵守下列规定：

（一）耙装机作业时必须有照明。

（二）耙装机绞车的刹车装置必须完好、可靠。

（三）耙装机必须装有封闭式金属挡绳栏和防耙斗出槽的护栏；在巷道拐弯段装岩（煤）时，必须使用可靠的双向辅助导向轮，清理好机道，并有专人指挥和信号联系。

（四）固定钢丝绳滑轮的锚桩及其孔深和牢固程度，必须根据岩性条件在作业规程中明确。

（五）耙装机在装岩（煤）前，必须将机身和尾轮固定牢靠。耙装机运行时，严禁在耙斗运行范围内进行其他工作和行人。在倾斜井巷移动耙装机时，下方不得有人。上山施工倾角大于20°时，在司机前方必须设护身柱或者挡板，并在耙装机前方增设固定装置。倾斜井巷使用耙装机时，必须有防止机身下滑的措施。

（六）耙装机作业时，其与掘进工作面的最大和最小允许距离必须在作业规程中明确。

（七）高瓦斯、煤与瓦斯突出和有煤尘爆炸危险矿井的煤巷、半煤岩巷掘进工作面和石门揭煤工作面，严禁使用钢丝绳牵引的耙装机。

第六十三条 使用凿岩台车、模板台车时，必须制定专项安全技术措施。

第一百一十九条 使用掘进机、掘锚一体机、连续采煤机掘进时，必须遵守下列规定：

（一）开机前，在确认铲板前方和截割臂附近无人时，方可启动。采用遥控操作时，司机必须位于安全位置。开机、退机、调机时，必须发出报警信号。

（二）作业时，应当使用内、外喷雾装置，内喷雾装置的工作压力不得小于2 MPa，外喷雾装置的工作压力不得小于4 MPa。在内、外喷雾装置工作稳定性得不到保证的情况下，应当使用与掘进机、掘锚一体机或者连续采煤机联动联控的除降尘装置。

（三）截割部运行时，严禁人员在截割臂下停留和穿越，机身与煤

(岩)壁之间严禁站人。

（四）在设备非操作侧,必须装有紧急停转按钮(连续采煤机除外)。

（五）必须装有前照明灯和尾灯。

（六）司机离开操作台时,必须切断电源。

（七）停止工作和交班时,必须将切割头落地,并切断电源。

第一百二十条　使用运煤车、铲车、梭车、履带式行走支架、锚杆钻车、给料破碎机、连续运输系统或者桥式转载机等掘进机后配套设备时,必须遵守下列规定:

（一）所有安装机载照明的后配套设备启动前必须开启照明,发出开机信号,确认人员离开,再开机运行。设备停机、检修或者处理故障时,必须停电闭锁。

（二）带电移动的设备电缆应当有防拔脱装置。电缆必须连接牢固、可靠,电缆收放装置必须完好。操作电缆卷筒时,人员不得骑跨或者踩踏电缆。

（三）运煤车、铲车、梭车制动装置必须齐全、可靠。作业时,行驶区间严禁人员进入;检修时,铰接处必须使用限位装置。

（四）给料破碎机与输送机之间应当设联锁装置。给料破碎机行走时两侧严禁站人。

（五）连续运输系统或者桥式转载机运行时,严禁在非行人侧行走或者作业。

（六）锚杆钻车作业时必须有防护操作台,支护作业时必须将临时支护顶棚升至顶板。非操作人员严禁在锚杆钻车周围停留或者作业。

（七）履带行走式支架应当具有预警延时启动装置、系统压力实时显示装置,以及自救、逃逸功能。

第一百二十五条　矿井必须制定井巷维修制度,加强井巷维修,保证通风、运输畅通和行人安全。

第一百二十六条　井筒大修时必须编制施工组织设计。

维修井巷支护时,必须有安全措施。严防顶板冒落伤人、堵人和支架歪倒。

扩大和维修井巷时,必须有冒顶堵塞井巷时保证人员撤退的出口。

在独头巷道维修支架时，必须保证通风安全并由外向里逐架进行，严禁人员进入维修地点以里。

撤掉支架前，应当先加固作业地点的支架。架设和拆除支架时，在一架未完工之前，不得中止作业。撤换支架的工作应当连续进行，不连续施工时，每次工作结束前，必须接顶封帮。

维修锚网井巷时，施工地点必须有临时支护和防止失修范围扩大的措施。

维修倾斜井巷时，应当停止行车；需要通车作业时，必须制定行车安全措施。严禁上、下段同时作业。

更换巷道支护时，在拆除原有支护前，应当先加固邻近支护，拆除原有支护后，必须及时除掉顶帮活矸和架设永久支护，必要时还应当采取临时支护措施。在倾斜巷道中，必须有防止矸石、物料滚落和支架歪倒的安全措施。

第一百二十七条 修复旧井巷时，必须首先检查瓦斯。当瓦斯积聚时，必须按规定排放，只有在回风流中甲烷浓度不超过1.0%、二氧化碳浓度不超过1.5%、空气成分符合本规程第一百三十五条的要求时，才能作业。

第一百二十八条 从报废的井巷内回收支架和装备时，必须制定安全措施。

第一百二十九条 报废的巷道必须封闭。报废的暗井和倾斜巷道下口的密闭墙必须留泄水孔。

第一百三十条 报废的井巷必须做好隐蔽工程记录，并在井上、下对照图上标明，归档备查。

第一百三十一条 报废的立井应当填实，或者在井口浇注1个大于井筒断面的坚实的钢筋混凝土盖板，并设置栅栏和标志。

报废的斜井（平硐）应当填实，或者在井口以下斜长20 m处砌筑1座砖、石或者混凝土墙，再用泥土填至井口，并加砌封墙。

报废井口的周围有地表水影响时，必须设置排水沟。

第二百三十一条 冲击地压矿井巷道布置与采掘作业应当遵守下列规定：

（一）开采冲击地压煤层时，在应力集中区内不得布置 2 个工作面同时进行采掘作业。2 个掘进工作面之间的距离小于 150 m 时，采煤工作面与掘进工作面之间的距离小于 350 m 时，2 个采煤工作面之间的距离小于 500 m 时，必须停止其中一个工作面。相邻矿井、相邻采区之间应当避免开采相互影响。

（二）开拓巷道不得布置在严重冲击地压煤层中，永久硐室不得布置在冲击地压煤层中。煤层巷道与硐室布置不应留底煤，如果留有底煤必须采取底板预卸压措施。

（三）严重冲击地压厚煤层中的巷道应当布置在应力集中区外。双巷掘进时 2 条平行巷道在时间、空间上应当避免相互影响。

（四）冲击地压煤层应当严格按顺序开采，不得留孤岛煤柱。在采空区内不得留有煤柱，如果必须在采空区内留煤柱时，应当进行论证，报企业技术负责人审批，并将煤柱的位置、尺寸以及影响范围标在采掘工程平面图上。开采孤岛煤柱的，应当进行防冲安全开采论证；严重冲击地压矿井不得开采孤岛煤柱。

（五）对冲击地压煤层，应当根据顶底板岩性适当加大掘进巷道宽度。应当优先选择无煤柱护巷工艺，采用大煤柱护巷时应当避开应力集中区，严禁留大煤柱影响邻近层开采。巷道严禁采用刚性支护。

（六）采用垮落法管理顶板时，支架（柱）应当有足够的支护强度，采空区中所有支柱必须回净。

（七）冲击地压煤层掘进工作面临近大型地质构造、采空区、其他应力集中区时，必须制定专项措施。

（八）应当在作业规程中明确规定初次来压、周期来压、采空区“见方”等期间的防冲措施。

（九）在无冲击地压煤层中的三面或者四面被采空区所包围的区域开采和回收煤柱时，必须制定专项防冲措施。

第三百六十七条　爆破工必须最后离开爆破地点，并在安全地点起爆。撤人、警戒等措施及起爆地点到爆破地点的距离必须在作业规程中具体规定。

起爆地点到爆破地点的距离应当符合下列要求：

（一）岩巷直线巷道大于130 m，拐弯巷道大于100 m。

（二）煤（半煤岩）巷直线巷道大于100 m，拐弯巷道大于75 m。

（三）采煤工作面大于75 m，且位于工作面进风巷内。

二、安全生产标准化中的相关要求

1. 煤矿掘进标准化评分表

煤矿掘进标准化评分表见表2-1。

表2-1　煤矿掘进标准化评分表

项目	项目内容	基本要求	标准分值	评分方法	得分
一、生产组织（5分）	机械化程度	（1）煤巷、半煤岩巷综合机械化程度不得低于50%。 （2）条件适宜的岩巷宜采用综合机械化掘进。 （3）采用机械装、运煤（矸）。 （4）材料、设备采用机械运输，人工运料距离不得超过300 m	2	查现场和资料。煤巷、半煤岩巷综合机械化程度不符合要求、没有采用机械化装运煤（矸）不得分，条件适宜的岩巷没有采用综掘的扣0.1分，人工运料距离超过规定每增加20 m，扣0.1分	
	劳动组织	（1）掘进作业应按循环作业图表施工。 （2）完成考核周期内进尺计划。 （3）掘进队伍工种配备满足作业要求	3	查现场和资料。不符合要求1项扣1分	

表 2-1(续)

项目	项目内容	基本要求	标准分值	评分方法	得分
二、设备管理(15分)	掘进机械	(1) 掘进施工机(工)具完好;激光指向仪、工程质量验收使用的器具(仪表)完好精准。 (2) 掘进机械设备完好,截割部运行时人员不在截割臂下停留和穿越,机身与煤(岩)壁之间不站人;综掘机铲板前方和截割臂附近无人时方可启动,停止工作和交接班时按要求停放综掘机,将切割头落地,并切断电源;移动电缆有吊挂、拖曳、收放、防拔脱装置,并且完好;掘进机、掘锚一体机、连续采煤机、梭车、锚杆钻车装设甲烷断电仪或者便携式甲烷检测报警仪。 (3) 使用掘进机、掘锚一体机、连续采煤机掘进时,开机、退机、调机时发出报警信号,设备非操作侧设有急停按钮(连续采煤机除外),有前照明和尾灯;内外喷雾使用正常。 (4) 安装机载照明的掘进机后配套设备(如锚杆钻车等)启动前开启照明。 (5) 耙装机装设有封闭式金属挡绳栏和防耙斗出槽的护栏,固定钢丝绳滑轮的锚桩及其孔深和牢固程度符合作业规程规定,机身和尾轮应固定牢靠;上山施工倾角大于20°时,在司机前方设有护身柱或挡板,并在耙装机前增设固定装置;在斜巷中使用耙装机时有防止机身下滑的措施。耙装机距工作面的距离符合作业规程规定。耙装机作业时应有照明。 (6) 掘进机械设备有管理台账和检修维修记录	8	查现场和资料。掘进机械设备不完好或综掘机运行时有人员在截割臂下停留和穿越、机身与煤(岩)壁之间站人不得分;其他不符合要求1处扣1分	

表 2-1(续)

项目	项目内容	基本要求	标准分值	评分方法	得分
二、设备管理(15分)	运输系统	(1) 后运配套系统设备设施能力匹配。 (2) 运输设备完好,电气保护齐全可靠。 (3) 刮板输送机、带式输送机减速器与电动机实现软启动或软连接,液力偶合器不使用可燃性传动介质(调速型液力偶合器不受此限),使用合格的易熔塞和防爆片;开关上架,电气设备不被淋水;机头、机尾固定牢固。 (4) 带式输送机胶带阻燃和抗静电性能符合规定,有防打滑、防跑偏、防堆煤、防撕裂等保护装置,装设温度、烟雾监测装置和自动洒水装置;机头、机尾应有安全防护设施;机头处有消防设施;连续运输系统安设有连锁、闭锁控制装置,机头、机尾及全线安设通信和信号装置,安设间距不超过200 m;采用集中综合智能控制方式;上运时装设防逆转装置和制动装置,下运时装设软制动装置且装设有防超速保护装置;大于16°的斜巷中使用带式输送机设置防护网,并采取防止物料下滑、滚落等安全措施;机头尾处设置有扫煤器;支架编号管理;托辊齐全、运转正常。 (5) 轨道运输设备安设符合要求,制动可靠,声光信号齐全;轨道铺设符合要求;钢丝绳及其使用符合《煤矿安全规程》要求;其他辅助运输设备符合规定	7	查现场和资料。不符合要求1处扣1分	

表 2-1(续)

项目	项目内容	基本要求	标准分值	评分方法	得分
三、技术保障(10分)	监测控制	(1) 煤巷、半煤岩巷锚杆、锚索支护巷道进行顶板离层观测,并填写记录牌板;进行围岩观测并分析、预报,根据预报调整支护设计并实施。 (2) 根据地质及水文地质预报制定安全技术措施,落实到位。 (3) 做到有疑必探,先探后掘	2	查现场和资料。1 项不符合要求不得分	
	现场图牌板	作业场所安设巷道平面布置图、施工断面图、炮眼布置图、爆破说明书(断面截割轨迹图)、正规循环作业图表、避灾路线图、临时支护图,图牌板内容齐全、图文清晰、正确、保护完好,安设位置便于观看	3	查现场。不符合要求 1 处扣 1 分	
	规程措施	(1) 作业规程编制、审批符合要求,矿总工程师至少每两个月组织对作业规程及贯彻实施情况进行复审,且有复审意见;当设计、工艺、支护参数、地质及水文地质条件等发生较大变化时,及时修改完善作业规程或补充安全措施并组织实施。 (2) 作业规程中明确巷道施工工艺、掘进循环进尺、临时支护及永久支护的形式和支护参数、距掘进工作面的距离等,并制定防止冒顶、片帮的安全措施。 (3) 巷道有经审批符合要求的设计,巷道开掘、贯通前组织现场会审并制定专项安全措施。 (4) 过采空区、老巷、断层、破碎带和岩性突变地带应有针对性措施,加强支护	5	查现场和资料。无设计或作业规程、审批手续不合格或无措施施工的扣 5 分,其他不符合要求 1 处扣 1 分	

表 2-1(续)

项目	项目内容	基本要求	标准分值	评分方法	得分
四、工程质量与安全(50分)	保障机制	(1) 建立工程质量考核制度,各种检查有现场记录。 (2) 有班组检查验收记录	5	查现场和资料。班组无工程质量检查验收记录不得分,其他不符合要求1处扣0.5分	
	安全管控	(1) 永久支护距掘进工作面距离符合作业规程规定。 (2) 执行敲帮问顶制度,无空顶作业,空帮距离符合作业规程规定。 (3) 临时支护形式、数量、安装质量符合作业规程要求。 (4) 架棚支护棚间装设有牢固的撑杆或拉杆,可缩性金属支架应用金属拉杆,对距掘进工作面10 m内架棚支护爆破前进行加固。 (5) 无失修巷道,各种安全设施齐全可靠。 (6) 压风、供水系统压力等符合施工要求。 (7) 掘进机装备机载支护装置	10	查现场。出现空顶作业不得分,不按规程、措施施工1处扣3分,其他不符合要求1处扣1分	
	规格质量	(1) 巷道净宽误差符合以下要求:锚网(索)、锚喷、钢架喷射混凝土巷道有中线的0～100 mm,无中线的－50～200 mm;刚性支架、预制混凝土块、钢筋混凝土弧板、钢筋混凝土巷道有中线的0～50 mm,无中线的－30～80 mm;可缩性支架巷道有中线的0～100 mm,无中线的－50～100 mm	12	查现场。按表2-2取不少于3个检查点现场检查,测点不符合要求但不影响安全使用的1处扣0.5分,影响安全使用的扣3分	

表 2-1(续)

项目	项目内容	基本要求	标准分值	评分方法	得分
四、工程质量与安全(50分)	规格质量	(2) 巷道净高误差符合以下要求:锚网背(索)、锚喷巷道有腰线的 0～100 mm,无腰线的 −50～200 mm;刚性支架巷道有腰线的 −30～50 mm,无腰线的 −30 ～50 mm;钢架喷射混凝土、可缩性支架巷道 −30 ～100 mm;裸体巷道有腰线的 0～150 mm,无腰线的 −30～200 mm;预制混凝土、钢筋混凝土弧板、钢筋混凝土有腰线的 0 ～ 50 mm,无腰线的 −30～80 mm	12	查现场。按表 2-2 取不少于3个检查点检查,测点不符合要求但不影响安全使用的 1 处扣 0.5 分,影响安全使用的 1 处扣 3 分	
		(3) 有坡度要求的巷道,坡度偏差不得超过±1‰		查现场。按表 2-2 取不少于 3 个检查点检查,不符合要求 1 处扣 1 分	
		(4) 巷道水沟偏差应符合以下要求:中线至内沿距离 −50～50 mm,腰线至上沿距离 −20～20 mm,深度、宽度 −30～30 mm,壁厚 −10 mm		查现场。按表 2-2 取不少于 3 个检查点现场检查,不符合要求 1 处扣0.5 分	
	内在质量	(1) 锚喷巷道喷层厚度不低于设计值 90%(现场每 25 m 打一组观测孔,一组观测孔至少 3 个且均匀布置),喷射混凝土的强度符合设计要求,基础深度不小于设计值的 90%	13	查现场和资料。未检查喷射混凝土强度扣 6 分,无观测孔扣 2 分,喷层厚度不符合要求 1 处扣 1 分,其他不符合要求 1 处扣 0.5 分	

表 2-1(续)

项目	项目内容	基本要求	标准分值	评分方法	得分
四、工程质量与安全(50分)	内在质量	(2) 光面爆破眼痕率符合以下要求:硬岩不小于 80%、中硬岩不小于 50%、软岩周边成型符合设计轮廓;煤巷、半煤岩巷道超(欠)挖不超过3 处(直径大于 500 mm,深度:顶大于 250 mm、帮大于200 mm)	13	查现场和资料。没有进行眼痕检查扣 3 分,其他不符合要求 1 处扣 0.5 分	
		(3) 锚网索巷道锚杆(索)安装、扭矩、拉拔力、网的铺设连接符合设计要求,锚杆(索)的间、排距偏差－100 ～100 mm,锚杆露出螺母长度 10～50 mm(全螺纹锚杆 10～100 mm),锚索露出锁具长度 150～250 mm,锚杆与井巷轮廓线切线或与层理面、节理面、裂隙面垂直,最小不小于 75°,预应力、拉拔力不小于设计值的 90%		查现场。锚杆扭矩连续 3 个不符合要求扣 5 分,拉拔力不符合要求 1 处扣 1 分,其他不符合要求 1 处扣 0.5 分	
		(4) 刚性支架、钢架喷射混凝土、可缩性支架巷道偏差符合以下要求:支架间距不大于 50 mm、梁水平度不大于 40 mm/m、支架梁扭矩不大于 50 mm、立柱斜度不大于 1°,水平巷道支架前倾后仰不大于 1°,柱窝深度不小于设计值;撑(或拉)杆、垫板、背板的位置、数量、安设形式符合要求;倾斜巷道每增加 5°～8°支架迎山角增加 1°		查现场。按表 2-2 取不少于 3 个检查点现场检查,不符合要求 1 处扣0.5 分	
	材料质量	(1) 各种支架及其构件、配件的材质、规格,以及背板和充填材质、规格符合设计要求。 (2) 锚杆(索)的杆体及配件、网、锚固剂、喷浆材料等材质、品种、规格、强度等符合设计要求	10	查现场和资料。现场使用不合格材料不得分,其他不符合要求 1 处扣 1 分	

表 2-1(续)

项目	项目内容	基本要求	标准分值	评分方法	得分
五、职工素质及岗位规范(10分)	管理技术人员	(1) 区(队)管理和技术人员掌握相关的岗位职责、管理制度、技术措施	2	查现场和资料。对照岗位职责、管理制度和技术措施,随机抽考1名管理和技术人员2个问题,1个问题回答错误扣1分	
	作业人员	(2) 班组长及现场作业人员严格执行本岗位安全生产责任制;掌握本岗位相应的操作规程、安全措施;规范操作,无“三违”行为;作业前进行岗位安全风险辨识及安全确认;零星工程有针对性措施,有管理人员跟班	8	查现场。发现“三违”不得分,对照岗位安全生产责任制、操作规程和安全措施随机抽考2名岗位人员各1个问题,1人回答错误扣2分;随机抽查2名特种作业人员或岗位人员现场实操,不执行岗位责任制、不规范操作或不进行岗位安全风险辨识及安全确认1人扣2分;其他不符合要求1处扣1分	

表 2-1(续)

项目	项目内容	基本要求	标准分值	评分方法	得分
六、文明生产(10分)	灯光照明	转载点、休息地点、车场、图牌板及硐室等场所照明符合要求	3	查现场。不符合要求1处扣0.5分	
	作业环境	(1) 现场整洁,无积尘、浮渣、淤泥、积水、杂物等,设备清洁,物料分类、集中码放整齐,管线吊挂规范。 (2) 材料、设备标志牌齐全、清晰、准确,设备摆放、物料码放与胶带、轨道等留有足够的安全间隙。 (3) 巷道至少每100 m设置醒目的里程标志	7	查现场。不符合要求1处扣0.5分	
附加项(2分)	无损检测	掘进工作面采用锚杆锚固质量无损检测技术	1	查现场和资料。符合要求得1分	
	智能化	采用智能化综合掘进系统	1	查现场。符合要求得1分	
得分合计:					

2. 工序、中间、竣工验收选择检查点及测点的规定

工序、中间、竣工验收选择检查点及测点的规定见表2-2。

表 2-2　工序、中间、竣工验收选择检查点及测点的规定

序号	项目	选检查点的规定	选测点的规定	测点示意图
1	立井井筒	工序验收：每个循环设1个； 中间、竣工验收：不少于3个，间距不大于20 m	每一个检查点断面的井壁上应均匀设8个测点，其中2个测点应设在与永久提升容器最小距离的井壁上	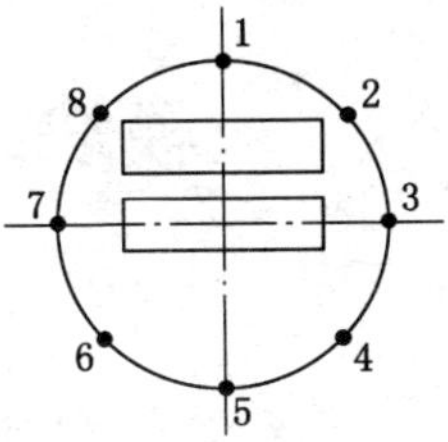
2	斜井井筒巷道硐室	工序验收：每个循环设1个； 中间、竣工验收：不应少于3个，间距不大于25 m	拱形（含半圆拱和三心拱）断面：每一检查点上应设10个测点，其中拱顶和两拱肩各设1个测点；两墙的上、中、下各设1个测点（无中线测全宽）；底板中部设1个测点（无腰线测全高）	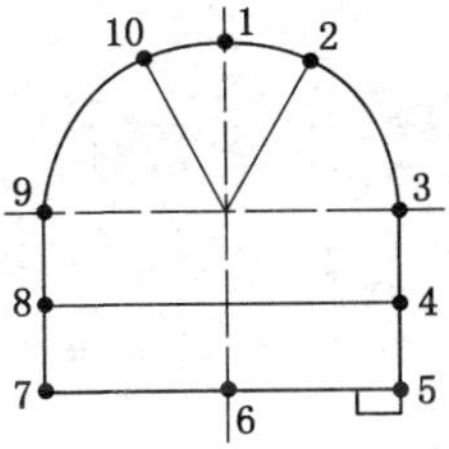
			圆形断面：每一检查点上应设4个测点，其中上、下、左、右各设1个测点	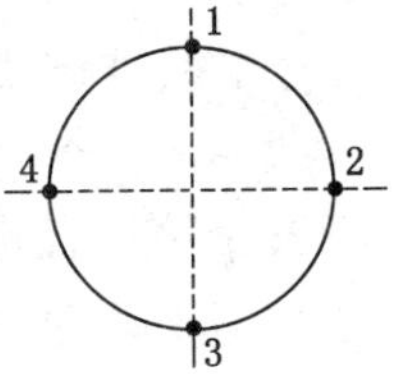
			梯形断面和矩形断面：每一个检查点上应设8个测点，其中顶和底板各设一个测点（无腰线测全高）；两墙的上、中、下各设一个测点（无中线测全宽）	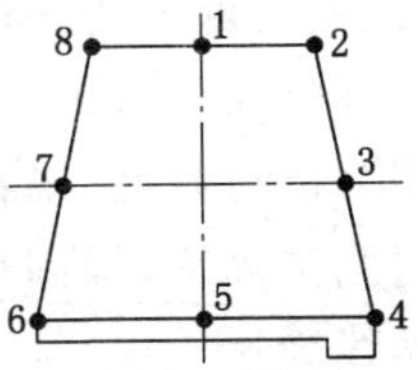
3	铺轨	不应少于3个，间距不大于50 m		

模块二 掘进作业安全操作技能

安全操作技能一 掘进作业岗位“双述”示例

学习目标

1. 了解掘进作业岗位描述。
2. 了解掘进作业手指口述。

安全操作技能相关知识

一、掘进作业岗位描述

我叫×××，是×队掘进作业工。经过专业技术培训考试合格后，取得安全培训合格证，持证上岗。

1. 设备与环境描述

我现在所在的位置为×巷道，巷道设计长度×m，现已施工到×m处，巷道断面为×m^2，采用×支护，临时支护为×，现在顶板岩性为×，循环进尺为×m。我所用的钢带是×，型号是×，所用的网规格为×，用×进行联网，锚杆规格为×（含直径、长度），用×（数量）卷×（规格）树脂锚固剂，锚固长度×m，顶锚固力×kN，锚杆预紧力×N·m，避灾路线为×。

2. 岗位风险和安全确认

(1) 顶、帮（迎头）掉渣片帮。

(2) 风水绳脱开。

(3) 打眼时人员站位。

(4) 瓦斯超限(突出)。

(5) 装岩机(掘进机)运行范围内有人。

经安全确认无隐患,可以施工(经安全确认左顶帮有×隐患,已经处理)。

3. 操作程序

现场交接班→施工准备→割煤(爆破)→安设临时支护→打顶部锚杆眼→安设顶部锚杆→挂顶网、敷设钢带、上顶锚杆托板、预紧顶锚杆→打两帮锚杆眼→安设两帮锚杆→挂帮网、上帮锚杆托板、预紧帮锚杆→清理现场。

4. 避灾路线

(1) 避水灾路线:从×工作地点→工作面回风巷→南(北)总回风巷→南(北)风井升井。

(2) 避火灾路线:从×工作地点→工作面进风大巷→南(北)大巷→副井升井。

二、掘进作业手指口述

1. 班前安全确认

(1) 检查周围环境

手指口述:危岩活矸已处理,临时支护已到位,确认完毕。(眼看手指工作面顶板及两帮)

(2) 检查锚杆钻机

手指口述:锚杆钻机正常,摆放稳定,钻杆、钻头齐全完好,确认完毕。(眼看手指锚杆钻机、钻杆及钻头)

(3) 检查风水管路

手指口述:风水管路连接可靠,确认完毕。(眼看手指风水管路)

2. 班中安全确认

(1) 开启风水管路

手指口述:供水管路已开启;供风管路已开启。确认完毕。(眼看手指供水管路、供风管路)

(2) 检查锚杆眼定位情况

手指口述:锚杆眼已设专人定位,确认完毕。(眼看手指锚杆眼定

位处）

（3）检查钻机运转是否正常

手指口述：钻机运行正常，确认完毕。（眼看手指锚杆机）

3. 班后安全确认

（1）关闭风水管路

手指口述：风水管路已关闭，确认完毕。（眼看手指供水管路、供风管路）

（2）撤出锚杆钻机

手指口述：锚杆钻机已放回原处，确认完毕。（眼看手指锚杆钻机）

（3）整理材料、工具

手指口述：材料、工具码放整齐，确认完毕。（眼看手指材料、工具存放地点）

安全操作技能二　本岗位安全技术操作规程

学习目标

1. 掌握钻眼作业岗位安全技术操作规程。
2. 掌握液压钻车作业岗位安全技术操作规程。
3. 掌握装卸料作业岗位安全技术操作规程。
4. 掌握锚杆支护作业岗位安全技术操作规程。
5. 掌握喷浆作业岗位安全技术操作规程。
6. 掌握架棚支护作业岗位安全技术操作规程。
7. 掌握巷道维修作业岗位安全技术操作规程。

安全操作技能相关知识

一、钻眼作业岗位安全技术操作规程

（一）一般规定

（1）钻眼工必须经过岗位技能培训，经考试合格后，取得安全培训

合格证，方可持证上岗。

(2) 上岗前，必须认真学习施工作业规程和施工安全技术措施，并考试合格。

(3) 上岗着装要整齐，并将上衣和袖口扎好。

(4) 施工现场必须具备安全施工条件，必须有足够的新鲜空气，通风良好，有害气体浓度不得超过《煤矿安全规程》规定。

(5) 施工现场必须悬挂符合现场实际的施工图板，正确指导施工。

(6) 施工现场必须配备施工所需的各种工具、管线和设备，并达到完好标准。

(7) 进入工作面作业前，首先进行敲帮问顶工作，找净顶帮活矸危岩，同时检查工作地点的支护是否完好，空顶距是否符合要求，发现不安全情况必须立即处理。

(8) 找顶工作必须遵守以下规定：

① 找顶工作应由班组长或有经验的老工人担任，一人找顶，一人观察顶板。找顶人员应站在支护完好或顶板完整的安全地点，观察人应站在找顶人的侧后方，并保证退路畅通及周围环境安全。

② 找顶应从支护完好的地点开始，由外向里、先顶后帮依次进行，找顶范围内严禁有其他人员。

③ 找顶工具长度符合巷道高度要求，并且不小于 2 m，找顶人员应戴手套，防止煤矸顺杆而下伤人。

④ 根据现场具体情况，必须在规程措施中制定有针对性的找顶规定。

(9) 清理作业场所杂物，平整作业场地，保证作业现场有良好的作业环境。

(10) 钻眼用的高压胶管必须用正规 U 形卡连接，否则不得使用。接、拆风(水)软管时，必须遵守下列规定：

① 风(水)软管与上一级风(水)插头连接前，必须将承接管的阀门关闭；将软管与承接管连接后，一人握紧软管风(水)出头端，一人准备开启承接管阀门；当确认风(水)出头端前方无人，两人沟通好后方可开启承接管阀门吹风(水)；确认软管内无杂物后，即可关闭承接管阀门，

将软管与钻具连接,连接好后,再通知开风(水)。

② 拆风(水)软管前,必须将承接管阀门关紧,待软管释放压力后方可拆风(水)软管。

③ 如果承接管阀门出现问题,必须处理。处理时,必须关闭上一级阀门,放尽下一级风(水)后再处理。

(11) 把中腰线延长到迎头,按中腰线和炮眼布置图要求,在工作面定出眼位并做好标记。

(12) 预量钻杆长度,做好标记,确保炮眼深度符合设计要求。

(13) 领钎人员准确把握开眼位置,钻眼工按所标出的炮眼位置、角度正确施工。领钎人员严禁戴手套,严禁背对工作面作业,避开钻杆和工具直冲方向,开眼后立即撤离迎头。

(14) 光爆钻眼:

① 首先按中腰线打好第一个正顶标志眼,插上钻杆或炮棍,作为导向标志。其他炮眼以此标志眼方向为准进行作业,做到眼位、方向、深度符合图表要求。

② 在周边眼轮廓线上遇到有软弱夹层、煤层或层理较发育的部位,应适当增加空眼作为导向眼。

③ 周边眼布置在设计掘进断面轮廓线上,周边眼眼底向巷道周边线外的偏出值符合炮眼布置图要求。

④ 光爆必须坚持"五不"要求:

a. 没有施工措施、光爆图表,班组长不画线不定眼位;

b. 班组长不按光爆图表画出全部眼位,钻眼工不钻眼;

c. 钻眼工钻眼不符合光爆设计要求,爆破工不装药;

d. 爆破工不按光爆图表装药,班长不得批准爆破;

e. 光爆效果不好,在没有制定出改进措施之前不得继续施工。

(15) 发现工作面有未爆电雷管、残药,必须由爆破工按照《煤矿安全规程》相关规定处理完毕后,方可钻眼。严禁利用炮眼残底(无论有无残余炸药)继续加深。

(16) 有下列情况之一者不准钻眼,应立即报告本单位值班室及矿调度室,并及时按规定进行处理:

① 顶板压力大,有冒顶片帮危险时。

② 有透水征兆(即挂红、挂汗、空气变冷、发生水叫、淋水增大等现象)时。

③ 如果钻眼过程中眼内往外流水,严禁拔出钻杆。

④ 掘进工作面瓦斯超限或有突出征兆时。

⑤ 空顶距离超过作业规程规定时。

(二) 手持式风动钻机钻眼

1. 钻眼前的准备工作

(1) 钻眼前要准备好钻头、钻杆等必要工具。

(2) 领取风钻和钻杆时,要详细检查风钻及钻杆各个部位。

(3) 机体螺钉及水、气手把部件有无缺损松动情况。

(4) 钻杆要直,钻头要锋利,并将钻头牢固地安装在钻杆上;风钻钻套要顺时针方向转动。

(5) 压缩空气管路上要安装有效的气水分离器,并在每次作业前排放积水,压缩空气管路上要配置注油器保证润滑。

(6) 要坚持湿式钻眼,冲洗水质要清洁,水压保持在0.6～1.2 MPa。

(7) 做好敲帮问顶工作,保证作业环境安全。

2. 钻眼前的检查工作

(1) 详细检查风钻各部件是否完好,风、水操纵阀是否灵活可靠。

(2) 安装进风、进水管前,检查钻机各控制手把必须处于关闭状态。

(3) 每次连接进风、进水管前,应先打开管路上的阀门,将管路内的杂质或积水清理掉,并将风水管路及接头清理后,风水管接头必须使用专用的“U”形卡连接。

(4) 钻眼前,先空载试运转,检查马达旋转方向、水阀控制是否正确和风钻声音是否正常,全部正常后,方可投入正式作业。

3. 钻眼操作

(1) 钻眼时按炮眼布置图画出眼位,按设计角度钻眼。

(2) 开眼时,钻速不要过快,当钻进孔深 30 mm 左右时,打开水阀，逐步加快钻进，进入正常钻孔作业。

（3）钻孔到位后，调小出水量，减慢转速，使钻机平稳带着钻杆撤出作业孔。

（4）操作者应精心操作，钻眼时不要加压过猛，两臂用力要均匀，防止产生较大的反转扭矩而扭伤手腕或钻杆折断伤人。

（5）开眼和钻眼过程中，不准用手扶钻杆、掏眼口的煤岩粉。

（6）钻眼时，每钻进一段距离要来回抽动几次钻杆，排除煤、岩粉，减少阻力，以防卡住钻杆。

（7）当风钻发生转动困难或发生异常声响时，必须停止钻进，查找原因，及时处理。

（8）接钻杆时必须连接牢固。

4. 收尾工作

（1）作业完毕后应先关闭水阀，并用水冲洗钻机外表，然后空运转几秒钟，达到去水防锈的目的。

（2）检查钻机是否损伤，螺栓是否松动，并及时处理好。

（3）将钻眼工具、设施撤出工作面，存放在后路指定安全地点；将风水阀门关闭，软管盘放整齐。

（三）气腿式风动凿岩机钻眼

（1）钻眼前准备工作：

① 详细检查凿岩机各部件是否齐全完好。

② 风水管路是否畅通，连接头是否完好，有无损坏。

③ 检查钻杆是否平直，中孔是否畅通，钻杆是否完好合适，杆尾端面是否平滑，杆头锥体与钻头锥孔是否接合严密。

④ 检查钻头是否完好，合金片是否锋利。

⑤ 钻杆与钻头装配必须紧固。

（2）做好敲帮问顶工作，现场支护完好，空顶距离必须符合作业规程规定。当作业环境具备安全条件时，才能将风水管、凿岩机、钻杆等运至工作面。

（3）钻眼工必须熟悉本工作面爆破图表及具体要求。按炮眼布置图确定眼位，按炮眼设计要求钻眼。

(4) 开钻时要先开压风，后开水；停钻时要先停水，后停压风，以防水进入汽缸。严禁干钻眼，禁止拆除水针作业。

(5) 钻眼时要做到“一条线，中心转，靠边站，给水适量”。具体要求如下：

① 一条线：从气腿后向前看，钻杆、凿岩机和气腿要在同一垂直面上。

② 中心转：在整个钻眼过程中，要根据岩石的软硬来调整气腿的推力，使钻杆在炮眼中心线上旋转。

③ 靠边站：每人操作一台凿岩机，人要站在凿岩机侧后方，身体贴紧气腿。

④ 给水适量：根据岩石软硬，供给炮眼的冲洗水要适量，以保证岩粉浆能顺利从炮眼内流出为准。

(6) 工作面采用多台凿岩机同时作业时，要合理划分凿岩机的作业区，每台凿岩机的工作面积不得小于 2.5 m^2。多台凿岩机要相互错开，不准同时布置在同一个铅垂面内钻眼，以防断钎伤人；运转中的凿岩机前方不得有人。

(7) 遇有下列情况之一时，必须停止钻眼：

① 供水中断、跑风漏水严重、风压降低影响凿岩机正常工作时。

② 顶帮来压，支护存在隐患或有冒顶片帮危险时。

③ 炮眼布置不符合设计要求时。

④ 局部通风机停止运转，工作面无风或风筒出口距离工作面超过作业规程规定时。

⑤ 无防尘设施或防尘设施损坏、失效时。

⑥ 工作面未爆电雷管、残药未处理完毕时。

⑦ 工作面有害气体超过《煤矿安全规程》规定或有煤和瓦斯突出征兆时。

⑧ 工作面有透水预兆时。

⑨ 钻孔误揭老空或老巷时。

(8) 工作面压风的工作压力大于或小于凿岩机铭牌要求时，要及时报告值班室，按要求调整。

(9) 凿岩机使用前，要先用压风清洗供风管和接头内的杂物；同时还要细心检查各连接螺扣是否拧紧，各操作手柄是否灵活可靠。

(10) 凿岩机开动之前注油器内要注满润滑油，调好供油阀。工作过程中应每隔一定时间向注油器内补充油液，不得无润滑油作业。

(11) 凿岩机开动时先低速运转，要在钻架顶力逐渐加大的同时逐步开至全速凿岩，不许长时间全速空运转。要适当调节气腿推力和供水量，保证钻眼作业优质、高效、稳妥进行。不得忽大忽小骤然调节，防止操作失控造成事故。

(12) 钻眼深度到位后，拔钻杆要慢速旋转，缓缓退出。

(13) 钻眼工作完毕，要关闭水门，凿岩机空转排放汽缸余水；然后关闭供风阀门，拆除风、水管线。

(14) 不用的风水管要撤离工作面 20 m 以外，并盘好悬挂在巷帮指定地点。

(15) 用后的钻杆拿到后路安全地点，正确拆卸钻头；钻杆整齐放到指定工具架上，保存好钻头。

(16) 迎头完成钻眼工作后，要用专用吹眼管，连接压风管路，逐个排除炮眼内积水和岩粉浆。

(17) 压风吹眼前，通知其他人员要躲到有可靠遮挡的安全地点；清孔时，操作人员不得站在所清炮孔正前方。

(18) 压风吹眼清孔完成后，拆除和清理迎头所有工具设备至指定安全地点并码放整齐。

(19) 在大断面巷道中钻上部眼时，应采取如下措施：

① 搭设稳固的工作台，在工作台上钻眼。

② 采用正台阶施工法。

二、液压钻车作业岗位安全技术操作规程

1. 一般规定

(1) 钻车司机必须具备初中以上文化程度，经过培训并考试合格后，取得安全培训合格证，方准持证上岗。

(2) 上岗前，必须认真学习施工作业规程和施工安全技术措施，并考试合格。

(3) 钻车司机必须掌握钻车使用说明书的内容,了解钻车的结构、工作原理及液压、电气、压风、供水等系统。

(4) 钻车司机应爱护设备,按规定对钻车进行日常维护保养,并能排除一般故障。

(5) 钻车司机应严格执行交接班制度和岗位责任制;工作完毕后认真填写工作日志。

2. 开机前检查

(1) 钻车司机应与班组长共同检查工作面顶板与支护的安全情况,无隐患后方准开机作业。

(2) 检查各部位软管是否连接牢固,操作手柄是否复位。对电缆、水管、接头、履带、钎杆、钻头、螺栓、螺帽进行全面检查,检查各运转部位有无卡碰、杂物等;如有问题先进行处理,确认安全后,方可开机。

(3) 开车前检查各油箱油位,操作手柄处于"0"位,螺栓螺帽是否紧固,特别是凿岩机固定螺栓和钎头扶钎器导向架螺栓必须紧固。

(4) 推进器钢丝绳和行走履带松紧度是否合适;如不合适按要求进行调整。

(5) 检查行走履带驱动链轮、导向轮滑轨、链轨节、缓冲张紧弹簧,其部件是否清洁。

(6) 送电后,查看前后车灯是否正常照明。

(7) 点动启动电机,查看主泵运转方向是否正确(看电机标志和主油泵外壳标记方向是否一致),严禁电机不按方向运转,损坏油泵。

(8) 开动油泵后先排放油泵内空气,观察滤油器压力表情况是否正常。

(9) 打开供水开关,检查供水、水泵是否正常,供水压力应为1～1.5 MPa,钻杆、钻头应保证供水畅通。

(10) 检查各油缸动作是否正常,注意是否有卡阻现象。

(11) 检查润滑凿岩机以下各部位:

① 润滑凿岩机钎尾套,花键冲击连接处及连接套和钻杆连接处,均应涂上指定润滑脂。

② 凿岩机滑板和导轨润滑,软管滚轮和拖板润滑均应涂指定润

滑脂。

③ 按规定要求对各部位注入润滑油。

(12) 钻车在钻眼操作前,先用支腿将钻车支撑平稳,固定牢固后方可操作。

3. 制定安全技术措施

施工单位应根据所使用的液压钻车配套说明书制定针对性的安全技术措施,操作要求应具体明确。

4. 严格操作

严格按规定操作手柄。

5. 钻车的启动和行走

(1) 钻车启动前先检查各手柄是否处于中间位置上。

(2) 电动机启动时,先点动数次。一是观察电动机的旋转方向是否与箭头指示方向一致;二是给液压系统充注液压油。

(3) 启动电机后,操纵各手柄,观察各运转部位的运转是否正常。

(4) 操纵各手柄使钻车钻臂和推进器均与钻车轴线平行。

(5) 收起支腿,保持离地 100 mm,防止行走时整车倾翻。

(6) 将前后照明灯打开,撤离周围人员。

(7) 操纵行走阀手柄,行走马达开始运行,钻车开始行走,同时观察行走状况。

(8) 钻车行走至凿岩作业面。

6. 钻车的凿岩作业

(1) 把钻车调整到需要凿岩作业的位置上,以适应全工作面钻进的需要。推进器运动前定位顶尖要距离岩石面 600 mm 左右。

(2) 将支腿落下,把钻车支撑平稳、固定牢靠。

(3) 接通供水管路。

(4) 操纵各阀动作,将钻臂推进器放到要钻孔的轴线方向。

(5) 操纵定位补偿阀,将滑架与工作面定好位置。

(6) 打开水泵开关,使水泵供水正常。

(7) 打开注水阀门给凿岩机供水冲洗钻孔。

(8) 打开滑架补油开关,使滑架补偿定位,保持进给补油。

(9) 操纵转钎阀，使钻杆旋转。（逆时针为凿岩作业，顺时针为卸钻杆）。

(10) 操纵凿岩手柄，使凿岩作业前进或后退。

(11) 逐步推动钻眼阀手柄，先慢速小冲击凿岩，当钻头进入岩石后再升高推进力，冲击阀自动换向工作。

(12) 当钻头充分进入岩石，确定不会再有偏斜危险时，逐步将钻眼阀手柄推到底，正式开始凿岩作业。

(13) 当推进行程到达终点时，凿岩机滑板与冲击自动停止工作。

(14) 拉回逐步钻眼阀手柄，回到原位。

(15) 拉回凿岩推进手柄，使凿岩机后退回到原位。

(16) 液压系统漏油时不得作业，如有泄漏应及时处理。

7. 收尾工作

(1) 凿岩工作全部完成后，退回凿岩机及推进器，收拢钻臂及支腿，将注水阀门关闭，停止供水，卸掉水管。

(2) 将钻车退出掘进工作面，停放在安全地点，各操作手柄恢复到“0”位，各运动部位应恢复到停机状态。关闭车上的电气开关，切断钻车电源。

(3) 用清水清洗推进器及钻臂上的岩粉及污物，进行维护保养，使钻车处于完好状态，物见本色，为下一个循环作业做好准备。

(4) 当一个班使用完毕后应按要求向各注油点注油，并给推进器上下导轨涂黄油。

8. 安全注意事项

(1) 开机前要发出警报，并进行四周瞭望，在确保机器周围危险区内无人后，方可开机。

(2) 钻车在前进或后退时，注意防止轧坏电缆。

(3) 在作业期间，严禁人员在钻车前面及钻臂的移动范围内停留。

(4) 在操纵钻臂前及过程中，应确保支腿牢固，不得改变支腿的状态。

(5) 在定眼位过程中，严禁两个推进器相互碰撞。在钻凿顶眼、底眼及帮眼时，推进器及凿岩机与巷道四周应保持一定距离，避免与顶、帮相撞或挤压高压胶管。严禁同时操作两个以上动作。

(6) 在未关闭电源之前，司机不得擅自离开机器；机器较长时间停用，必须断开隔离开关。

(7) 钻车维修时必须先切断电源，并注意保护好各防爆面，要防止水和其他液体进入开关箱，确保电气设备不失爆。

(8) 整个工作过程中注意凿岩机、空压机表面温度不超过规定。

三、装卸料作业岗位安全技术操作规程

(一) 一般规定

(1) 装载机司机必须经过专业技术培训，考试合格后，取得安全培训合格证，方可持证上岗。

(2) 装载作业人员必须认真学习作业规程和施工安全技术措施，熟悉作业环境、生产系统、施工方法、安全生产标准和安全注意事项，并考试合格。

(3) 司机必须熟悉所操作机器的结构、性能及工作原理，能准确、熟练地操作机器，并懂得设备的一般维护保养和故障处理知识。

(4) 施工现场，必须保持通风良好，有害气体浓度不超过《煤矿安全规程》规定。

(5) 施工现场及后路巷道顶帮支护完好，迎头的空顶距离不得超过作业规程规定。

(6) 装载前，要认真敲帮问顶，及时消除隐患，严禁空顶作业。

(7) 装载前，要向渣堆或煤堆洒水，保持煤矸湿润，降低装载过程中产生的粉尘浓度。

(8) 装载机装载前，要检查装载设备是否完好，运转部分是否灵活可靠，安全保护设施是否齐全有效。

(9) 工作面有淋水时，要将装载机械的电气设备和仪表遮严，并用架顶棚将水引至两帮。

(10) 进行装载工作时，对于直径大于 300 mm 大块煤(岩)，应先破碎再装载。

(11) 向矿车内装煤时不得超过车帮，装岩时不得过满。

(12) 装载完毕后，要把装载机清扫干净，撤至指定安全地点。其

他工具按规定存放好，不准乱扔乱放。

(13) 装载机用的电缆应悬挂好，跟头部分应设置灵活可靠的滑线装置。

(14) 半煤岩巷掘进时煤岩应分装分运。

(二) 人工装车

1. 操作前准备工作

(1) 装车工应佩戴手套，准备好工具，锹、镐安装要牢固。

(2) 平巷装车，要用掩车器将矿车掩稳，禁止用煤(岩)块稳车。

(3) 斜巷装车，必须使用绞车提升矿车，矿车停在装车地点后，矿车下方必须有专用的阻车装置。

2. 装车注意事项

(1) 遇有未爆炸的炸药、雷管及时拣出，交给爆破工。

(2) 严禁挖空道心、棚腿根和滑轮点子底根；两帮活渣要装净。

(3) 装车时要相互照应，防止铁锹伤人。

(4) 装车时任何人不准用手摸、扶车沿。

(5) 在使用绞车提升的斜巷内严禁摘钩装车，矿车的正下方不准站人。

(6) 斜巷装车提前和绞车司机联系好，做到行人不行车，行车不行人、不作业，且装载地点必须有可靠的信号联系。

(三) 耙斗装岩机

1. 一般规定

(1) 耙斗装岩机必须装有封闭式金属挡绳栏和防耙斗出槽的护栏及照明装置，挡绳栏下端与机身固定牢固，上端抵顶，如巷道较高，耙斗装岩机以上要达到 1.5 m 并封闭。

固定上下山耙斗装岩机除使用 4 个道卡子外，还要使用拦腰绳套配合地锚，拦腰绳套采用新钢丝绳，用绳卡子卡紧卡牢，绳套两端各用两根地锚固定。其钢丝绳直径和地锚参数的选择必须在规程措施中明确规定。

(2) 耙斗装岩机的钢丝绳在一个捻距内的断丝断面积或磨损减少的断面积超过原钢丝绳截面积的 25%时，必须更换；严禁使用断股和接疙瘩的钢丝绳。

(3) 耙斗装岩机距迎头距离为6～25 m。

(4) 固定尾轮的锚桩及其孔深和牢固程度,必须根据岩性条件在作业措施中明确规定。

(5) 耙斗装岩机适用的巷道坡度不得超过25°;所用的耙斗装岩机型号应与巷道的高度和宽度相匹配,并留有足够的富余空间。

(6) 耙斗装岩机的使用应符合《煤矿安全规程》规定。

2. 装车前的检查

(1) 耙斗装岩机和道轨的固定情况,立腿、卡子、斜撑点柱必须齐全牢固。护身点柱、封闭式金属挡绳栏、防止耙斗出槽的护栏以及照明设备要齐全完好。

(2) 滑轮镢子牢固,导向轮、尾轮转动灵活。

(3) 操作手柄、刹车带灵活可靠,滚筒、对轮和销子完好。

(4) 检查并维护好耙斗运行范围内的巷道顶帮,不准空顶作业。

(5) 操作按钮灵活可靠。

3. 安全操作规定

(1) 照明和护身装置必须完好。开机前必须通知工作面人员撤到安全地点,机身周围不准站人。

(2) 耙斗装岩机的机身槽和受碰簸箕内不准存渣,以防耙斗出槽或掉渣伤人。

(3) 耙斗装岩机开动时,耙斗运行范围内严禁有人工作、行走和停留。

(4) 工作时两个手把同时使用,但反方向手把应轻压,以防造成吊斗或飞斗。

(5) 装载时先从机身前开始,清出机道,再逐步向前扩大装载范围,直至工作面。

(6) 耙装过程中,如耙斗阻力过大,不准强行牵引,应将耙斗适当回退,减小阻力后,重新牵引耙斗。

(7) 经常注意机器运转声音,发现故障应立即停机处理。

(8) 处理故障时应切断电源,闭锁开关,摘下操作手把。

(9) 耙装工作中,滚筒上留绳不准少于 3 圈。

(10) 每次移机后,耙斗装岩机距迎头不得小于 6 m。

(11) 耙斗装岩机距工作面较近时,为防止爆破崩机,应采取小爆破措施,爆破前要用渣块压住簸箕口,耙斗拉到机身前,并保护好电缆、照明灯等装置。

(12) 在有淋水的地点作业时,对电气系统应采取防水措施。

(13) 装载完毕,应清扫干净机身上的活渣;司机离开时,应切断电源,闭锁开关,摘下手把。

4. 特殊情况下使用耙斗装岩机的技术要求

(1) 上、下山坡度大于 15°时,除上好腿子和道卡子之外,还要打好斜戗点柱,并用地锚配合钢丝绳套(或 40T 链条)固定机身。

(2) 上山施工倾角大于 20°时,在司机前方必须设护身柱或者挡板。操作地点周围应清理干净,不准有障碍物。

(3) 固定耙斗装岩机的轨道规格不准小于 22 kg/m。

(4) 在拐弯巷道内装载时,必须使用可靠的双向辅助导向轮,清理好机道,并有专人指挥和信号联系,且司机和指挥人不能在偏绳的内侧。严禁把滑轮直接挂到支护材料上。

(5) 每次爆破后都要检查机身的稳定性;如不稳定,要重新固定后再作业。

5. 不同条件下移装耙斗装岩机的技术要求

(1) 平巷

移机方法:采用绞车牵引移机。

移机程序:出净活矸→铺轨→上挂受岩簸箕→打固定滑轮橛挂滑轮→松开固定装置→启动绞车牵引移机→安装好固定装置→放下受岩簸箕→试运转。

安全注意事项:① 司机操作技术要熟练,精力要高度集中;② 移机的前方及耙斗装岩机两侧不准有其他人员;③ 牵引耙斗装岩机绳轮的橛子必须固定牢固;④ 移机后及时固定机身,安全可靠后再开车工作。

(2) 上山

移机方法:利用绞车牵引移机。

移机程序:出净活矸→铺轨→迎头打好固定锚杆→用40T链子(或直径不小于15.8 mm钢丝绳套)连接固定好大滑轮→上挂受岩簸箕→耙斗装岩机开关停电闭锁→绞车绳头连接耙斗装岩机并将绞车绳拉紧→松开固定装置→发信号启动绞车牵引耙斗装岩机前移→安装好固定装置→摘下牵引钢丝绳→下放受岩簸箕→试运转。

安全注意事项:

① 绞车司机不准离开操作岗位,听清信号再开车。操作时应精神高度集中,操作技术要熟练。绞车牵引耙斗装岩机要缓慢平稳运行。

② 移机前要详细检查绞车地锚或点柱、绞车闸皮、底座、开关,固定滑轮锚杆、牵引绳、滑轮、绳卡子、绳套等;确认全部安全可靠后,再开始移机。

③ 移耙斗装岩机用的大滑轮采用锚杆固定时,大滑轮与锚杆之间要用完好的40T链条(或钢丝绳套)可靠连接固定;锚杆数量不少于4根,采用直径不小于18 mm、长度不小于1.8 m的螺纹钢树脂锚杆,每根锚杆锚固长度不小于700 mm,锚固力不小于50 kN;40T链子(或钢丝绳套)套在锚杆上,锚杆安装压板并用螺母紧固。

④ 移机时人员躲到安全硐或拐弯处安全地点,耙斗装岩机前后方及两侧均不得有人。

⑤ 指挥移机时要果断、灵活;耙斗装岩机戗点柱不准摘下,耙斗装岩机移到位,全部固定好后再松绳。

⑥ 移机后详细检查固定装置,安全可靠后再开机装渣。

(3) 下山

移机方法:利用绞车下放移机。

移机程序:出净活矸→铺轨→上挂受岩簸箕→耙斗装岩机开关停电闭锁→绞车绳头连接耙斗装岩机并将绞车绳拉紧→松开固定装置→发信号启动绞车下放→安装好固定装置→摘下牵引绳→下放受岩簸箕→试运转。

安全注意事项:

① 绞车司机不准离开操作岗位,听清信号再开车。操作技术要熟

练，精神要高度集中。

② 移机前详细检查绞车地锚、绞车闸皮、底座、开关、牵引绳、绳卡子等，全部安全可靠后再开车。

③ 耙斗装岩机两侧及移动的下方不准有人。

④ 下放时要缓慢，不准过快过猛。

⑤ 耙斗装岩机移到位，全部固定好后再松绳。

⑥ 移机后，详细检查固定装置，安全可靠后再开机装矸。

(4) 弯道移机方法和移机程序

除根据弯曲巷道的坡度和掘进方向，采用上述“平巷”“上山”“下山”规定的方法和程序外，还要考虑弯曲巷道的曲率半径和宽度，可分为整体移动或解体移动两种方法。

安全注意事项：

① 根据巷道坡度和移机方向的不同，人员的躲避位置应按照上山或下山规定执行。

② 拐弯时速度要慢，要有专人观察耙斗装岩机在轨道上移动情况，负责发出开停车的信号，指挥司机。

③ 其他注意事项与上述相同。

(四) 侧卸式装载机

1. 一般规定

(1) 司机必须具有初中以上文化程度，经过正规专业技术培训并考试合格后，取得安全培训合格证，方准持证上岗，进行操作和维护保养。

(2) 上岗前，必须认真学习施工作业规程措施，并考试合格。

(3) 司机应掌握装载机使用说明书内容，了解其结构、工作原理及液压、电气、水路等系统。

(4) 装载机司机应爱护设备，按规定对装载机进行日常维护保养，并能排除一般性故障。

(5) 认真执行交接班制度和填写工作日志，交班司机要将本班机器运行情况与接班司机交接清楚，接班司机要认真检查机器和各部件工作情况。

(6) 机器要保持整洁,各运转机件间不得残留矸石等杂物,司机每班应清理机器。

(7) 装载机司机操作过程中,机后必须安排专人在安全地点照看电缆或转载运输设备。

(8) 严禁非司机人员操作,运行时机器不准搭载无关人员运行。

(9) 机器运行范围内不许站人或放置任何设备、工具。

(10) 机器的卸载距离,一般应控制在 6 m 以内,以减少履带等行走部件的磨损。

(11) 司机不得修改、增加、松动、拆除机器安全设施的零部件,以免影响整机的安全性能。

(12) 严禁超过规定坡度作业,上、下坡时要缓慢、小心。

2. 开机前检查

(1) 检查迎头支护、瓦斯浓度是否符合要求。

(2) 检查供水、供电情况是否正常;检查水管喷雾装置是否正常。

(3) 检查各操作手把位置是否正确,按钮是否灵活可靠;检查液压系统是否正常。

(4) 电缆检查:开机前检查电缆悬挂是否可靠,机器工作时电缆应始终保持松弛下垂状态,电缆不得承受附加拉力,不得将电缆在巷道底板上拖拉摩擦。

(5) 整机检查:检查机器各部件有无损伤和异常声响,检查各软管是否可靠固定,软管外皮与机架、铲斗、铲斗臂、油缸等部件有无相擦挤压。

(6) 履带检查:检查两履带的张紧度。履带在托链轮与引导轮(或驱动链轮)之间下垂量符合规定要求。

(7) 制动检查:在平地试验制动性能,发现问题及时调整。

(8) 泄漏检查:检查各软管接头、液压元件密封、油堵有无漏油现象。

(9) 检查各部螺栓预紧力有无松动变化。

对以上检查出的问题,应及时采取措施进行处理。

3. 多路换向阀上有三个手柄操作

升降油缸控制手柄，手柄向后拉，升降油缸外伸，铲斗随铲斗臂的抬起而升高；松开手柄，手柄自动复“零”位，铲斗停留在随意高度上，向前推进手柄，升降油缸收缩，铲斗下降。

拉斗油缸控制手柄，手柄向后拉，拉斗油缸收缩，铲斗口向司机方向转动，松手，手柄自动复“零”位，铲斗停留在一个随意角度；手柄向前推，铲斗口向前方向转动。

侧卸油缸控制手柄，手柄向后拉，侧卸油缸外伸，铲斗向左（右）侧翻，手柄向前推，铲斗复位。

多路阀操作动作要轻、稳、准，当铲斗到位时松开手柄，使阀复位，油缸外伸（收缩）到最大（最小）位置时，要及时松开手柄，防止产生冲击和液压系统溢流发热。

4. 操作方法

（1）开机操作方法

① 司机应借助扶手上机，严禁横向拽拉多路阀操作手柄，严禁踩踏液压油管，司机坐姿要正确，注意力集中，用左右手分别握住两侧操作手柄，根据机器不同的作业过程，照顾好前、后方及两侧配套设备及人员、电缆等。

② 装载机司机经确认周围无人后，方可打开主令开关的保险机构。发出启动警报后，方可操作油泵启动按钮，使油泵电机投入运转。

③ 严格按照说明书要求操作，并制定安全措施。

（2）装岩时的循环过程

铲斗落下→插入岩堆→装满举斗→机器后退→铲斗倾斜→铲斗复位→斗臂下降落斗→机器继续前进，如此循环往复。在铲斗落下时，应注意使整机尽可能与地面保持水平，避免机身前部支起。

（3）停机程序

① 装岩结束后，装载机后退至安全地点，将铲斗放平，机器水平停置；应尽可能将装载机停在巷道底板较平整的地方，当在斜坡上作业时，应先将机器相对巷道置于斜横状态（铲斗朝向巷道的侧帮），再用预先准备的专用楔形块将履带垫实，要采取防止滑动措施。

② 断电、释放系统压力(工作机构液压系统通过操作多路换向阀卸压)。放下铲斗,将主令开关操纵杆打到停止位置,将电源切断,并用保险锁锁好。

③ 盘好电缆线,清除机器上的矸石、泥浆和杂物。

④ 保护好照明灯及易损部件。

(4) 处理故障及重新启动程序

① 找出系统故障部位和原因。

② 如果处理故障或更换元件时系统被污染,应按需要进行局部或系统清洗。

③ 再次确认元件和液压连接正确无误,电气连接正确无误。

④ 把可调节元件调至安全状态。

⑤ 检查油箱中的液面,适当补油。

⑥ 重新启动机器前,通知现场人员撤到安全处。

⑦ 启动系统,逐渐加大外载。

⑧ 根据需要放气,操作换向阀使油缸活塞杆外伸,缩回多次至油缸不爬行,操作无滞后现象,再重新拧紧放气螺堵。

(5) 紧急停车程序

① 制动失灵时(特别是在斜坡上时),不要慌张,可将铲斗迅速放低,直至卧底状态,机器会因阻力增大而停车;或者扳动行走手柄,使整机靠紧帮侧停车;机器与巷道帮的夹角不宜过大,否则会有翻车危险。

② 遇突然断电时,操作三联阀,铲斗在重力作用下下落,直至贴紧地面。

5. 安全注意事项

(1) 操作时动作要平稳、准确,并应首先用铲斗清除机前活煤矸。

(2) 开始时,阀要开得适中、把稳,当油缸或铲斗到位时,手要准确及时松开,使阀复到零位,油缸到头要及时松手,防止产生冲击。

(3) 装岩前应先将机器运行范围的巷道清理干净,将铲斗放平,平推以清除障碍物;遇到底板上有未爆破的突出岩石,应用爆破方法或风镐清除。履带不准跨越高于 200 mm 的障碍物,作业受阻时,应迅速将手把复至中位,以避免系统溢流发热。

(4) 装岩时，必须有专人监护电缆，人员位于机器 5 m 以外，带有口哨，发现问题立即发出停机信号。

(5) 机器铲斗铲入一定深度后，通过拉斗缸及时、适度翻转铲斗，提高铲斗的装满系数和及时降低机器装载时的负荷。

(6) 减少频繁启动、点动次数。不可前后快速猛拉手把，以避免压力冲击。机器启动、停车要准、稳，正常情况下，力争做到完成一个装卸循环动作，机器前进、后退一次。

(7) 应尽量避免不必要的转弯和急转弯，避免机器拧搓，左右摇晃与碰撞。机器行走轨迹要平缓、圆顺。

(8) 司机必须先确认前后两侧无人和无其他机具，并给予专职看线人员明确示警后，方可操作移动机器。

(9) 遇喷浆作业时应将机器退出作业区，并在机器上面覆盖篷布，以防粉尘。

(10) 爆破前机器应退离工作场所，采取措施保护好机器设备。

(11) 在特殊情况(如操作阀不能复位)需紧急停车时，司机按下急停按钮停机。

(12) 认真执行交接班制度，做好机器使用的原始记录和维修记录。

（五）挖掘式装载机

1. 一般规定

(1) 司机必须具有初中以上文化程度，经过正规专业技术培训并考试合格后，取得安全培训合格证，方准持证上岗。

(2) 上岗前，必须认真学习施工地区作业规程和施工安全技术措施，并考试合格。

(3) 司机必须掌握挖掘式装载机使用说明书的内容，了解该机的结构、性能和工作原理，熟悉该机的操作方法和维护保养技术，掌握按钮箱各按钮的功能和位置，掌握操纵杆位置功能，经考核合格后方可上机操作。

(4) 严格按使用说明要求进行操作；严禁超过规定坡度使用。

(5) 作业范围内严禁有其他人员；保证有充足的照明。

(6) 司机应严格执行交接班制度和岗位责任制,工作完毕后详细填写工作日志。

2. 开机前检查

(1) 检查迎头支护、瓦斯浓度是否符合要求。

(2) 检查供水、供电情况是否正常;检查电缆、水管喷雾装置是否正常。

(3) 检查各操作手把按钮位置是否正确、灵活可靠;检查液压系统是否正常。

(4) 检查油位,正常的油位应在油标的上、下限之间;如果油量不足应及时加油补充。液压油和容器必须保持清洁。

(5) 检查连接油缸等处的轴销转动是否可靠,各部件之间的连接螺栓是否牢固,高压油管有无卡拌、挤压,接头有无松动漏油现象。如有故障隐患,必须立即排除,严禁挖装机带病工作。

(6) 确认各操作手柄置于"零"位。

(7) 机前人员全部撤到后路安全地点,否则严禁开机。

对上述检查中发现的问题必须及时处理,否则不得开机。

3. 操作步骤

(1) 打开电源总开关。

(2) 启动电机。

(3) 待 10 s 启动完成后才能带压力使用。停机 4 h 以上要让泵空运转 5～10 min,才能带压力工作。

(4) 将运输槽铲板降至地面。

(5) 操纵机器向前推进,把矸石聚拢,同时把地面推平。

(6) 操纵先导阀依次让大臂抬起、小臂伸出,把铲斗放至与小臂约成一线的位置,然后将大臂放下、小臂收回(同时使大臂上下微动),即可将矸石扒进运输槽。转动回转臂可在较大的范围内扒取,根据矸石的远近不同适当收放铲斗将有利于扒取。在扒取过程中一般不应将各臂运动到极限位置,以避免经常过度冲击,缩短机器的使用寿命,同时可避免因过载阀经常溢流而产生油温过高的现象。特别注意:不准使铲斗直接撞击运输槽,以免造成槽体严重变形。

(7) 在扒取过程中要经常留心刮板链是否在正常输送，万一卡住，要及时停止输送，否则因过载，油温将迅速升高，则不能继续工作。解除卡链的办法是：把输送正转操纵杆扳至中位，来回扳动输送操纵杆，使刮板链快速正反冲击，即可解除卡链。在运输槽内有矸石的情况下，切不可使输送操纵杆停在输送反转的位置，否则有可能崩断链条或刮板，严重影响生产。

(8) 在行走过程中需要停止刹车时，将脚踏先导阀放在中位即可。如果长时间停止需要将机头铲板压住地面。

(9) 装载机行走或倒车应启动电铃作为警示信号。

4. 安全注意事项

(1) 机器工作时，非操作人员不能靠近，以免发生事故。

(2) 机器行走时地面要清除大于 200 mm 的障碍物。

(3) 机器行走时要及时收放电缆，收缆时要撤离电缆附近的人员；严禁挤压电缆。

(4) 在爆破之前，机器应停在安全地点，采取措施进行掩护。

(5) 操纵液压手柄时，应平稳柔和，严禁猛推猛拉，造成油压冲击，致使机器猛冲猛闯或超负载工作。

(6) 工作时运输槽放下紧贴底板(轨面)，方可开始挖取活矸及向后输送。在运矸马达工作时，挖装机不能行走。挖装机行走时必须关闭装载机构。

(7) 机器工作时，必须使用冷却水(或风冷)对液压系统进行降温。

(8) 油箱内油温或回油温度超过规定时，必须停机冷却，并做间歇式工作，检查油温升高的原因，处理好后再开机。

(9) 下坡运行时必须使用低速挡，严禁脱挡滑行；跨越轨道时必须有防滑措施。

(10) 机器停放时，铲斗应轻触地面，运输槽降至最低位，关闭电源并闭锁。

(11) 机器在斜坡上停放时，为防止其下滑，应在履带底下垫放三角木。

四、锚杆支护作业岗位安全技术操作规程

（一）一般规定

（1）支护工必须经过岗位技能培训，经考试合格后，取得安全培训合格证，方可持证上岗；上岗前，必须认真学习规程措施，并考试合格；上岗着装要整齐，上衣和袖口应扎好。

（2）施工现场必须具备安全施工条件：

① 必须有足够的新鲜空气，通风良好；有害气体浓度不超过《煤矿安全规程》规定。

② 顶帮支护完好，控顶距离不超过作业规程的规定。

③ 清理作业场所杂物，平整作业场地，保证作业现场空间充盈、环境良好。

（3）施工现场必须悬挂符合现场实际的施工图板，正确指导施工。

（4）打锚杆、锚索眼前应将钻眼机具、锚杆、锚索、托盘、托板、锚固剂、钢带等支护材料准备齐全。

（5）打锚杆、锚索眼前，首先敲帮问顶，处理顶帮危岩活矸（煤），临时支护至迎头；确认安全后，方可按所点眼位进行钻眼。

（6）钻眼前要先检查巷道规格是否符合设计要求；否则，处理好后方可开始钻眼工作。

（7）锚杆、锚索的眼位要在钻眼前按设计要求定位、标记，并将眼位周边的煤（岩）壁找平以保证托盘钢带与煤（岩）壁接触严密。要使用合适的钻头，保证眼孔直径、锚杆直径和树脂药卷直径的“三径”匹配。

（8）根据锚杆、锚索的设计方向和角度，按眼位固定好钻眼机具，开始钻眼。

（9）钻眼必须在安全有效支护下进行，先慢速开眼，然后正常钻眼。严格按照设计施工，在钻杆上做好标记，保证钻眼深度不小于锚杆有效长度，不大于锚杆有效长度 50 mm。

（10）钻眼期间作业人员互相配合作业，一人操作钻眼机具，另一人观顶、换钻杆；钻眼机具前严禁站人，以防断钎伤人。

（11）钻眼顺序应由外向里进行，先顶后帮，由上向下，锚杆安装要打一个眼，安装一根锚杆。

（12）顶部锚杆（索）梁支护时，先打中间锚杆（索）将梁固定，然后由中间向两侧依次打设。

（13）上梁时，人员要相互配合，统一指挥，调正后再上托板紧固。

（14）打好眼后，要用压风吹净眼内粉尘和岩浆，用锚杆、锚索插入眼孔，检查眼深和角度，全部符合设计或规程规定后，方可安装。

（二）风动锚杆钻机

1. 准备工作

（1）操作者必须掌握锚杆钻机的性能和操作方法。

（2）检查本机各零部件是否齐全，紧固件是否牢固。

（3）检查本机各操纵机构是否灵活可靠。

（4）压缩空气一定要清洁，空气压力应控制在 0.40～0.63 MPa 之间，输入管路上应装限压阀。

（5）外接水源和风源在送入锚杆钻机前设有专用阀门。

（6）锚杆钻机开动前，控风、控水扳把应处于关闭状态。

（7）检查油雾器内是否有足够的润滑油，否则应加 $20^{\#}$ 或 $30^{\#}$ 润滑油。

2. 钻眼操作

（1）钻眼前应作空载试验。

（2）空载试验正常后将六方钻杆插入钻杆接头的六方孔中，将马达控制扳把旋开一小角度，让钻杆缓慢转动，同时将支腿控制扳把旋开一小角度，使钻头和顶板逐渐接触；然后将水控制扳把转到开的位置，将马达控制扳把全压下，开始钻孔作业。钻进过程中适当调节支腿控制扳把的旋转角度，即可调节钻进速度。

（3）钻完一根钻杆深度后关闭支腿风源，使锚杆钻机在慢转下带着钻杆下降；然后，关闭马达风源及水源，从钻杆接头中取出短钻杆，并将另一已装有钻头的长钻杆插入钻孔内（或直接加钻杆）；最后，再插入钻杆接头的六方孔内，继续加深钻孔作业。

（4）钻进过程中水流不可中断，水应清洁，否则影响钻进效率。最佳水压应控制在 0.6～1.2 MPa 之间。

3. 安全注意事项

(1) 操作前所有操作控制开关,都应处在“关闭”位置。

(2) 按标志牌所示连接风、水管路。所有管路必须保持清洁。

(3) 工作时钻机支腿必须平稳牢靠,不得支在活矸或物料上。

(4) 推进速度和推进力要适度,防止卡钻,损坏钻杆钻头。

(5) 当钻机突然卡钻时,将产生较大的反转扭矩,操作者应精心操作,以防扭伤。

(6) 当钻机收缩时,手不要按在气腿上,防止挤手。严禁用手触模旋转的钻杆。

(7) 钻进过程中,钻杆与钻机保持直线。

(8) 用锚杆钻机拧紧锚杆螺母,使钻孔、搅拌、安装螺母一体化,但使用力量要适度,否则会损坏输出轴与内六方套。

(9) 操作时其他人员要离开钻孔中心线,以防钻杆折断时发生意外。

(三) 木锚杆和竹锚杆的安装

(1) 安装前要检查锚杆、托板的材质和规格,不符合设计要求的严禁安装。

(2) 木锚杆的安装:

① 安装时,先将木楔轻轻插入锚杆一端的楔缝内,缓缓送入眼孔并推至眼底,再转动锚杆,使外露端的楔缝与木托板木纹方向垂直。

② 先锚紧锚杆底端。在锚杆外露端,套上特制钢管套(用套内径大于锚杆 2~4 mm 的钢管制成,长 50 mm,一端加焊钢板承受锤击),用大锤敲击套管,锤击不可用力过大,使锚杆底端因木楔楔入楔缝而胀开,与孔壁固紧。

③ 取下顶端钢管套,按设计安装并调整好托板方向,插入锚杆顶端木楔,再用大锤将木楔打紧。

(3) 竹锚杆的安装:

① 安装前,先将水泥锚固剂去除塑料包装袋及外部包装纸,使锚固剂全部浸入水桶中,浸泡 3~5 s 后,取出轻轻放入眼孔。

② 用锚杆底端顶住锚固剂尾部中心将锚固剂轻轻送入孔底;然后

迅速用力(或用锤轻轻锤击,用力不得过猛)将锚杆底端插入孔底。

③ 按作业规程要求安装并调整好托板方向,插入锚杆顶端木楔,用大锤将木楔打紧。

(4) 锚杆托板必须牢固,不得松动。托板和煤岩壁接触面必须找平,要求接触面不低于托板面积的80%,接触不好而又无法找平的部分可用小木楔背紧。

(5) 托板外锚杆露出长度要求为40~60 mm。

(6) 楔缝式竹锚杆的安装与木锚杆相同。

(四) 树脂锚杆的安装

(1) 安装前要认真检查锚杆及锚固剂的规格、型号和质量是否符合设计要求,过期、硬结、破裂和变质的锚固剂严禁使用。

(2) 锚杆搬运要保护杆尾螺纹,锚固段要保持清洁,锚固剂搬运存放要码放整齐。零散锚杆、锚固剂必须集中存放,严禁随地乱扔。锚固剂要避免受压、受折和受热。已破损和废弃的锚固剂要妥善处理。

(3) 树脂锚固剂中的固化剂有腐蚀性,在操作过程中应戴防护手套,避免与皮肤接触。如不慎接触到,要立即用清水冲洗。

(4) 树脂锚杆安装有机械快速安装和普通安装两种安装工艺,为保证锚杆的安装质量,应优先采用机械快速安装工艺。

(5) 快速安装工序:

① 将锚杆托盘串入锚杆并将螺母拧在锚杆上。

② 将锚固剂按设计要求的顺序和数量装入眼孔,用锚杆底端顶住锚固剂尾部轻轻将锚固剂送入眼底。

③ 将安装机具与锚杆连接后开机进行搅拌,边搅拌边用力将锚杆推进至眼底。搅拌必须连续进行,中途不得中断。

④ 搅拌达到规定时间,待锚固剂都得到充分搅拌后停止搅拌。再等待一定时间(规定的锚固剂凝固时间),待锚固剂凝固后用安装机具将托盘螺母上紧,使锚杆螺母预紧力矩达到设计要求。

(6) 普通安装工序:

① 按设计要求的顺序和数量将锚固剂插入钻孔,用锚杆底端顶住锚固剂尾部轻轻将锚固剂送入孔底。

② 将安装机具与锚杆连接后开机进行搅拌，边搅拌边用力将锚杆推进至眼底。搅拌必须连续进行，中途不得中断。

③ 根据树脂锚固剂产品说明书中要求的凝固时间凝固后，在锚杆外露部分安上托板、托盘、螺母，调整好托板方向，用力矩扳手拧紧螺母，保证锚杆螺母预紧力达到设计要求。

(7) 锚杆固定好后，螺母与托盘必须紧密接触，锚杆必须使用机械(或力矩扳手)拧紧。托盘必须贴紧巷壁，不得留有空隙。锚杆露出螺母长度要求为 10～50 mm。

(五) 锚索的安装

(1) 锚索安装前，必须将所需钢绞线、树脂锚固剂、托板等支护材料准备齐全。

(2) 锚索安装前，操作人员必须穿戴整齐，系好腰带，扎好袖口。

(3) 锚索的安装工序：

① 锚索孔深检查合格后，先将锚固剂按先快速后慢速的顺序装入眼孔，然后用钢绞线底端顶住锚固剂尾部慢慢将锚固剂送入孔底，在钢绞线顶端安好连接装置，用钻眼机具转动钢绞线，边搅拌边用力将钢绞线推至孔底，搅拌时间不少于 30 s，待锚固剂得到充分搅拌并等待 1 min后，取下连接装置。

② 树脂锚固剂凝固 5 min 后，在钢绞线的外露部分安上托板、锁具，进行张拉预紧，张拉操作人员由两人组成，一人操作油泵，一人操作张拉千斤顶。

③ 待锚固剂凝固后进行张拉时，千斤顶应与钢绞线保持同一轴线，其周围 2 m 范围内严禁有其他人员，预紧时扶张拉机具人员站在旁侧安全位置。

④ 一次张拉缸体行程不得超过铭牌规定，超过时应多次张拉。

⑤ 在张拉过程中，操作人员必须注视压力表读数变化，待读数上升至设计预紧力时停止张拉，将油泵回零位。

(4) 安装锚索搅拌前，操作人员要握紧钢绞线，时刻注意，防止钢绞线从眼内脱落砸伤人员。

（六）挂网锚杆的安装

(1) 按设计或作业规程要求检查网片规格和制作质量，不合格材料不得使用。

(2) 挂网锚杆，必须带有托板，否则不得使用。

(3) 挂网锚杆安装时，锚杆托盘要压网、紧贴巷壁紧固到位。

(4) 挂网步骤：

① 顶网铺设：

a. 铺展网。顶部找好规格后，将顶网拉开拉展，并与上一循环铺设好的顶网连接。

b. 前移前探梁。前移前探梁，将顶网及钢梁托住。

c. 按顶部锚杆（索）打设顺序打设锚杆（索），将梁固定压紧网片。

② 帮网铺设：

a. 铺展网。固定好锚杆后，将网沿巷道壁铺平拉展，并使锚杆外端露出网外。

b. 安装托盘。锚杆托盘要压网、紧贴巷壁紧固到位。

c. 联网。网与网搭接长度及联网要求按规程措施规定执行。

五、喷浆作业岗位安全技术操作规程

（一）一般规定

1. 一般要求

(1) 上岗前，必须认真学习施工地区规程措施，并考试合格，取得安全培训合格证，方准持证上岗。

(2) 喷浆工必须熟悉机器的结构、性能、工作原理，能熟练、准确地操作机器，并懂得一般性维护保养和故障处理知识。

(3) 施工现场，必须具备安全施工条件。首先必须有足够的新鲜空气，有害气体浓度不得超过《煤矿安全规程》规定。其次顶帮支护完好，控顶距离不得超过作业规程规定。

(4) 施工现场，必须配备施工所需的各种工具、管线和设备，并达到完好标准。

(5) 进入工作面作业前，首先进行找顶工作，找净顶帮活矸（煤），同时必须检查工作地点的支架是否稳固完好，锚网喷支护巷道检查锚网质量是否符合规定要求，控顶距是否符合要求；如发现有不安全情况必须立即处理。

(6) 清理作业场所杂物，平整作业场地，保证作业现场有良好的作业环境。

(7) 喷射机移装的新位置，要平整干燥，宽敞适宜，喷射机突出部位与邻近轨道的距离不得小于 700 mm。移装后的设备必须经过压风空载运转试验，对风水管路、电缆进行检查，保证正常工作。

(8) 喷射前要将巷道中的管路、电缆及其他设备妥善保护好。

(9) 在淋水较大的地方喷射时，必须采取堵、截、导或适当增加速凝剂等措施，保证喷射质量。

(10) 喷射机的进料口要安设篦子，严防杂物和大块料入内。

2. 准备工作

(1) 喷射前先检查待喷巷道的规格质量，符合设计要求后方可进行喷射。

(2) 巷道两帮墙基处的活渣必须清除干净，基础深度符合设计要求，顶帮活渣要用长柄工具全部找净。

(3) 影响喷射作业的管线、设备、物料等应移到安全地点，不能移动的必须妥善保护。

(4) 高度大于 3 m 的巷道或硐室，要搭设工作平台，使喷头距巷道受喷面的距离不超过 1.2 m。

(5) 喷射机处与喷射手之间不能用口头喊话联系时，要有专用的联系信号。

(6) 喷射前必须先用高压风水冲洗受喷面，将受喷面的浮渣及粉尘冲洗干净。

(7) 为保证喷射厚度和表面平整光滑，应实行“拉线喷浆”，即在巷道拱顶中心、拱顶两肩处、两帮拱基线和两帮底角处，分别按巷道设计的净高、净宽挂好七条线，作为检查喷厚和喷后巷道净规格的准绳。

(8) 必须采用潮料喷射，在喷射管路上安设铁喷头与水环装置，降低粉尘。

3. 喷射机工作前检查

(1) 清除料斗内的杂物和余料，排除供风管路油水分离器内的油和水。

(2) 检查供电、供风、输料、供水、水环及联络信号系统是否可靠。

(3) 检查橡胶摩擦板的磨损程度，摩擦板与旋转板之间的间隙。

(4) 点动(启动即停)试车，检查旋转体的转向是否与箭头指示一致。

(5) 检查气压表的指针摆动是否灵活、准确。

只有对以上检查出的问题进行处理后，才可进行喷浆工作。

4. 喷浆材料的要求

(1) 水泥：首先选用普通硅酸盐水泥或矿渣硅酸盐水泥，标号不低于 32.5 级，过期、受潮、结块的水泥或混合水泥不准使用。

(2) 砂子：选用中砂或中粗砂，用前要过筛，含泥量不超过 3%。

(3) 石子：用前要冲洗，石子粒径大小级配要符合设计要求。

(4) 水：清洁无杂质，水质要符合设计要求。

(5) 速凝剂：用量要符合设计要求。要求在 3～5 min 内初凝，10 min内终凝。掺量一般为水泥重量的 2.5%～4.0%，随用随掺。运送和存放要保持干燥，不得破包，以防受潮变质和硬结，过期的速凝剂严禁使用。

(6) 喷射混凝土配合比按设计规定用料斗配比，在专用拌料台上采用潮料拌料，随配比随搅拌，搅拌三遍彻底均匀后装入矿车内。严禁在矿车内配料和拌料。若多头喷浆，应设置集中拌料站。搅拌站应尽量单独通风，并设有可靠的防尘装置。

(7) 拌好的料必须在 2 h 以内用完。

(8) 用石粉代替砂子时，必须在规程措施中对配比和质量要求做出明确规定。

(二) 潮料喷射混凝土

1. 喷射机的操作方法

(1) 首先打开水门，使喷头向下，喷手必须抓牢喷头，喷枪口的前方及其附近严禁有其他人员；然后再打开进风阀，根据输料管长短，调至需要的启动压力位置,用压风吹管路 2～3 min,最后开动电机。每运转一圈应有 12 次排出余气的声响,节奏要均匀。上述检查正常后,方可上料喷射。

(2) 喷射机开停机的操作顺序:开机时要先使喷头下垂,先给水后给压风,再启动电机,最后给料。停机时要先停止送料,料用完后再停电,停压风,最后停水。如作业中喷射机突然发生故障或停风、停电时,喷头必须立即下垂并用双手抓牢;查明故障原因,并进行处理。喷射机用后应将料斗口盖严。

2. 喷射机运转中注意事项

(1) 向喷射机料斗内上料应均匀连续,适当控制上料量和下料速度。防止发生反风、堵塞管路和喷射不均匀、不连续现象。

(2) 要随时注意压力表指针的变化,工作中压力值应控制在表 2-3 所示的数值范围内。

表 2-3　输料距离与压力调节表

送料距离/m	压力/MPa	
	空载时压力	正常喷射时压力
25	0.025	0.14～0.15
50	0.03	0.15～0.16
60	0.04	0.18～0.19
80	0.05	0.24～0.25

施工过程中,可根据现场实际情况与经验,对表 2-3 所列数值进行少量调整。

(3) 要坚守岗位,注意机器运转情况、联络信号和入料情况,保证正常运转。如发生故障应立即停止上料,停电停风并进行处理。

3. 喷射机应立即停机处理的故障

(1) 送电后电机不启动。

(2) 橡胶摩擦板与旋转板结合处跑风、跑灰严重。

(3) 在工作中旋转体转速减慢。

(4) 在处理管路堵塞时，喷头要朝向底板，喷浆手用力按住喷头，前方严禁站人。

4. 喷浆作业要求

(1) 喷浆手工作中必须戴好乳胶手套、防尘口罩、防护眼镜，穿好雨衣、雨裤。

(2) 喷射中，一人紧握喷枪，一人照明并偕同移动输料管，输料管不得出现死弯。喷浆手要一手紧握喷枪头，掌握喷射方向；另一手握着水环进水阀门，控制水量大小。严禁喷头朝向人员。

(3) 上料时要求稳、准，减少损失。

5. 喷射方法及要求

(1) 喷枪与受喷面基本垂直，不得小于 75°。喷枪与受喷面的距离为 0.8～1.2 m。

(2) 喷浆手要通过调节水门，掌握合适的水灰比。

通过目测，水灰比合适时，喷射的混凝土易在巷壁贴着，回弹小，表面呈现水亮光泽。如巷壁出现干斑、粉尘或不黏附而下淌、滑动现象时，说明水灰比不合适，必须调整水量至合适水灰比。

(3) 喷浆操作，应使喷头沿螺旋形轨迹运行，螺旋直径约 300 mm，一圈压半圈均匀缓慢移动。

(4) 巷道喷射前应划分区段，按顺序进行。水平和斜巷一般 1.5～2.0 m 为一区段。喷射顺序为：先下后上，先墙后拱，先凹后凸，分段前进。每个区段内喷墙时先从墙基开始，自下而上进行；喷拱时按先拱脚后拱顶的顺序进行。立井喷射单行作业时，应将掘进段分成 1.5～2.0 m的若干小段，先从最下一段开始喷射，由下向上依次进行。相邻区段喷射接茬应呈斜交。

(5) 在平巷和斜巷喷浆时，两帮必须按设计要求深度挖出基础，再从基础向上喷射混凝土，防止出现“赤脚、穿裙子”现象。

(6) 喷射好的混凝土必须洒水养护，要求每班洒水 1～2 次，养护时间不少于 7 天。

6. 注意事项

当设计喷厚大于100 mm，应分两次喷射。第一次喷厚：墙为70～100 mm，拱为30～50 mm；第二次喷浆应在第一次喷浆终凝10 min后进行。若间隔时间超过2 h，应先喷水洗刷和湿润受喷面后再喷。

7. 减少喷料回弹和回弹料的复用

(1) 正式喷射混凝土前，先喷射一层砂浆，再喷射混凝土。

(2) 操作中注意调节风压，严格控制水灰比，减少回弹量。

(3) 在正常作业时，回弹率应控制在：喷射墙不超过10%，喷射拱不超过15%。回弹料回收复用时，可加入适量的水泥，作为砌水沟和铺底用。

8. 喷枪的清理及保管

(1) 喷射机使用后的保养：每次喷射工作完成后，要用压风吹净旋转体料腔及输料管内的余料，清扫机体外部粉尘。

(2) 喷射完毕后，要卸开喷枪头，清理水环并冲洗干净。同时要关紧水阀，防止水倒流。喷枪要置于干燥、干净的安全地点。

(三) 湿式喷射混凝土

1. 开机前的准备

(1) 检查电气装置的各线路接点是否牢固和有无漏电现象。

(2) 观察油标，检查减速器内润滑油是否充足。

(3) 检查机器各部分的连接是否正确、牢固。

(4) 检查泥浆泵。

(5) 根据实际需要速凝剂量的多少来调定速凝剂添加量。

(6) 连接风管、输料管、喷头、输浆管等。

(7) 水泥浆配比搅拌：按照水灰比0.5进行配比，在注入一定量水后，根据水的量添加水泥，配好比后搅拌均匀。

2. 湿式喷浆操作程序

先将水泥和混合料准备好→接好风水带→在制浆仓内先加水后加水泥→启动搅拌机搅拌均匀→打开阀门将其排放到蓄浆仓→开风、启动喷射机→打开供浆阀门、启动泥浆泵→上混合料→开始喷浆。

3. 开始喷射作业

(1) 开启泥浆泵、开喷射机压风，喷浆手指挥调整泥浆泵的压力、流量和风量。

(2) 调好后开启喷射机，向料斗中加入混合料，开始喷浆作业。

4. 停止喷射作业

(1) 停止上料，当确认料斗中没有余料、喷头处不再有料喷出后，喷浆手通知关闭喷射机电源。

(2) 用水管向浆仓加水，当确认从喷头处吹出来为干净水后，即可关闭泥浆泵，将机体及周围清理干净。

(3) 清理喷射机转子体周围、余气口内及机器周围的杂物，保持机器清洁。

5. 安全注意事项

(1) 必须缓慢打开主风阀，过快会导致喷头剧烈抖动，喷射手难以控制，极易造成事故。

(2) 出现故障时，必须及时停止喷射机运转，再关闭主风阀，查明原因并进行处理。

(3) 注意观察旋转板与橡胶摩擦板结合面的密封情况，当结合面有砂尘呈喷射状喷出时，说明压紧力不够或结合板磨损，应适当调整拉杆的压紧力或更换结合板。

(4) 喷射过程中，应及时理顺输料管路，防止管路出现死弯造成堵塞。如果出现堵管时，喷头要朝向底板，喷浆手用力按住喷头，前方严禁站人，然后进行处理。

6. 泥浆泵的维护与保养

(1) 每班工作后应及时清理减速器外表面黏附的混合料等杂物。

(2) 经常观察油标，润滑油不足时应及时注油。

(3) 累计工作 250 h(约 3 个月)后应更换润滑油。

7. 换挡注意事项

泥浆泵切换挡位时，一定要将离合器拨上后进行换挡，以免出现故障。

六、架棚支护作业岗位安全技术操作规程

（一）一般规定

（1）上岗前，必须认真学习施工地区作业规程和施工安全技术措施，并考试合格。

（2）支架的结构、形式、材质、规格等必须符合设计和作业规程的规定，锈蚀严重及变形的金属支架不得使用。

（3）施工现场必须具备以下安全施工条件：

① 必须有足够的新鲜空气，通风良好，有害气体浓度不超过《煤矿安全规程》规定。

② 工作地点支护完好，空顶距离不超过规程措施规定。

③ 平巷支架应垂直于顶底板，倾斜巷道支架应顺山势，当巷道倾角小于40°时，每倾斜5°，应具有1°的迎山角。

（4）棚腿要立在柱窝内实底上。柱窝深度：煤层中一般为200 mm；软岩中一般为100 mm；硬岩中一般为50 mm；靠水沟一侧的柱窝深度一般要比水沟底板深50 mm。

（5）底板松软时，点柱或棚腿应"穿鞋"。鞋的宽度不小于柱径，长度一般不小于柱径的2倍。

（6）架设支架前必须先敲帮问顶，站在安全地点将危岩活矸找掉。

（7）架设支架前必须找好中、腰线，支架的间距、扎角、亲口形式等必须符合规程措施规定。

（8）木点柱或棚腿两头粗细不一时，必须大头朝上。

（9）点柱必须有柱帽，架棚必须将顶、帮背牢。

（10）崩倒棚子或点柱，要由外向里逐架重新架设好后，才能继续作业。

（11）架设支架必须由外向里逐架进行。距掘进工作面10 m内的架棚支护，在爆破前必须加固。对爆破崩倒、崩坏的支架必须先行修复，之后方可进入工作面作业。修复支架时必须先检查顶、帮，并由外向里逐架进行。

（12）架棚巷道必须使用前探梁，要在规程措施中明确规定，严格按规程措施的规定作业。

（二）工字钢棚

（1）工字钢支护巷道施工必须使用前探梁临时支护，其使用方法和操作程序等必须在规程措施中明确规定。

（2）架棚前先按设计位置挖好柱窝，在柱窝内立好两棚腿，并用煤渣稳住或用手扶好；上梁时两帮人员要相互配合，棚口接合严密；然后校正中腰线，在梁头和柱头处背紧楔子；最后按作业规程要求裱帮背顶。

（3）上梁时，手不得伸入梁、柱接口处。

（4）帮空处要用荆笆、背木等裱严背紧，并用碎煤碎渣填实；顶空处要摆架接顶，严禁棚上空顶。

（5）架设的棚子要符合规程规定和安全生产标准化要求。

（6）架设支架时必须使用保险卡，将支架的梁和柱固定在一起。

（7）支架之间按作业规程的规定打好撑木。

（8）背木的材料、规格、数量都必须符合规程措施规定。梁上背木必须为双数，梁头、柱头必须有背木并与顶板背紧。

（9）曲线巷道内远离曲率中心一侧的棚距，应与设计的直线巷道棚距一致；与曲率中心相近的一侧，棚距按设计相应缩小。

（三）U 型钢支架

（1）U 型钢拱形支架规格、质量必须符合规程措施规定，零部件必须齐全配套。

（2）严格按中腰线找好支架需要的规格。

（3）迎头两架 U 型钢施工好后开始使用前探梁。架设头两架 U 型钢的施工方法要在安全技术措施中明确规定。

U 型钢支架施工时，支护迎头必须使用前探梁，前探梁采用 U 型钢金属铰接式前探梁，前探梁为纵向齐头式。顶板压力大时可适当增加前探梁的趟数。前探梁趟数规定：支架净宽小于或等于 4.5 m 的，使用 2 趟；超过 4.5 m 的，使用 3 趟。施工时，采用单架棚子循环作业，严禁前探梁一次挑 2 架及 2 架以上 U 型钢支架梁。

① 前探梁的安装和使用方法：

a. 爆破后，首先检查支架情况，进行敲帮问顶，找净顶帮危岩活矸。

b. 找好上梁规格。

c. 将备用的铰接梁移至迎头与前端铰接梁铰接，将圆锥销打紧；然后打入水平调节楔，使铰接梁呈现悬臂状态。

d. 在班长统一指挥下，从悬臂铰接梁前端将所要架设的U型钢支架梁置于悬臂梁上的U型夹紧槽内，按中腰线将U型钢梁支好。

e. 将卡具展开拴到迎头第一架U型钢梁上，穿上插销，插上竖直楔并打紧、打牢，使铰接梁与棚梁联成一个整体。

f. 用背顶材料将顶板护好背牢。

g. 在有效临时支护下挖好柱窝，栽好两帮柱腿，使之与棚梁吻合，上好卡缆，用力矩扳手将螺母拧紧。

h. 将支架裱背好。

② 前探梁技术要求及注意事项：

a. 前探梁使用前必须先检查是否完好，确保各部件灵活有效；有损坏、不完好的铰接梁严禁使用。

b. 铰接梁长度与支架间距相对应。

c. 两路前探梁之间距离应为0.8～1.2 m。前探梁位置不能影响上卡缆等工作，且两路前探梁与巷道中心线对称布置。

d. 铰接梁的拆卸必须是由后向前逐个进行。有效使用长度为：炮掘距离迎头10 m必须使用铰接式前探梁连锁，机掘不小于4 m。前探梁严禁断接。

e. 铰接式前探梁可代替防倒器。代替防倒器使用时，有效使用长度不得少于10 m。

f. 水平楔必须打牢，使用好保险销。

g. 卡具上的两个小插销必须同时使用，确保其有效。

h. 每次爆破前后，必须检查铰接梁、楔子和卡具等是否松动，卡紧、卡牢后方可继续作业。

i. 当巷道变坡点、水平拐线段，无法使用铰接式前探梁时，必须在安全技术措施中明确规定临时支护方式。

j. 当顶板破碎、煤体松软易片落时，必须采取控制顶板的安全技术措施。

(4) 金属支拉杆及撑木使用方法和注意事项：每架U型钢支架不得少于3个金属支拉杆，挂在支架梁与梁、梁与柱搭接处卡缆的螺栓间隙中；机掘不使用撑木，炮掘迎头10 m内每架间使用5根撑木，正顶、两帮搭接处和底板往上0.2 m处各1根；金属支拉杆、撑木必须连续使用，不得中断。

(5) 控顶距离。最大临时控顶距在作业规程中必须有明确规定。施工过程中，人员严禁进入无支护巷道内，前探梁必须跟头使用，依次从后往前逐架进行支护。当顶板破碎、煤体松软易片落时，必须及时缩小最大临时控顶距并加强支护，逐架进行施工，随掘随支。

(四) 砌墙和钢梁联合支护

(1) 砌墙材料及钢梁规格要符合规程措施规定。

(2) 按中腰线和设计要求挖好基础；基础要挖至实底，下边铺好砂浆找平。

(3) 砌筑时要挂好水平线立线，墙要砌平砌直。料石墙要下好石垫，砂浆要饱满，严禁出现干缝、瞎缝、对缝。

(4) 每次砌墙要留好下次砌墙的茬口，墙后用渣石充填严实。

(5) 墙应分次砌成，每次砌高要在作业规程中规定。

(6) 上钢梁时要有专人统一指挥、互相照应。钢梁与墙搭接处要垫好木垫，搭接长度不得小于250 mm。

(五) 抬棚

工字钢支护巷道岔口抬棚操作要求如下：

(1) 巷道抬棚形式有：直口抬棚、斜口抬棚或四岔口抬棚。

(2) 抬棚可根据实际情况使用对抬棚，也可为三架密扣抬棚。对抬棚由主抬棚、辅助抬棚及插棚构成；三架密扣抬棚由两架主抬棚、一架辅助抬棚及插棚构成。主抬棚支承全部插棚，辅助抬棚应紧靠主抬棚架设，并向插棚方向适当倾斜，其倾斜度应在施工措施中明确规定。

(3) 岔口棚子支护施工必须有施工图，严格按施工图进行施工。

(4) 抬棚施工操作顺序如下：

① 在顶板完整稳定、压力不大的情况下，先在老棚梁下打好临时

点柱，点柱位置不得有碍抬棚的架设，松帮摘掉巷道开口处的柱腿；找好抬棚位置，进行扩帮挖柱窝，立抬棚柱腿，上抬棚梁并将抬棚背紧背牢；将原棚梁逐架替换成插棚梁，顶帮背紧；紧靠主抬棚架设辅助抬棚。

② 在顶板破碎、压力大的情况下，先在巷道设计开口的一段内，逐架依次将原棚梁替换成长梁作为插棚梁；在开口处架设抬棚抬住替换好的插棚梁；摘掉开口处的柱腿，同时加强顶帮维护（严防出现片帮冒顶）；架好辅助抬棚。

(5) 扩帮时，应首先敲帮问顶，根据顶板情况和专项技术措施，采用浅孔爆破或用风镐戳、手镐刨进行扩帮。

(6) 上抬棚梁时，必须配足人员，前后呼应，并有专人统一指挥；如巷道坡度大，抬棚梁又较重，则应搭临时工作台上梁，工作台必须牢固可靠。有条件的应使用上梁机作业。

(7) 倾斜巷道抬棚柱腿，应根据巷道坡度相应地加高下帮柱腿。靠水沟一侧的抬棚腿应蹬在水沟基础实底上，不得蹬空。

(8) 抬棚材质及规格必须符合规程规定。

(9) 插棚梁的间距要均匀，应尽量呈双数，但根据实际情况也可以呈单数。在围岩允许条件下，要采用锚索＋钢梁进行加固。

(10) 插棚梁与抬棚梁搭接处，要用可靠的卡紧固定装置固定牢靠，防止滑脱。搭接长度应符合设计和规程措施规定。

(11) 底板松软处，抬棚腿下要“穿鞋”，其规格要符合规程规定。

七、巷道维修作业岗位安全技术操作规程

（一）一般规定

(1) 巷道维修工必须经过专业技术培训，并考试合格后，取得安全培训合格证，方可持证上岗。

(2) 巷道维修工必须熟悉作业规程中的技术参数，具有一定的巷道掘进的基础知识，掌握施工操作工艺，并能独立完成现场操作。

(3) 参与施工的所有人员除执行本规程外，还必须认真执行《煤矿安全规程》《矿山安全法》《煤矿安全监察条例》等有关法律、法规中的有关规定。

(4) 各种巷道的维修、修复工作必须先编制专门安全措施，并报矿有关技术负责人批准后才能实施。

(5) 修复旧巷道时，必须首先保证供风，各类气体的浓度符合《煤矿安全规程》规定后，方可操作。

(6) 煤矿井下各类巷道高度必须符合《煤矿安全规程》规定，支护应完好。不符合上述要求应进行维修。

(7) 在有车辆运输的巷道中进行巷道维修工作时，要注意来往车辆。

(8) 在有架空线的巷道中进行巷道维修工作时，要首先切断架空线的电源，挂上停电牌。

(9) 对支架进行维修和更换时，要事先对该地点进行加固，可靠安全长度不低于 8 m。

(10) 更换支架时，新的支架支护强度不得低于原支架(完好状态)支护强度。

(11) 在维修巷道需要爆破时，必须按照爆破工操作规程操作。

(12) 在维修巷道中，要保证安全出口及后路安全，由外向里施工。

(13) 使用锚网维修时要遵守有关锚网技术要求。

(二) 操作准备

(1) 备齐所需工具，如风镐、风钻、锯、铁锨等。

(2) 根据“安全规定”中的要求，检查是否具备正常操作的条件。

(3) 检查机电设备完好状况，有问题应及时处理。

(三) 安全确认

(1) 班前会接受安全教育，身体状况无异常，能胜任本职工作。

(2) 检查迎头顶板状况，是否空顶，是否有水患等。

(3) 检查迎头瓦斯情况，是否超出规定值，是否有残爆、瞎炮等。

(4) 检查风筒、防尘装置等通防设备的完好情况。

(5) 检查瓦斯探头、监测电缆等监测设备的完好情况。

(6) 检查迎头及后路支架的支护质量，卡缆紧固、插背、撑木、支拉板是否符合规程规定。

(7) 检查锚固力是否符合要求；锚网质量是否符合规程规定。

(8) 检查各种工具、设备的完好情况。

(9) 前探梁数量是否符合要求。

(10) 迎头的作业环境是否良好。

(四) 操作顺序

安全检查→维修支架→清理现场。

(五) 正常操作

1. 找顶操作规程

(1) 每班开工前,施工过程中,必须进行找顶工作。

(2) 找顶顺序按着先外后里、先顶后帮的原则进行。

(3) 找顶时使用专用工具,先轻敲顶板,以观察是否颤动,无颤动时再重敲。如有破裂或松动时应立即找下,倘若其范围较大,不能找下来时,应打好临时支柱或托板。

(4) 找顶时人员要站在支护安全地点,保持后路畅通。找顶工作应由两名有经验的工人担任,一人找顶,一人观顶。找顶地点不准同时进行其他工作,如顶板较高,可用长钎子找顶,找顶人必须戴手套,防止矸石顺钎杆下滑砸手。

2. 维修操作规程

(1) U型钢拱形支架的更换:

① 在坏棚处,打一根支柱,支撑到拱形支架的最高点顶上。如果连续几架棚子损坏,应架设台板,并将所有损坏棚子的顶梁托住。

② 在完好(已维修)与需维修支架间刷出新支架断面。

③ 架设新支架方法同巷道掘进。

④ 撤下先前安设的支柱,拧松卡缆螺栓,撤下棚腿。

⑤ 换上新的卡缆螺栓,接上棚腿。

⑥ 更换完后,支架与顶帮之间的空隙必须塞紧、背实。

⑦ 在支架间,安设牢固的撑木或拉杆。

⑧ 出班时将新旧支架间茬口封严,场地清理干净。

(2) 大冒顶巷道的维修:

① 观察分析顶板、瓦斯等情况,制定施工措施。

② 在冒落区周边打临时支柱加固,加固后路支架,将冒落处边缘的顶板托住,防止冒顶范围扩大。

③ 逐步向冒落区推进，清理冒落矸石（煤）。

④ 依次由一端架设棚子，棚子以上空顶的地方要用打木垛的方法接顶。

⑤ 进行安全检查，确认无危险后，方可收工。

（3）抬棚的维修：

首先检查维修、加固周边的支架，然后再进行抬棚套修。具体施工应按照巷道套修和抬棚架设方法操作。

（4）木垛盘式反井维修：

① 检查维修反井上口的抬棚及垛盘锁口棚。

② 反井上口安装一个锁口盘，支撑住反井上口梯形支架，防止顶部坍塌。

③ 如果反井不作通风之用，需在锁口盘上放置遮挡物，以便接住上部坠落物。

④ 检查维修井中各垛盘时，应由上向下逐架检查维修。

⑤ 维修人员操作时，必须系安全带。

（5）水沟的维修：

① 控制水流。

② 加固水沟邻近的柱腿。

③ 加固道基。

④ 清理淤渣。

⑤ 敷设或砌筑新的水沟。

模块三　掘进作业典型事故案例

学习目标

1. 了解掘进作业典型事故案例。

2. 增强职工安全意识，提高安全操作技能，吸取事故教训，防止同类事故发生。

安全操作技能相关知识

案例一　架棚掉矸伤人事故

××××年8月29日10点班，×矿业公司掘进区员工刘××在2075风道掘进戳腿上梁时，被顶板掉落的矸子块砸伤，造成右手中指、无名指骨折。

（一）事故经过

××××年8月29日夜班，掘进区2075风道当班进尺任务6架棚。

23:30，班长廖××等11人到达工作面，安全确认无问题后开始进尺。

24:00左右，掘进机掘出第一架棚子位置，班长廖××观山，刘××找顶。找顶后，在没有进行前探梁护顶情况下，廖××就开始挖左帮柱窝，刘××挖右帮柱窝。

00:10左右，开始戳腿上梁。他们利用掘进机托梁器将棚梁托起，廖××和刘××分别在左右两帮接棚腿，准备上卡缆。

突然，刘××右侧伪顶掉落，一块150 mm×300 mm×350 mm的矸子块砸在棚腿上，将刘××的右手砸伤，造成其右手中指、无名指骨折。

（二）事故主要原因分析

1. 施工现场违章作业、违章指挥

（1）掘进机掘进后，现场在既没有采用前探梁护顶，也没有使用撞楔护顶的情况下，工人违章进入空顶区下挖柱窝、架棚子作业，严重违反了“掘进后，迎头必须使用前探梁支护或打撞楔控制顶板，不得空顶作业”的规定。

（2）员工刘××找顶不细、不彻底，没有将其右侧危险的伪顶找下来，为事故埋下隐患。

2. 掘进区安全管理混乱

该工作面现场不按措施施工、空顶作业行为绝不是偶尔为之，应该由来已久，掘进区管理人员对此听之任之、熟视无睹，安全意识极其淡漠。

（三）防范措施

（1）强化员工按章作业的意识，现场施工应严格按照规程措施要求执行。

（2）加强现场安全监察，杜绝违章指挥、违章作业行为，规范管理、督导员工规范操作。

（3）加强安全教育培训，提高员工的危害辨识能力，杜绝空顶作业行为。

案例二　找顶砸伤事故

××××年5月22日6点班，某矿掘进区员工郑××在2075泄水巷架棚子上梁的过程中，被上顶掉下的矸石块砸伤左手。

（一）事故经过

××××年5月22日6点班，班长赵××带领员工刘××、何××、郑××等人去2075泄水巷架棚，当班任务6架棚。

14:20割完第六架棚子的煤后，组长何××观山，郑××找顶，找顶完毕后，刘××、何××分别挖好两帮柱窝并戳好棚腿后，由郑××

站在截割部扛梁，此时顶板突然掉下一块 300 mm×200 mm×100 mm的矸石块，将郑××左手砸伤，造成中指骨折。

（二）事故主要原因分析

(1) 区队制定作业规程有漏洞，正常的作业程序中缺少在找顶后超前控制顶板的作业工序，致使员工经常在空顶下作业，存在安全隐患。

(2) 员工郑××工作马虎，操作不规范，缺乏安全意识。

(3) 现场安全确认不到位，在上梁前现场操作人员没有按照规程所规定的"及时找顶"制度对顶板进行二次找顶和安全确认。

（三）防范措施

(1) 完善规程措施。掘进找顶后，应先采取超前护顶措施，严禁人员在空顶下作业。

(2) 执行"一架三找顶"制度，在架棚过程中，每进行下一道工序前，都应及时进行找顶。在找顶过程中，应使用专用钎子严格遵守先外后里、先顶后帮的原则，并设有专人观顶。

(3) 规范员工操作行为，在上梁时，手必须放在梁下，防止掉块伤人。

(4) 加强对员工的安全教育，提高对顶板安全的认识和管理，提升员工的安全意识和危害辨识能力，发挥现场管理人员执行规程措施和纠正员工不规范行为的把关作用。

(5) 各有关职能部门加强对施工单位作业规程、操作规程的落实监督检查，对员工不规范操作行为及时检查纠正。

案例三　站位不当致伤事故

××××年 5 月 5 日，某矿－690 m 水平至－500 m 水平带式输送机斜井掘进巷道迎头打锚杆时上顶掉矸石，将在此打锚杆作业的冯××右脚踝骨砸伤。

（一）事故经过

××××年 5 月 5 日下午 2 点班，崔××班组负责－690 m 水平至－500 m水平带式输送机斜井的掘进作业。

16:10，崔××班组到达工作面与上一班现场交接，然后延续上一班的工作进度先打巷道两帮锚杆。

20:30,两帮锚杆打完,班长崔××安排李××、庞××两人操作掘进机开始掘进作业。

21:20,迎头上半部割完,然后由庞××、李××两人负责找顶。

21:35,掉顶完成后,李××、庞××、冯××、陈××等4人站在掘进机截割部与梯子搭接的大板上开始挂顶网。

21:50,顶网挂完开始打顶锚杆。庞××、冯××负责打左帮锚杆;李××、陈××负责打右帮锚杆。

22:10,冯××与庞××打完第二根锚杆孔后,冯××站在截割头上背对迎头安装树脂锚固剂,此时顶板发生离层片落,一块400 mm×300 mm×200 mm的矸石将冯××右脚压在掘进机的截割臂上,造成其右脚踝骨骨折。

(二) 事故主要原因分析

(1) 技术管理有漏洞。-690 m至-500 m带式输送机斜井穿层岩性变化较大,没有针对围岩特性及时制定安全技术措施。

(2) 现场带班班长没有发挥应有的作用。对施工作业现场环境没有履行安全确认义务,没有及时发现迎头矸石片落的隐患。

(3) 员工危险预知、危害辨识能力差。安装树脂锚固剂时背对迎头站立,不能及时发现迎头岩层变化。

(三) 防范措施

(1) 加强技术管理,针对地质变化、构造带及时制定有针对性的安全技术措施。

(2) 加强现场安全管理工作。班队长要认真做好安全确认工作,并随时观察作业环境,确保员工安全规范作业;员工在施工作业前要仔细观察作业环境,认真做好找顶工作。

(3) 加强安全教育培训工作,提高员工危害辨识能力,自觉做好自主保安和相互保安。

第三部分　装载机操作作业

装载机操作作业安全技术基础知识
装载机操作作业安全操作技能
装载机操作作业典型事故案例

模块一　装载机操作作业安全技术基础知识

安全技术基础知识一　专业技术基础知识

学习目标

1. 熟悉装载机的类别。
2. 熟悉装载机的常用型号及使用条件。
3. 熟悉装载机的结构、工作原理。

安全技术基础知识相关知识

一、装载机的类别

(1) 按照装载机工作机构的形式分类，可分为耙斗式、铲斗式、蟹爪式、立爪式和抓斗式等类型。

(2) 按照装载机行走方式分类，可分为轨轮式、履带式和轮胎式三种类型。

(3) 按照动力来源分类，可分为电动、风动、液压和内燃机等四种类型。

(4) 按照工作机构动作的连续性分类，可分为间歇式、连续式两种类型。

此外，还有将凿岩台车和装载机结合成一体，形成既能钻孔又能装载的钻装机。其中，耙斗式装载机（又称耙装机）和铲斗式装载机在煤矿应用较为广泛。

二、装载机的常用型号及其含义与使用条件

1. 装载机的常用型号及使用条件

(1) 耙斗式装载机的类型及使用条件

耙斗式装载机常用型号有 P-15B 型、P-30B 型、P-60B 型等。

P-30B 型装载机，可在高度 2 m 左右，宽度 2 m 以上的水平和倾角不超过 30°的巷道中工作，也可用于弯道处工作。岩石块度 300～400 mm时装载效率最高。

(2) 铲斗式装载机的类型及使用条件

铲斗式装载机常用型号有 ZCY30 型、ZCY45 型等。

ZCY45 型装载机用在井下水平和倾角不超过 16°的巷道中工作，用来装坚硬或松散的岩石，岩石的块度不超过 200～250 mm，适用于高度不低于 2.2 m，断面在 7.5 m^2 以上的单轨或双轨巷道中。

(3) 挖掘式装载机的类型及使用条件

挖掘式装载机常用型号有 ZWY-80/45L 型、ZWY-100/45L 型等。主要用于铁路隧道施工、矿山掘进、引水洞和国防洞窟施工中的装载作业。适用于断面为 2.5 m×2.5 m 以上的巷道。机器的最佳工作条件是：岩石的普氏硬度 $f \leqslant 12$，块度小于等于 450 mm。

(4) 蟹爪式装载机的类型及使用条件

蟹爪式装载机常用型号有 ZMZ22 型、ZMZ45A 型等。

ZMZ45A 型装载机适合在较矮的巷道中使用，主要适用于煤巷和含有少量岩石的半煤岩巷道，巷道断面大于 5 m^2，巷道高度不大于 1.4 m，巷道倾角不大于 10°，块度在 100～300 mm 时作业效率最高。

2. 型号含义

装载机型号由主代号、主参数代号和补充特征组成。

(1) 耙斗式装载机的型号含义：

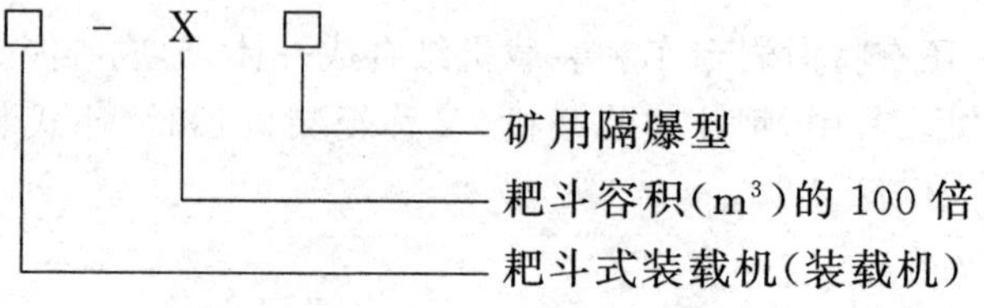

型号示例：P-30B。

P——行星传动的耙斗装载机；

30——耙斗容积 0.3 m^3；

B——矿用隔爆型。

（2）铲斗式装载机的型号含义：

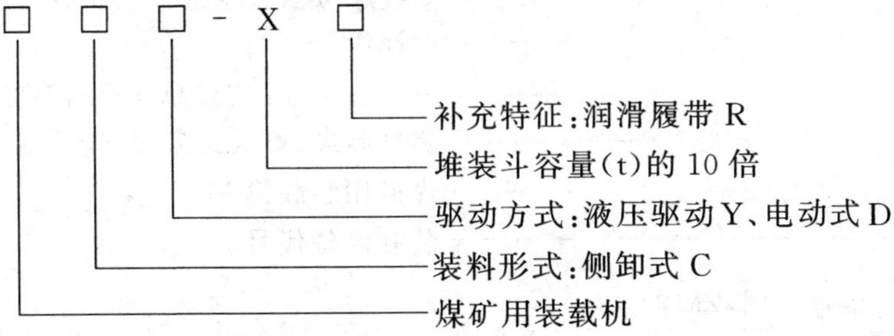

型号示例：ZCY45R。

Z——煤矿用装载机；

C——侧卸式；

Y——液压驱动；

45——堆装斗容量 4.5 t；

R——润滑履带。

（3）挖掘式装载机的型号含义：

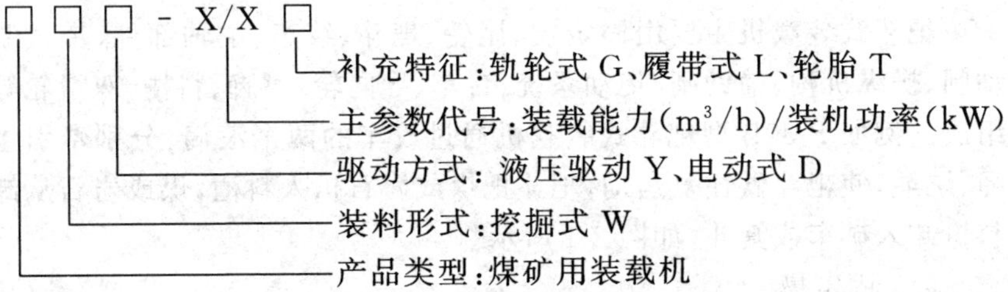

型号示例：ZWY-100/45L。

Z——煤矿用装载机；

W——挖掘式；

Y——液压驱动；

100/45——装载能力 100 m^3/h,装机功率 45 kW;

L——履带式。

(4) 蟹爪式装载机的型号含义:

□ □ □ - X □ □

- 修改序号 A、B、C
- 设计代号
- 主参数代号:装机总功率(kW)
- 装料形式:蟹爪式 Z、星轮式 X
- 煤矿用装载机 M
- 装载设备代号 Z

型号示例:ZMZ45A。

Z——装载机;

M——煤矿用;

Z——蟹爪式;

45——装机总功率 45 kW;

A——修改序号。

三、装载机的结构及工作原理

(一) 耙斗式装载机

1. 耙斗式装载机的结构及工作原理

耙斗式装载机主要由固定楔、尾轮、耙斗、绞车、主轴部件、带式制动闸、操纵机构、辅助闸、传动系统、台车、导向轮、撑脚、料槽、双滑轮等组成。例如 P-30B 型耙斗式装载机通过绞车的两个滚筒,分别牵引主绳、尾绳,使耙斗做往复运动,耙斗把煤或岩石扒入料槽,煤或岩石从卸料口卸入矿车或箕斗,如图 3-1 所示。

(1) 固定楔

固定楔固定在掘进工作面上,用以悬挂尾轮。固定楔由一个紧楔和一个尾部带锥套的钢丝绳套环组成。

(2) 尾轮

尾轮挂在固定楔上,用以引导尾绳,使耙斗返回工作面。尾轮由侧

图 3-1　P-30B 型耙斗式装载机

板、绳轮、心轴、吊钩组成。

(3) 耙斗

耙斗由尾帮、侧板、拉板、筋板焊接成整体，呈马蹄形结构，耙齿用铆钉固定在尾帮下端，如图 3-2 所示。耙齿磨损后可以更换。耙斗在主绳、尾绳的牵引下做往复运动来扒取岩石。

(4) 绞车

组成：包括电动机、减速机、两个行星滚筒及两组制动器等，如图 3-3 所示。

两组制动器的作用：起着两组离合器的作用，分别对两个滚筒进行控制。

工作时：刹紧工作滚筒闸带，使内齿轮停止转动；行星齿轮在太阳轮的带动下沿内齿轮转动，从而借助行星轮架带动滚筒转动，牵引耙斗。

回程时：松开工作滚筒的闸带，闸紧空载滚筒的闸带，依上述原理，尾绳把耙斗牵回扒岩处。制动闸(工作闸)除控制卷筒旋转缠绕钢丝绳使耙斗往返工作外，还可控制耙斗的运行速度。

(5) 主轴部件

组成：包括工作卷筒、回程卷筒、内齿圈、行星轮架、绞车架、行星

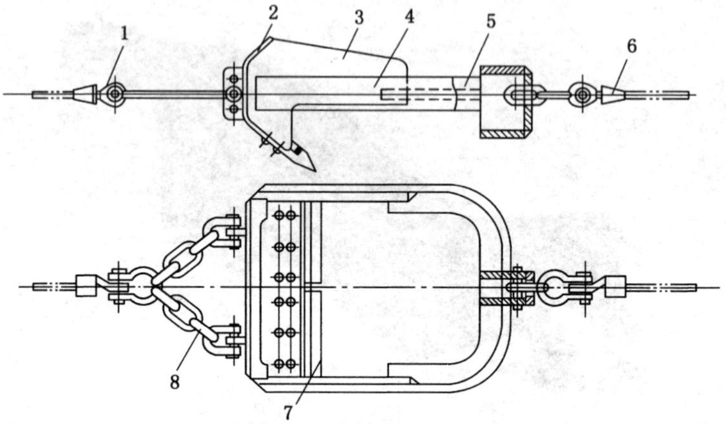

1、6—钢丝绳接头；2—尾帮；3—侧板；
4—拉板；5—筋板；7—耙齿；8—牵引链。

图 3-2 耙斗

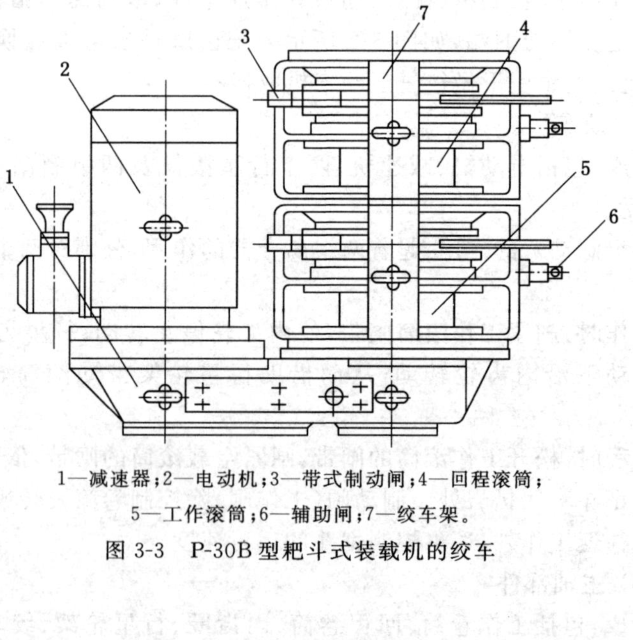

1—减速器；2—电动机；3—带式制动闸；4—回程滚筒；
5—工作滚筒；6—辅助闸；7—绞车架。

图 3-3 P-30B 型耙斗式装载机的绞车

轮、中心轮、主轴轴承等。

主轴的安装方式很特殊，它没有任何轴承支承，呈浮动状态。这种浮动结构能自动调节三个行星齿轮的负荷趋于均匀，使主轴不受径向力，只承受扭矩。主轴左端与减速器伸出轴上大齿轮的花键连接，实现扭矩传递。

(6) 带式制动闸

组成：包括钢带、钢丝石绵带(磨损后可更换)、摇杆和拉杆等，如图3-4所示。

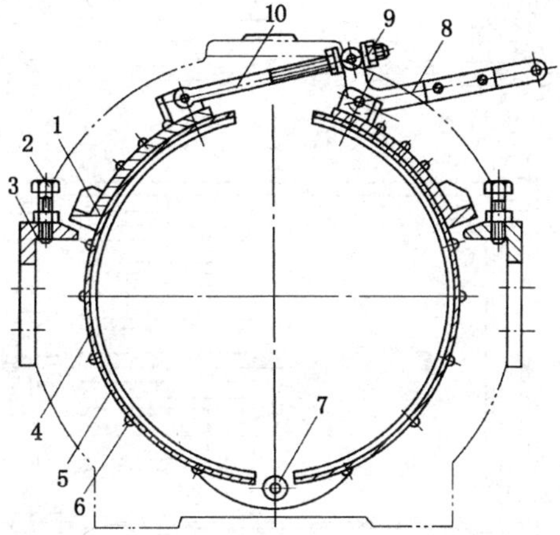

1—凸肩；2—调节螺钉；3—挡板；4—钢带；5—钢丝石棉带；
6—铆钉；7—圆柱销；8—摇杆；9—调节螺母；10—拉杆。

图 3-4　绞车带式制动闸

闸带呈半圆形对称布置，两条闸带用圆柱销与绞车机架连接。当操纵机构使摇杆顺时针转动时(即摇杆右端向下拉)，则摇杆使右闸带紧内齿圈外缘，从而实现内齿圈的制动。反之，当操纵机构使摇杆逆时针转动时(即摇杆右端向上推)，摇杆使右闸带离开内齿圈外缘，同时拉杆随摇杆向左移使左闸带也离开内齿圈外缘，即左、右闸带几乎同时向外张开，从而实现内齿圈的松闸。

(7) 操纵机构

组成:包括回程卷筒操纵手把、工作卷筒操纵手把、拉杆、连杆和调整螺杆等,如图 3-5 所示。

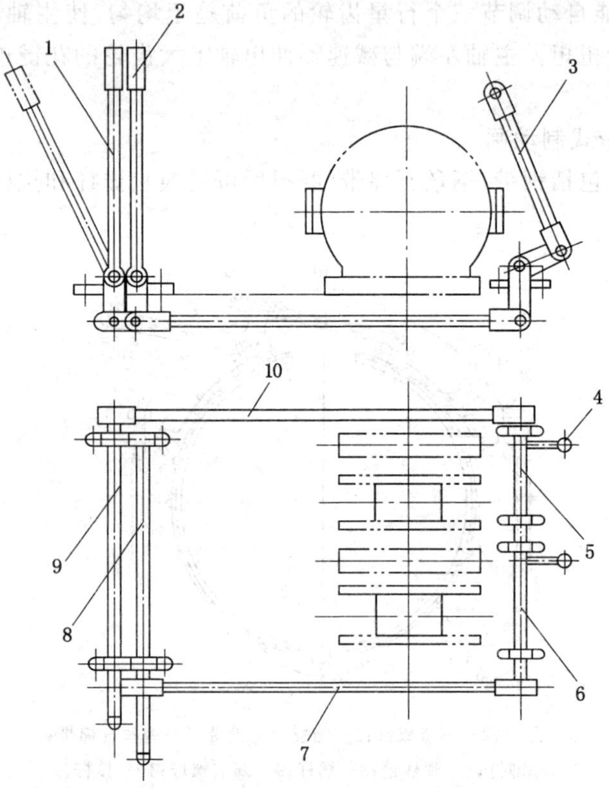

1—回程卷筒操纵手把;2—工作卷筒操纵手把;3、4—拉杆;
5、6—短杆;7、10—长杆;8、9—连杆。

图 3-5 操纵机构

该机构是两套组装在一起的杠杆操纵机构。回程卷筒操纵手把和工作卷筒操纵手把分别控制相应的带式制动闸。把回程卷筒操纵手把和工作卷筒操纵手把向右推时,通过相应的长杆使拉杆向下移,因拉杆与制动闸中的摇杆连接,所以摇杆被带动按顺时针转动,则对相应的内齿圈进行制动;反之,操纵手把向左拉时,通过相应的长杆使拉杆向上移，则对相应的内齿圈进行松闸。

(8) 辅助闸

组成：包括钢丝石棉带、闸瓦、接头、支座、弹簧、活塞、把手和把座等，如图 3-6 所示。

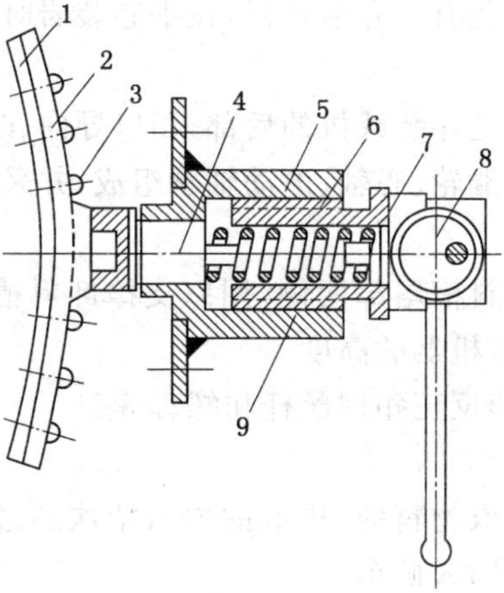

1—钢丝石棉带；2—闸瓦；3—铆钉；4—接头；5—支座；
6—弹簧；7—活塞；8—把手；9—把座。

图 3-6　辅助闸

在两个卷筒上的轮缘上各安装一个辅助闸，其作用是以一定的制动力矩抵消浮动卷筒的惯性力矩，防止耙斗停止运行时，由于滚筒的惯性放出多余的钢丝绳而出现乱绳现象。

(9) 传动系统

电动机启动后，经减速器内齿轮使绞车主轴转动。主轴上用花键固定着两个中心轮与三个行星齿轮啮合，并与相应的内齿圈组成两套行星齿轮传动机构，即传动工作卷筒和回程卷筒。

注：两个内齿圈只能一个闸紧，另一个松开，不能同时闸紧，否则将引起耙斗跳动，甚至拉断钢丝绳，造成人身和设备事故。当两个带式制动闸同时松开相应的内齿圈时，两个卷筒都不旋转，使耙斗处于原来位置不动，这如同停止电动机运转一样。

(10) 台车

组成:包括车架、车轮、弹簧碰头等。

台车是耙斗装载机的机架及行走部,承受装载机的全部重量。在台车上安装绞车、操纵机构、风动系统,并装有支撑中间槽的支架和支柱。台车前后部位装有4套卡轨器,在平巷装岩时用作固定机器。

(11) 导向轮

导向轮安装在耙斗装载机的后部,用以导向、改变钢丝绳的方向。

组成:由侧板、滑轮、心轴、滚动轴承组成,并采用防尘结构。

(12) 撑脚

撑脚安装在卸料槽尾部两侧,用以支撑卸料槽尾部,使之稳定;此外,还可以用来调节机器的高度。

组成:包括梯形反正扣螺丝杆和螺母等。

(13) 料槽

料槽是容纳扒取物料的,扒取的岩石依次通过进料槽、中间槽、卸料槽底部的卸料口卸入矿车。

进料槽中部有升降装置,以调节簸箕口的高度,簸箕口前两侧装有挡板,引导耙斗进入槽子。

中间槽有两个弯曲部分,弯曲部装有可以拆卸的耐磨弧形板。

卸料槽后部装有弹簧碰头,起缓冲作用。

(14) 双滑轮

双滑轮只在拐弯巷道(拐弯90°以内)装岩时使用,挂在巷道拐弯处引导主绳和尾绳作业。

组成:包括侧板、心轴、滚动轴承、吊钩及两个滑轮等。

2. 耙斗装载机的防护装置

(1) 封闭式金属拦绳栏,防止钢丝绳跳动伤人。

(2) 在司机操作一侧的护栏,防止在装岩过程中钢丝绳与耙斗摆动较大而出现耙斗出槽、钢丝绳弹跳伤人和较大块矸石掉落伤人。

(3) 护身柱或挡板。上山掘进的倾斜井巷倾角大于10°时,在司机前方打护身柱或设挡板;倾斜井巷倾角大于20°时,除在司机前方打护身柱或设拦板外,在耙装机前方还要增设固定装置,防止矸石和物料滚落伤人。

(4) 防止机身下滑设施。倾斜井巷使用耙装机时，必须有防止机身下滑的措施，如地锚、道卡等。

3. 耙斗式装载机的主要技术参数

以 P-30B 型为例，其主要技术参数如下：

(1) 生产率：30～50 m^3/h；

(2) 耙斗容积：0.3 m^3；

(3) 绞车型式：行星齿轮双滚筒绞车；

(4) 工作滚筒牵引力：13.50～19.50 kN；

(5) 空程滚筒牵引力：9.68～13.92 kN；

(6) 主绳牵引速度：0.85～1.22 m/s；

(7) 尾绳牵引速度：1.18～1.70 m/s；

(8) 钢丝绳直径：12.5～15.5 m/s；

(9) 电动机型号：YBB17-4，功率 17 kW，电压 660/1 140 V；

(10) 外形尺寸(长×宽×高)：6 600 mm×1 500 mm×1 950 mm。

(二) 铲斗式装载机

铲斗式装载机主要有两种类型，即后卸式和侧卸式。后卸式装载机在轨道上行走，而侧卸式装载机采用履带行走，机动灵活，实现了无轨作业，逐渐取代了后卸式铲斗装载机。

1. 铲斗式装载机的结构、工作原理

该装载机主要由铲装工作机构、履带行走机构、液压装置、行走减速部、机体、电气系统组成，如图 3-7 所示。

装载时行至岩石堆 1～1.5 m 处将铲斗底部与轨道接触，前行插入岩堆，与此同时点动提升手柄，使铲斗在岩堆中抖动，使之装满岩石；后退至矿车旁提升铲斗，到达高度后，侧卸入矿车。

(1) 铲装工作机构

铲装工作机构用于实现铲装、举升和侧向卸载，由铲斗、铲斗座、销轴、拉杆、举升油缸和侧卸油缸等组成，如图 3-8 所示。铲斗支承在铲斗座上，并靠铲斗一侧的销轴彼此铰接。铲斗座经拉杆和摇臂连接到机架上，组成双摇臂四连杆机构；摇臂在举升油缸推动下铲斗装载岩

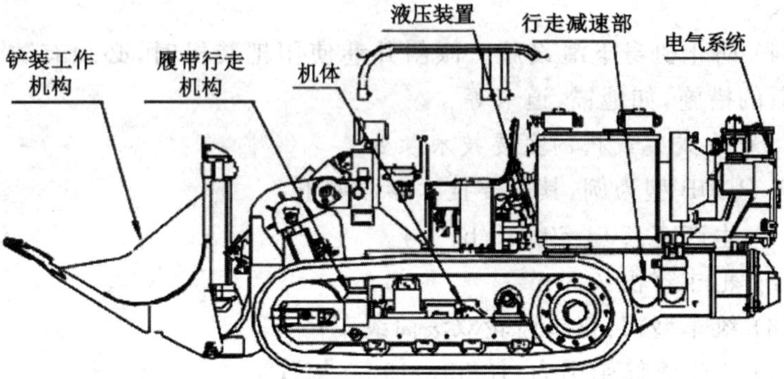

图 3-7　铲斗式装载机

石,并举到卸载高度,由卸载油缸使铲斗相对铲斗座绕销轴向一侧卸载。

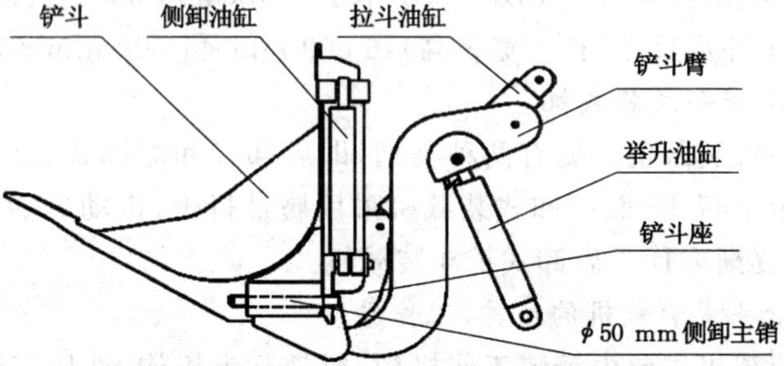

图 3-8　铲装工作机构

铲斗斗唇呈椭圆形,侧壁很低,利于铲入岩堆。铲斗背面四角各有一个销轴孔,上方销轴孔与侧卸油缸活塞杆端用销轴铰接,下方销轴孔与铲斗座眼用销轴相连接,根据左右卸载方向不同,决定使用左右销轴孔。

铲斗座承受铲入阻力,前面支承铲斗,后面与拉杆和大臂连接,内侧中部与卸载油缸端相连接。改变拉杆的长度,可以调节斗齿与底板的铲取角,铲取角调节范围为 30°～80°,斗齿最大下插深度为 150 mm。

摇臂下端两个销轴孔与铲斗座相连接，上端两销轴孔与左右举升油缸相连接。

(2) 履带行走机构

履带行走机构由引导轮、支重轮、托链轮、链轮和履带总成(统称"四轮一带")、液压张紧缓冲装置、左右履带架和履带固定元件(前、后半轴，楔形定位块和固定螺栓等)组成，如图 3-9 所示。左右履带由左右行走液压马达，经左右行走减速机、链轮分别驱动。履带的行走速度可通过操纵换向阀的开启程度在 1.4～3.3 km/h 的范围内调节。

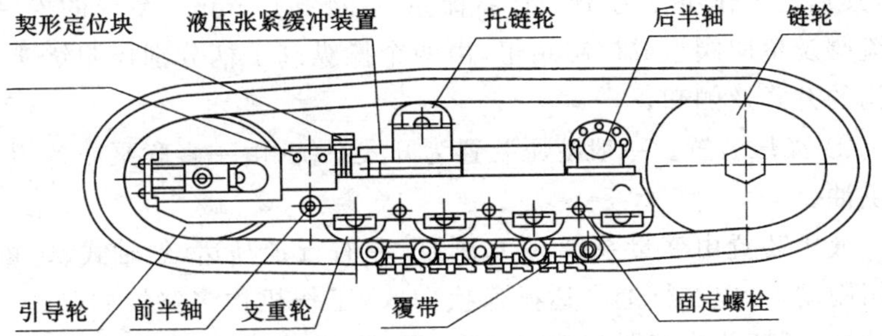

图 3-9 履带行走机构

履带液压张紧缓冲装置有张紧和缓冲两个功能，通过高压黄油枪向液压缸内加注油脂，油缸活塞前移，推动引导轮向前以调节上部履带的悬垂量(即履带的张紧程度)。履带的悬垂量(机器前进后停止，测量履带上部托链轮和引导轮或链轮间的下垂)以 15～20 mm 为宜。悬垂量过大，机器行走时履带的振摆和内磨损加剧；过小，行走驱动功率将急剧增加。缓冲机构由吸振弹簧、滑块和滑道组成，弹簧的预紧力为 38 kN。当装载机向前用铲斗冲插装载岩(煤)受阻或履带中卡入硬物，单侧履带链的张力超过 38 kN 时，弹簧压缩，吸收能量，起到缓冲的作用，以保护履带链和驱动装置。履带液压张紧缓冲装置结构示意图如图 3-10 所示。

(3) 液压系统

系统的泵站布置在司机座后面，由单独的电动机驱动，油泵为齿轮

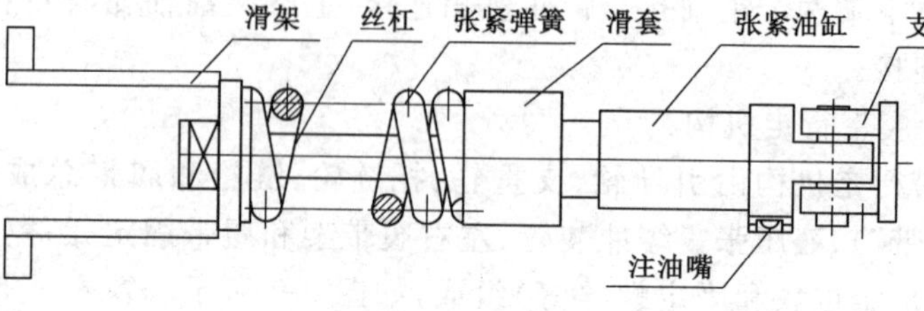

图 3-10　履带液压张紧缓冲装置结构示意图

泵，其额定工作压力为 16 MPa，流量为 94.5 L/min。系统的操纵阀、溢流阀及单向阀组成控制阀组，由两个操纵阀手柄分别控制铲斗工作机构的升降及侧卸。

① 液压装置。一般液压装置为开式系统，由一多联泵向各用户单独供油。

液压装置由变量泵(2 联)，副泵，左右行走马达(斜轴式、定量)和常闭制动器，左右行走马达操作换向阀，工作机构多路换向阀(3 联)，滤油器，板翘式冷却器，主、副油箱，硬、软油管，压力表接头等组成。

② 制动系统。包括行走操作阀、常闭制动器、行走马达、齿轮等。行走马达与齿轮相连，常闭制动器与行走马达相连。

工作原理：当机器停止时，常闭制动器咬合固定行走马达，停止运转。在工作时打开行走阀，经液压油打开常闭制动器，液压油同时进入液压马达，行走马达开始运转。

(4) 机体

机体(即底盘)由支架(或称机架)、机体(或称主油箱)、行走减速机焊接而成。左、右履带通过前后半轴、承载楔块、螺栓等与机体相连，组成结构强度和工艺性均优的四点固定式双半轴底盘。它的结构简单，可靠性高，装拆容易，互换性好，在我国引进和国产侧卸装载机底盘中性能最优。新型底盘的使用寿命与整机相同。

(5) 电气系统

电气系统主要包括 YBS-55、55 kW 防爆三相异步电动机 1 台，YBK2-100L2、3 kW 煤矿井下用隔爆三相异步电动机及防爆开关箱、远方控制按钮、电机启/停按钮、2台照明灯、急停和本安自检按钮、故障信号显示器以及电缆等。

2. 铲斗式装载机的技术参数

以ZCY45R为例,其技术参数如下:

铲斗容积:0.45 m^3;

电动机:型号YBS-55,功率55 kW,额定电压660/1 140 V;

最大卸载高度:1 400 mm;

最大卧底深度:600 mm;

爬坡能力:不大于16°;

牵引力:20 kN;

最小离地距离:180 mm;

最大行走速度:0.42 m/s;

系统工作压力:16 MPa。

(三) 挖掘式装载机

1. 挖掘式装载机的结构及工作原理

以ZWY-100/45L型号为例,履带挖掘装载机由反铲机构、运输槽机构、履带行走机构、机架体、液压操作系统、电气系统等部分组成,如图3-11所示。

图3-11　ZWY-100/45L履带挖掘装载机

（1）反铲机构

反铲机构主要由回转油缸、大臂、大臂油缸、小臂、小臂油缸、铲斗、铲斗油缸和链架等部件组成。控制回转油缸的伸缩可使大臂左右回转，控制大臂油缸伸缩可使大臂上下运动，控制小臂油缸伸缩可使小臂前后运动，控制铲斗油缸伸缩可使铲斗完成挖掘动作。铲斗上装有斗齿，磨损后可以更换。

（2）运输槽机构

运输槽机构主要由运输槽、抬槽油缸、主传动部分、刮板链、主动链轮、从动链轮和输送液压马达等部件组成，如图 3-12 所示。槽体内衬的进口耐磨板、刮板和主（从）动链轮是用高强度耐磨合金钢制造的。控制抬槽油缸伸缩，可使运输槽升降，分别满足工作或行走时的需要。启动输送液压马达正转可驱动刮板链把料石从料口运送到运输槽尾部卸载。在正常工作情况下，运输槽液压马达绝不可反转。

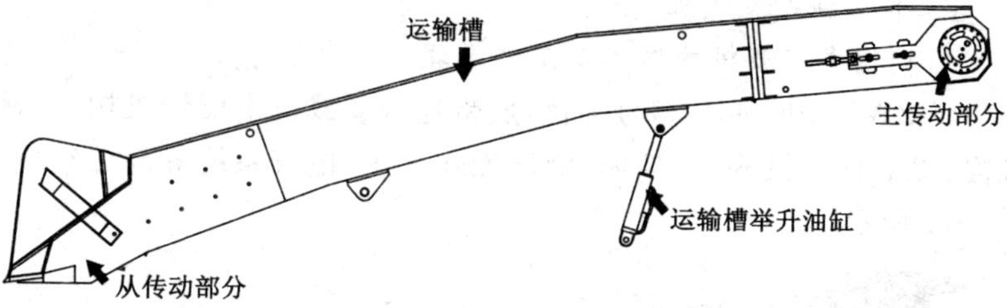

图 3-12　运输槽结构示意图

（3）履带行走机构

履带行走机构主要由履带梁、驱动链轮、导向轮、支重轮、托轮块、履带板、缓冲弹簧、张紧油缸、行走减速箱和行走液压马达等零部件组成，如图 3-13 所示。其功能一是行驶，二是铲取料石。启动行走液压马达，通过行走减速箱减速，驱动链轮带动履带运转。导向轮引导履带正确卷绕，防止履带横向滑脱。支重轮用来将机体的重量传递至履带上，并使机体沿导轨节运动；另外一个作用是夹持履带，使其不横向滑脱，在转向时，迫使履带在底板上横向滑移。托轮块用以承托上部履带的重量，不让它下垂过多，以减少机器运动时上方履带振动。内部的缓冲弹簧可减少履带所承受的冲击。张紧油缸可使履带适度张紧，履带太紧会增加推进阻力，加速磨损，减少履带使用寿命；履带太松则容易脱落。

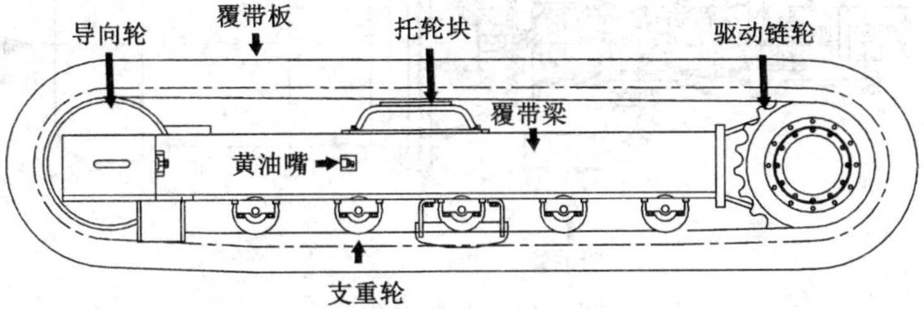

图 3-13　履带行走机构

（4）机架体

机架体的主要作用是连接机器的各大部件，并提供司机室和各液压操纵元件的安装空间。履带梁与机架通过高强度螺栓及平键组成可拆卸式连接。机架中部铰接运输槽，机架两侧装有油箱总成、电机油泵总成、散热器、电控箱、座椅、司机室等部件，机架底部装牵引杆。

（5）电机油泵总成

电机油泵总成由电动机、双联柱塞泵、双联齿轮泵和联轴器等零部件组成，如图 3-14 所示。其中，排量大的齿轮泵用于专供散热器油马达动力，排量小的齿轮泵用于专供先导用动力，双联柱塞泵提供反铲机构、输送刮板链和履带行走部分的液压动力。

（6）液压操作系统

液压操作系统主要由四联阀（输送、抬槽、左行走、备用）、五联换向阀（大臂、小臂、挖斗、回转、右行走）、单向阀、液压泵、液压油缸、液压马达、吸油滤油器、回油滤油器、液压油风冷却装置、测压装置、手动先导阀和踏板式先导阀等液压元件组成。

操纵机器向前推进，把矸石聚拢，同时把底板推平。操纵先导阀依次让大臂抬起、小臂伸出、把铲斗放至与小臂约成一线的位置，然后将大臂放下、小臂收回（同时使大臂上下微动），即可将矸石扒进运输槽。

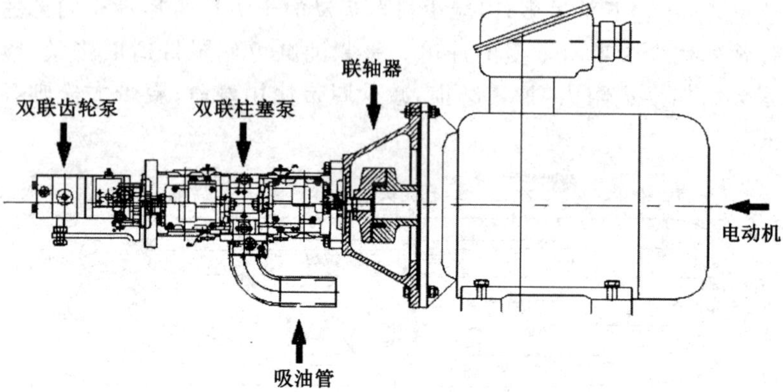

图 3-14　电机油泵总成

2. 挖掘式装载机的技术参数

以 ZWY-100/45L 履带挖掘装载机为例，其技术参数如下：

装载能力：100 m^3/h；

挖掘宽度：5 300 mm；

挖掘高度：3 090 mm；

挖掘深度：600 mm；

挖取距离：1 970 mm；

卸载高度：1 480～1 760 mm；

卸载距离：1 700 mm；

行走速度：0.25 m/s；

最高工作压力：不大于 32 MPa；

总功率：45 kW。

（四）蟹爪式装载机

1. 蟹爪式装载机的结构及工作原理

该类装载机主要由装运机构、行走机构、主体部、液压系统、电气系统、喷雾和冷却系统等部分组成，通过主机架组件将各部件有机组合成一体。

以 ZMZ45A 型为例（图 3-15），该机集装载、运输、行走于一体，主

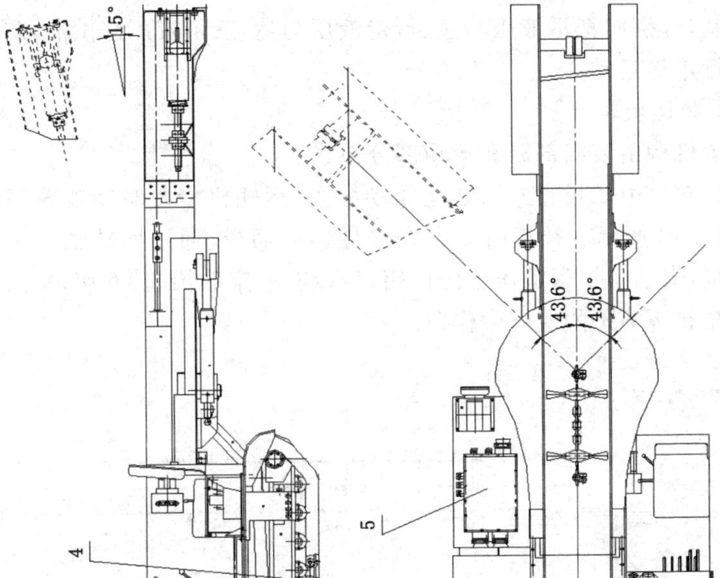

1—装载机构；2—主体部；3—操纵台；4—行走机构；5—运输机；6—传动部；7—启动器。

图3-15　ZMZ45A型蟹爪式装载机

要由装-运机构、行走机构、主体部、液压系统、喷雾系统及电气系统等组成。两侧的行走履带支撑着主体部,其余各部分均安装在主体部上。工作时,电动机通过传动箱驱动两台双联齿轮泵,再通过操纵台上的换向阀控制,分别向耙爪液压马达、行走液压马达、三组液压缸供油,实现装、运、行走等运动。

(1) 装运机构

装运机构由装载部分和运输部分组成。

装载部分由铲板、耙爪、装运驱动装置、运输机槽及驱动链轮等组成,如图 3-16 所示。铲板由 3 个焊接件连接而成,通过回转轴与主体部相连接,借助于铲板液压缸的作用,可以有一定的抬起、下切,从而实现机器在起伏不平的巷道中作业。

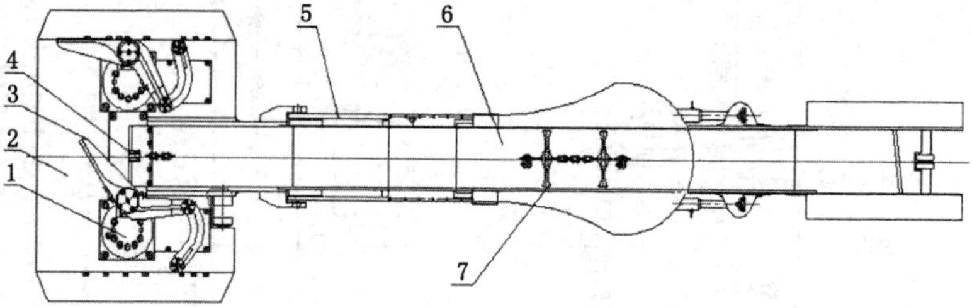

1—装运驱动装置;2—铲板;3—耙爪摇杆组件;4—驱动链轮;
5—主体部;6—运输机;7—刮板链。

图 3-16 装运机构

运输部分采用单中链刮板式运输机,由机槽、刮板链、回转机构及张紧装置组成,链条规格为 ϕ14 mm×50 mm 圆环链。借助于升降液压缸的作用,可以使机尾链轮中心与底板之间在 881.5～1 710 mm 范围内升降。借助于回转液压缸的作用,可以使机尾相对运输机中心偏转,左右偏转最大为 43.6°。

工作时,铲板借助于机器牵引力插入煤堆,BM-E500 型摆线液压马达通过耙爪减速机的伞齿轮带动偏心盘转动,使耙爪做有规律的耙装运动,将铲板上的(煤)岩耙到运输机上,并且用运输机链轮把耙爪减速机的另一对伞齿轮刚性连接起来，既保证左右耙爪同步工作，又将动力传给运输机的链轮，带动刮板链运转。

(2) 行走机构

行走机构主要由驱动部件、驱动链轮、导向轮组件、支重轮组件、履带架、履带、张紧及缓冲装置等组成，如图 3-17 所示。

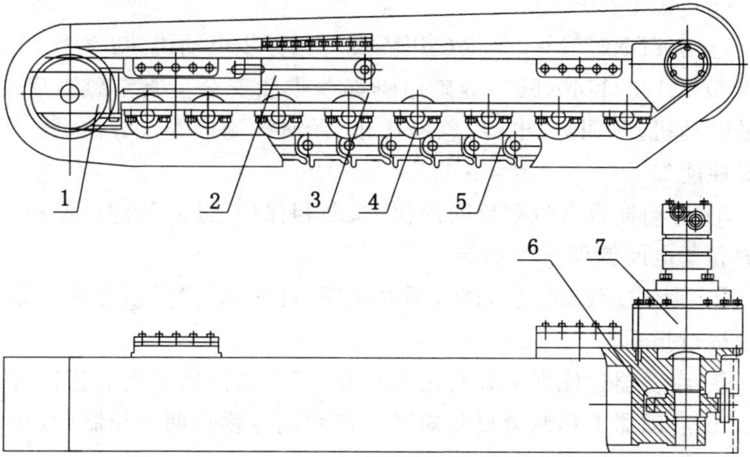

1—导向轮组件；2—张紧装置；3—支重轮组件；4—履带架；
5—履带；6—驱动部件；7—驱动链轮。

图 3-17 履带行走机构

左右两条履带各由 1 台 BM-E630 型摆线液压马达通过行走减速器驱动链轮转动，通过控制阀变换组合改变左、右行走马达的运转方向，从而使机器实现前进、后退和左右转向。

(3) 传动部

传动部主要由电动机、传动箱、齿轮泵组成。

(4) 主体部

所有部件均安装在主体部上，主机架中间空腔兼做油箱，装有吸油和回油过滤器，油箱容积 450 L，可有效控制温升。油箱上方设有可打开的盖，便于内部的清洗。

(5) 液压系统

采用全液压传动,其动力由一台 45 kW 电动机提供,通过传动箱驱动 2 台双联齿轮泵,通过阀组向 4 个独立的液压回路(装运、液压缸、行走和转载机液压回路)供油,系统工作介质为 N68# 抗磨液压油,系统工作压力为 14 MPa。

(6) 电气系统

选用 YBK225M-4 型煤矿用隔爆三相异步电动机,功率为 45 kW;选用 QJZ-160/1140(660)型矿用隔爆兼本质安全型真空磁力启动器,满足电动机、照明灯、电铃、急停按钮、瓦斯检测报警仪等供电需要,其主要性能如下:

① 启动器具有过载反时限保护、断相保护、过流(短路)保护、失压保护和漏电闭锁保护等功能;

② 具有过载、过流、断相、漏电闭锁、过热、短路闭锁等故障显示和电源运行指示;

③ 启动器过流保护具有记忆功能,需经复位后才能重新启动;

④ 启动器工作制分反复短时工作制或连续长期工作制(八小时工作制),操作频率为 300 次/h。

在电源电压为额定值的 75%～110%范围内,启动器能可靠工作。

(7) 喷雾系统

井下来水通过水过滤器和配流块经截止阀控制,可使设置在运输机尾部下方的引射喷雾装置喷雾。

2. 蟹爪式装载机的技术参数

以 ZMZ45A 型装载机为例,其主要技术参数如下:

生产能力:100 m^3/h;

适应巷道断面:不小于 5 m^2;

外形尺寸:7 010 mm×1 630 mm×1 130 mm;

装机功率:45 kW;

耙爪速度:38 r/min;

铲板抬高:350 mm;

铲板下切:200 mm;

行走速度：0.17 m/s；

转载机机尾摆角：45°。

安全技术基础知识二　本岗位安全责任制

学习目标

1. 掌握耙斗式装载机操作岗位安全责任制。
2. 掌握铲斗式装载机操作岗位安全责任制。
3. 掌握挖掘式装载机操作岗位安全责任制。
4. 掌握蟹爪式装载机操作岗位安全责任制。

安全技术基础知识相关知识

一、耙斗式装载机操作岗位安全责任制

(1) 耙斗式装载机司机必须经过专门培训，经考试合格后，取得安全培训合格证，方准持证上岗。

(2) 坚守工作岗位，遵守劳动纪律，上岗前必须佩戴好安全帽、防尘口罩等劳动防护用品，做好个人防护。

(3) 认真遵守操作规程，严禁违章作业，有权拒绝违章指挥。

(4) 熟悉和掌握设备性能、运行规律和完好标准，认真做到“三知四会”，即知设备性能、结构、工作原理，会使用、检查、保养、排除一般性故障，确保设备安全运转。

(5) 经常保持设备清洁，做到无油垢、无浮煤，并及时清除设备周围的杂物。

(6) 掌握本班生产任务，熟悉现场作业环境，开机前严格进行设备、人员、环境的安全确认。

(7) 设备运行时要集中精力，注意设备工况及作业环境安全，耙斗受阻时要探明情况，不得强行牵引。

(8) 当设备发生异常情况或存在事故风险时，应立即停机检查，并

及时报告相关作业指挥人员。

(9) 司机离开设备时,必须切断电源,开关打到零位,并进行闭锁,并悬挂禁止操作牌。

(10) 严格执行交接班制度,认真填写交接班记录。

二、铲斗式装载机操作岗位安全责任制

(1) 铲斗式装载机司机必须经过专门培训,经考试合格后,取得安全培训合格证,方准持证上岗。

(2) 坚守工作岗位,遵守劳动纪律,上岗前必须佩戴好安全帽、防尘口罩等劳动防护用品,做好个人防护。

(3) 认真遵守操作规程,严禁违章作业,有权拒绝违章指挥。

(4) 熟悉和掌握设备性能、运行规律和完好标准,认真做到"三知四会",即知设备性能、结构、工作原理,会使用、检查、保养、排除一般性故障,确保设备安全运转。

(5) 保持设备清洁,做到无油垢、无浮煤,并及时清除设备周围的杂物。

(6) 掌握本班生产任务,熟悉现场作业环境,开机前应严格进行设备、人员、环境的安全确认。

(7) 设备运行时要集中精力,注意设备工况及作业环境安全。

(8) 当设备发生异常情况或存在事故风险时,应立即停机检查,并及时报告相关作业指挥人员。

(9) 司机离开设备时,要将铲斗放至最低位置,所有操纵手柄置于中位,及时切断电源并挂牌闭锁。

(10) 严格执行交接班制度,认真填写交接班记录。

三、挖掘式装载机操作岗位安全责任制

(1) 挖掘式装载机司机必须经过专门培训,经考试合格后,取得安全培训合格证,方准持证上岗。

(2) 坚守工作岗位,遵守劳动纪律,上岗前必须佩戴好安全帽、防尘口罩等劳动防护用品,做好个人防护。

(3) 认真遵守操作规程,严禁违章作业,有权拒绝违章指挥。

(4) 熟悉和掌握设备性能、运行规律和完好标准,认真做到"三知

四会”，即知设备性能、结构、工作原理，会使用、会检查、会保养、会排除一般性故障，确保设备安全运转。

(5) 保持设备清洁，做到无油垢、无浮煤，并及时清除设备周围的杂物。

(6) 掌握本班生产任务，熟悉现场作业环境，开机前应严格进行设备、人员、环境的安全确认。

(7) 设备运行时要集中精力，注意设备工况及作业环境安全。

(8) 当设备发生异常情况或存在事故风险时，应立即停机检查，并及时报告相关作业指挥人员。

(9) 司机离开设备时，要将铲斗放至最低位置，所有操纵手柄置于中位，及时切断电源并挂牌闭锁。

(10) 严格执行交接班制度，认真填写交接班记录。

四、蟹爪式装载机操作岗位安全责任制

(1) 蟹爪式装载机司机必须经过专门培训，经考试合格后，取得安全培训合格证，方准持证上岗。

(2) 坚守工作岗位，遵守劳动纪律，上岗前必须佩戴好安全帽、防尘口罩等劳动防护用品，做好个人防护。

(3) 认真遵守操作规程，严禁违章作业，有权拒绝违章指挥。

(4) 熟悉和掌握设备性能、运行规律和完好标准，认真做到“三知四会”，即知设备性能、结构、工作原理，会使用、检查、保养、排除一般性故障，确保设备安全运转。

(5) 经常保持设备清洁，做到无油垢、无浮煤，并及时清除设备周围的杂物。

(6) 掌握本班生产任务，熟悉现场作业环境，开机前严格进行设备、人员、环境的安全确认。

(7) 设备运行时要集中精力，注意设备工况及作业环境安全。

(8) 当设备发生异常情况或存在事故风险时，应立即停机检查，并及时报告相关作业指挥人员。

(9) 司机离开设备时，必须及时切断电源并挂牌闭锁。

(10) 严格执行交接班制度，认真填写交接班记录。

安全技术基础知识三　本岗位风险及控制

学习目标

1. 掌握耙斗式装载机操作岗位风险及控制。
2. 掌握铲斗式装载机操作岗位风险及控制。
3. 掌握挖掘式装载机操作岗位风险及控制。
4. 掌握蟹爪式装载机操作岗位风险及控制。

安全技术基础知识相关知识

一、耙斗式装载机操作岗位风险及控制

1. 耙斗式装载机操作岗位风险

(1) 不认真执行“敲帮问顶”制度，顶、帮落矸伤人。

(2) 由于钢丝绳断丝，超限使用钢丝绳造成断绳伤人。

(3) 机身各部位连接不可靠，开焊部件脱落伤人。

(4) 耙斗式装载机无支腿、无道卡，装载机歪倒、移动伤人。

(5) 耙斗式装载机固定不牢伤人。

(6) 耙斗式装载机刹车装置不齐全，耙斗伤人。

(7) 扒装区域内有人滞留伤人。

(8) 耙斗式装载机没有挡绳栏、护栏，耙斗或矸石滑出伤人。

(9) 操作不当或操作失误伤人。

(10) 拉、放车时，司机未进入躲避硐，造成伤人。

(11) 上、下山施工，耙斗式装载机无防滑措施，滑落伤人。

(12) 耙斗式装载机距工作面距离不符合规程要求伤人。

(13) 移动耙斗式装载机时不执行措施，造成事故伤人。

2. 耙斗式装载机操作岗位风险控制措施

(1) 耙斗式装载机司机接班后，首先要检查工作范围内的支护、顶板、煤尘、瓦斯、拒爆、残爆等安全情况，发现不安全因素及时处理；然后

再进行其他工作。

(2) 必须使用合格的钢丝绳,并做好钢丝绳的日常检查。如磨损和断丝超过规定应及时更换,不得使用打结的钢丝绳。作业操作中,钢丝绳的速度要保持均匀,不可使钢丝绳忽松忽紧。

(3) 开机作业前,必须检查耙斗式装载机各部件连接情况。

(4) 倾斜井巷使用耙斗式装载机时,必须有防止机身下滑的措施,如地锚、道卡等,并随时检查线路质量,防止装载机掉道、歪倒。

(5) 作业前必须将机身和尾轮固定牢靠,特别是挂尾轮的固定楔,应根据岩石性质,选用不同的固定方式。楔眼要有一定的斜度,不得将尾轮固定在棚梁或棚腿上。

(6) 开机作业前,必须检查绞车、卷筒和制动闸是否完整齐全、灵活可靠。

(7) 开机前,必须发出信号,撤出钢丝绳运行区段内所有人员。

(8) 耙斗式装载机必须装有封闭式金属挡绳栏和防止耙斗出槽的护栏。

(9) 司机必须经过培训和考试,取得安全培训合格证后方可上岗作业;规范司机操作行为,强化操作前的手指口述,避免误操作。

(10) 拉、放车时,司机要及时躲到安全地点。

(11) 倾斜井巷使用耙斗式装载机时,必须有防止机身下滑的措施。

(12) 装载机安装位置要合适,其距工作面最小距离一般不得小于6 m。

(13) 严格执行《煤矿安全规程》和岗位安全操作规程的规定。

二、铲斗式装载机操作岗位风险及控制

1. 铲斗式装载机操作岗位风险

(1) 不认真执行"敲帮问顶"制度,顶、帮落矸伤人。

(2) 装载机运行时,司机将身体伸出驾驶室外。

(3) 装载机运行时,人车同行,造成伤害事故。

(4) 装载机运行速度太快,造成人员伤害,设备、电缆损坏。

(5) 装载机更换电池时,司机与指挥人员配合不协调,造成人员伤

害、设备损坏。

(6) 装载机装运设备操作不当,造成人员伤害、设备损坏。

(7) 装载机停机时,铲板未放落至底板,停电上锁误操作,导致人员受伤、设备损坏。

(8) 停机地点不正确,造成人员伤害、设备损坏。

2. 铲斗式装载机操作岗位风险控制措施

(1) 铲斗式装载机司机接班后,首先要检查工作范围内的支护、顶板、煤尘、瓦斯、拒爆、残爆等安全情况,发现不安全因素及时处理;然后再进行其他工作。

(2) 装载机运行时,司机不得将身体伸出驾驶室外。

(3) 严格执行"行人不行车,行车不行人"制度。

(4) 装载机清煤、运料、拐弯时速度要适宜。

(5) 装载机更换电池时,一人操作设备、一人观察指挥,指挥人员必须站在装载机摆动范围外。蓄电池更换完毕后,充电工离开装载机确认安全后,方可通知装载机司机启动。

(6) 使用装载机装运其他设备时,设备必须捆绑牢固。

(7) 装载机停机时,将铲板放落至底板,并停电闭锁、上锁。

(8) 装载机停放在顶板支护完好、无片帮、无积水、平坦的地方。

三、挖掘式装载机操作岗位风险及控制

1. 挖掘式装载机操作岗位风险

(1) 不认真执行"敲帮问顶"制度,顶、帮落矸伤人。

(2) 装载机运行时,司机将身体伸出驾驶室外,造成人员伤害。

(3) 装载机运行时,人车同行,造成伤害事故。

(4) 装载机运行速度太快,造成人员伤害,设备、电缆损坏。

(5) 设备不完好,导致操作时设备损坏、人员受伤。

(6) 装载机停机时,抓斗未放落至底板,停电上锁误操作,导致人员受伤、设备损坏。

(7) 停机地点不正确,造成人员伤害、设备损坏。

2. 挖掘式装载机操作岗位风险控制措施

(1) 装载机司机接班后,首先要检查工作范围内的支护、顶板、煤尘、瓦斯、拒爆、残爆等安全情况,发现不安全因素及时处理;然后再进行其他工作。

(2) 装载机运行时,司机不得将身体伸出驾驶室外。

(3) 严格执行“行人不行车,行车不行人”制度。

(4) 装载机清煤、运料、拐弯时速度要适宜。

(5) 装载前检查设备的完好程度,不得带病运行。

(6) 装载机停机时,将抓斗放落至底板,并停电闭锁、上锁。

(7) 装载机停放在顶板支护完好、无片帮、无积水、平坦的地方。

四、蟹爪式装载机操作岗位风险及控制

1. 蟹爪式装载机操作岗位风险

(1) 不认真执行“敲帮问顶”制度,顶、帮落矸伤人。

(2) 设备不完好,造成伤人事故。

(3) 装载机开机时,没有发出开车信号,或其他人员误操作,造成伤人事故。

(4) 装载机运行时,装载机运行区域有人员作业,造成伤人事故。

(5) 因刮板链磨损严重,造成断链伤人事故。

2. 蟹爪式装载机操作岗位风险控制措施

(1) 司机接班后首先要检查工作范围内的支护、顶板等安全情况,发现有冒顶、片帮征兆,应立即停止工作,撤出人员,并及时处理。

(2) 开机作业前,必须检查蟹爪式装载机各部位完好情况,不得带病工作。

(3) 司机必须经过培训和考试,取得安全培训合格证后方可上岗作业;规范司机操作行为,强化操作前的手指口述,避免误操作。

(4) 开机前,必须发出信号,装载机运行区域有人员应全部撤出。

(5) 经常检查刮板链的磨损情况,磨损严重时要立即更换。

安全技术基础知识四
本岗位事故隐患排查治理方法

学习目标

1. 掌握耙斗式装载机操作岗位隐患排查及治理。
2. 掌握铲斗式装载机操作岗位隐患排查及治理。
3. 掌握挖掘式装载机操作岗位隐患排查及治理。
4. 掌握蟹爪式装载机操作岗位隐患排查及治理。

安全技术基础知识相关知识

一、耙斗式装载机操作岗位隐患排查及治理

1. 隐患内容

(1) 高瓦斯、煤与瓦斯突出危险区域中煤巷掘进工作面使用钢丝绳牵引耙斗式装载机(也简称为耙装机)。

(2) 斜巷施工使用的耙装机没有防止机身下滑。

(3) 斜巷挪移耙装机时,耙装机下方有人工作或停留。

(4) 耙装机没有安设封闭式金属挡绳栏和防止耙斗出槽的护栏。

(5) 耙装机运行时,在耙斗运行范围内进行其他工作和行人。

(6) 上山施工倾角大于 20°时,没有在司机前方安设护身柱或者挡板,没有在耙装机前方增设固定装置。

(7) 没有按照岗位安全操作规程要求作业,倒耙浮煤。

(8) 耙装时过渡槽下口有人员作业或停留。

(9) 耙装机耙岩完毕后,没有将操纵把放在松闸位置,没有切断电源,卸下操纵把。

(10) 耙装机钢丝绳在一个捻距内断丝的断面积或磨损减少的断面积超过原钢丝绳截面积 25%时,没有及时更换;使用断股和接疙瘩的钢丝绳。

(11) 卡轨器等安全设施不全或未正常使用。

(12) 耙装机部件不完整继续使用。

(13) 耙装机回头轮挂在架棚棚梁、腿、支护锚杆或钢带上。

(14) 耙装时未执行防尘措施。

2. 隐患治理

(1) 严格执行《煤矿安全规程》中“高瓦斯、煤与瓦斯突出和有煤尘爆炸危险性的矿井煤巷、半煤岩巷掘进工作面和石门揭煤工作面,不使用钢丝绳牵引的耙装机”的规定。

(2) 倾斜井巷使用耙装机时,必须有防止机身下滑的措施。

(3) 移动耙装机时,必须制定专项安全技术措施;在倾斜井巷移动耙装机时,下方不得有人。

(4) 耙装机必须装有封闭式金属挡绳栏和防止耙斗出槽的护栏。

(5) 耙装机运行时,严禁在耙斗运行范围内进行其他作业和行人。

(6) 上山施工倾角大于 20°时,在司机前方必须设护身柱或者挡板,并在耙装机前方增设固定装置。

(7) 严格按照岗位安全操作规程要求作业,不得倒耙浮煤。

(8) 耙装时过渡槽下口严禁人员作业或停留。

(9) 耙装机耙岩完毕,应将操纵把放在松闸位置,切断电源,卸下操纵把。

(10) 耙装机钢丝绳在一个捻距内断丝的断面积或磨损减少的断面积超过原钢丝绳截面积 25%时,必须更换;严禁使用断股和接疙瘩的钢丝绳。

(11) 耙装作业前,要检查耙装机完好情况,确保卡轨器等安全设施健全并正常使用。

(12) 耙装机部件不完整的不得使用。

(13) 耙装机作业前必须将机身和尾轮固定牢靠,特别是悬挂尾轮的固定楔,应根据岩层性质选用不同的固定方式。不准将尾轮悬挂在棚梁、棚腿或基本支护锚杆上。

(14) 耙岩作业前必须洒水降尘,并要随装随洒水。

二、铲斗式装载机操作岗位隐患排查及治理

1. 隐患内容

(1) 装载机开机前未检查完好情况,未进行试运转。

(2) 电气系统在淋水条件下工作没有做好防水措施的。

(3) 装载机装岩时,电缆没有悬挂好,装载机行走段的电缆没有专人扶持。

(4) 装载机装岩时,扶电缆人员精神不集中。

(5) 装岩时,装载机行走范围有人作业或停留。

(6) 铲斗举起后,其下方有人或行人。

(7) 需在铲斗下检修,铲斗抬起后,未在铲斗下方架设牢固可靠的安全保护。

(8) 需在铲斗下检修,而未切断装载机电源。

(9) 打眼与装岩平行作业时,其铲斗与打眼人员间距不符合作业规程要求。

(10) 装岩前未洒水降尘。

2. 隐患治理

(1) 装岩前,司机应对装载机进行全面检查,并进行试运转。

(2) 在淋水条件下工作,电气系统要有防水措施。

(3) 装岩时,电缆必须悬挂好,装载机行走段的电缆必须有专人扶持和保护,防止挤压、拖地和拉坏。

(4) 扶电缆人员要精神集中,防止受伤。

(5) 装岩时,装载机行走范围严禁有人作业或停留。

(6) 铲斗举起后,严禁其下方有人或行人。

(7) 如需在铲斗下检修时,铲斗抬起后,必须将铲斗穿好保险销,或在铲斗下方架设牢固可靠的安全保护支撑架后,方可进行检修作业。

(8) 如需检修装载机时,必须切断电源后,方可进行检修作业。

(9) 打眼与装岩平行作业时,装载机铲斗与打眼人员间距不得少于 6 m;否则打眼不装岩,装岩不打眼。

(10) 装岩前必须洒水降尘,并要随装随洒水。

三、挖掘式装载机操作岗位隐患排查及治理

1. 隐患内容

(1) 装载机开机前未检查完好情况,未进行试运转。

(2) 装载机工作时,升起的铲斗周围有人靠近。

(3) 装载机运行过程中试图跨越较大障碍物。

(4) 装载机行走时,电缆没有及时收放或收缆时没有撤离电缆附近人员。

(5) 装载机行走时没有关闭装载机构。

(6) 装载机工作时,未使用冷却水(或风冷)对液压系统进行降温。

(7) 装载机工作时,油箱内油温或回油温度超过规定,未停机冷却。

(8) 装载机下坡运行速度过快或脱挡滑行。

(9) 2 台以上装载机同时作业或者与抓岩机同时作业时,没有设专人指挥。

(10) 爆破作业前,挖掘机未停放在安全地点。

(11) 装载机停放时,铲斗未触底板且未关闭电源并闭锁。

(12) 装载机在斜坡上停放,未打好支掩。

(13) 装载机作业段内照明不足。

2. 隐患治理

(1) 装载机司机应在工作前对装载机进行全面检查,并进行试运转。

(2) 装载机工作时,非操作人员不得靠近。

(3) 装载机行走时,底板要清除大于 200 mm 的障碍物;装载机不得试图跨越较大障碍物。

(4) 装载机行走时,要及时收放电缆;收缆时要撤离电缆附近的人员;严禁挤压电缆。

(5) 装载机工作时运输槽放下紧贴底板(轨面),方可开始挖取煤矸及向后输送。在运矸马达工作时,挖装机不能行走。装载机行走时必须关闭装载机构。

(6) 装载机工作时,必须使用冷却水(或风冷)对液压系统进行降温。

(7) 油箱内油温或回油温度超过规定时,必须停机冷却,并做间歇式工作,检查油温升高的原因,处理好后再开机。

(8) 下坡运行时必须使用低速挡,严禁脱挡滑行;跨越轨道时必须有防滑措施。

(9) 2 台以上装载机同时作业或者与抓岩机同时作业时,应当明确各自的作业范围,并设专人指挥。

(10) 在爆破之前,装载机应停在安全地点,采取措施进行掩护。

(11) 装载机停放时,铲斗应轻触底板,运输槽降至最低位,关闭电源并闭锁。

(12) 装载机在斜坡上停放时,为防止其下滑,应在履带底下垫放三角木支掩。

(13) 装载机作业范围内必须有充足的照明。

四、蟹爪式装载机操作岗位隐患排查及治理

1. 隐患内容

(1) 装载机开机前未检查完好情况,未进行点动试车。

(2) 装载机开动前未发出信号或附近有人。

(3) 装载机启动困难时多次启动。

(4) 装载机运转时未监控各部件异常声音和温升。

(5) 装载机运转中注油和清扫煤尘。

(6) 装载机在倾斜巷道使用,没有防滑措施。

(7) 装载机运转时,未观察刮板链和履带的松紧情况。

(8) 装载机运转中,同时操纵两个手把。

(9) 装载机在装矸作业时,其他人员站在机器的两侧或卸矸槽下方。

(10) 司机离开设备时未切断总电源。

2. 隐患治理

(1) 装载机开机前,司机要全面检查设备完好情况。开车时,应先点动一次,没有问题时方可正式开车。

(2) 开动装载机前应先发出信号,附近不得站人。

(3) 装载机因负荷大启动困难时,最多启动次数不得超过 3 次,每次不得超过 1.5 s;否则,应停车处理。

(4) 装载机运转时，司机应随时注意装载机各部位运转的声音，减速箱温升不超过 65 ℃，电动机外壳温度不得超过 80 ℃。

(5) 装载机运转时严禁注油或清扫煤尘；待装载机停止运转后方可注油或清扫干净煤尘。

(6) 装载机在倾斜巷道使用时，要有防滑措施。

(7) 装载机运转时，要随时观察履带和刮板链的松紧情况，防止履带松脱，防止回空链拉回煤矸。

(8) 装载机运转时，严禁同时操纵两个手把，同时装矸和行走。当所控制的油缸达到要求位置时，应立即将手把扳回到中间位置。

(9) 装载机在装矸作业时，除司机外，严禁其他人员站在机器的两侧或卸矸槽下方。

(10) 司机离开设备时，必须及时切断电源并挂牌闭锁。

安全技术基础知识五
《煤矿安全规程》及安全生产标准化的相关规定

学习目标

1. 熟悉《煤矿安全规程》的相关规定。
2. 熟悉安全生产标准化的相关要求。

安全技术基础知识相关知识

一、《煤矿安全规程》中的相关规定

《煤矿安全规程》对装载机的使用有明确规定，涉及的条款如下。

第六十一条 使用耙装机时，应当遵守下列规定：

(一) 耙装机作业时必须有照明。

(二) 耙装机绞车的刹车装置必须完好、可靠。

(三) 耙装机必须装有封闭式金属挡绳栏和防耙斗出槽的护栏；在巷道拐弯段装岩(煤)时，必须使用可靠的双向辅助导向轮，清理好机

道，并有专人指挥和信号联系。

（四）固定钢丝绳滑轮的锚桩及其孔深和牢固程度，必须根据岩性条件在作业规程中明确。

（五）耙装机在装岩(煤)前，必须将机身和尾轮固定牢靠。耙装机运行时，严禁在耙斗运行范围内进行其他工作和行人。在倾斜井巷移动耙装机时，下方不得有人。上山施工倾角大于20°时，在司机前方必须设护身柱或者挡板，并在耙装机前方增设固定装置。倾斜井巷使用耙装机时，必须有防止机身下滑的措施。

（六）耙装机作业时，其与掘进工作面的最大和最小允许距离必须在作业规程中明确。

（七）高瓦斯、煤与瓦斯突出和有煤尘爆炸危险矿井的煤巷、半煤岩巷掘进工作面和石门揭煤工作面，严禁使用钢丝绳牵引的耙装机。

第六十二条 使用挖掘机时，应当遵守下列规定：

（一）严禁在作业范围内进行其他工作和行人。

（二）2台以上挖掘机同时作业或者与抓岩机同时作业时应当明确各自的作业范围，并设专人指挥。

（三）下坡运行时必须使用低速挡，严禁脱挡滑行，跨越轨道时必须有防滑措施。

（四）作业范围内必须有充足的照明。

二、安全生产标准化中的相关要求

煤矿安全生产标准化对耙装机的基本要求是：耙装机装设有封闭式金属挡绳栏和防耙斗出槽的护栏，固定钢丝绳滑轮的锚桩及其孔深和牢固程度符合作业规程规定，机身和尾轮应固定牢靠；上山施工倾角大于20°时，在司机前方设有护身柱或挡板，并在耙装机前增设固定装置；在斜巷中使用耙装机时有防止机身下滑的措施。耙装机距工作面的距离符合作业规程规定。耙装机作业时有照明。高瓦斯、煤与瓦斯突出和有煤尘爆炸危险性的矿井煤巷、半煤岩巷掘进工作面和石门揭煤工作面，不使用钢丝绳牵引的耙装机。

模块二　装载机操作作业安全操作技能

安全操作技能一　本岗位“双述”示例

学习目标

1. 了解耙斗式装载机司机岗位描述内容。
2. 了解耙斗式装载机司机手指口述内容。

安全操作技能相关知识

一、耙斗式装载机司机岗位描述

我叫×××，是×开拓队装载机司机，经过专业技术培训考试合格后，取得安全培训合格证，持证上岗。本班的工作内容是：操作 P-60B 型耙斗式装载机。

1. 设备与环境描述

我使用的设备是 P-60B 型耙斗式装载机，该设备经检修处于正常状态。

我现在所工作的地点是×工作面，该工作地点位于×采区，工作地点顶板完好，无其他安全隐患。

2. 岗位风险和安全确认

(1) 进入工作地点后，认真检查顶板及围岩安全情况，检查有无空顶现象，对巷道顶板情况进行安全确认，工作面顶板是否有掉渣，有掉渣时及时处理。

(2) 检查瓦斯，工作面拒爆、残爆等情况，发现不安全因素及时处理好。

(3) 检查耙斗式装载机各部位完好情况。

(4) 检查确认钢丝绳符合规定情况。

(5) 检查确认反绳轮安装牢固。

(6) 检查耙斗式装载机护栏、尾罩等设施齐全有效。

(7) 装岩前必须洒水灭尘。

(8) 检查耙斗式装载机绳运行区域人员是否全部撤出。

装岩安全注意事项:

(1) 装岩过程中任何人不得手扶矿车车沿。

(2) 耙岩过程中发生故障时,必须切断电源进行处理。

(3) 风流中甲烷浓度达到1%时,严禁使用耙斗式装载机装岩。

(4) 每次摘挂反绳轮时,必须与司机联系好,停车松绳之后进行,摘挂好后躲到安全地点,发出耙岩信号后方可进行耙装工作。

(5) 耙岩时,溜槽上必须安装封闭式金属挡绳栏,防止钢丝绳崩出抽人。

(6) 耙斗式装载机距工作面距离不得小于6 m,耙斗式装载机移动到位后按要求固定好防跑车装置。

(7) 耙斗式装载机的出绳方向与耙斗机夹角过大时,司机应在出绳的对侧操作,以防耙斗窜出伤人。

经安全确认无隐患(经安全确认有×隐患,正在处理)。

3. 操作程序

我的操作流程是:现场安全确认→检修前准备→安全确认→装岩前洒水降尘→开机→空机试运转→装岩→停机→停电闭锁→检查、检修→检验→清理→现场交接班。

4. 避灾路线描述

发生灾害的处理措施:当工作面发生火灾或水灾时,必须立刻向调度室汇报。汇报内容包括灾害类别、地点、灾害情况等,并同时积极组织人员开展救灾。在灾害不能处理的情况下,所有人员不得慌乱,在现场负责人或有经验的老工人带领下,沿避灾路线尽快撤离灾区。若撤离路线被火灾或水灾堵塞,不能撤离时,就要设法到较安全的地方暂时躲避,安静、耐心地等待救护人员救护。

火灾避灾方法描述:发生火灾、瓦斯、煤尘爆炸后,应以最快的速度佩戴好自救器;然后迎着风流方向,迅速向井口撤离。若人员在事故点顺风流侧时,应就近进入新鲜风流侧。

水灾避灾方法描述:当工作面发生水灾时,要由下向上撤出,其他地点人员就近向上撤出。

二、耙斗式装载机司机手指口述

1. 耙斗式装载机司机手指口述内容

(1) 施工工序划分

班前会→装岩。

(2) 施工工序中安全节点划分

班前会→装岩前→装岩后。

(3) 各施工工序安全节点安全确认手指口述内容

每个工序包括四个部分:安全确认、危害辨识、行为禁忌、手指口述,如表 3-1、表 3-2 和表 3-3 所列。

表 3-1 班前会安全确认手指口述内容

安全确认	(1) 后路支护完好情况; (2) 迎头顶板支护情况; (3) 迎头通风情况; (4) 不安全重点人排查情况
危害辨识	(1) 后路支护失效可能发生顶板掉渣砸人事故; (2) 迎头控顶距超规定,可能发生空顶作业或出现掉渣砸人事故; (3) 通风及有毒有害气体排查不细,可能出现有毒有害气体超标或缺氧事故发生; (4) 不安全重点人排查不细,可能发生不安全重点人班中疾病发作,出现意外事故
行为禁忌	(1) 严禁不进行隐患排查组织施工; (2) 严禁排查出重大隐患不妥善处理

表 3-1(续)

手指口述	安全姿势:班组长面对重点人或互动人
	安全叙述:无不安全重点人,无安全隐患,可以开工

表 3-2　装岩前安全确认手指口述内容

安全确认	(1) 耙装机、钢丝绳、护栏、耙头连接、耙斗尾轮固定、照明完好情况; (2) 耙装机距工作面距离及耙斗尾轮距迎头作业人员距离是否符合规程规定; (3) 耙装机附近支护情况
危害辨识	(1) 耙装机以及相关设施不完好,会影响装岩或咬绳事故; (2) 耙装机距工作面距离不符合规定或绳道内有人会造成耙斗撞人、钢丝绳弹人事故; (3) 支护不完好会造成掉渣砸人事故
行为禁忌	(1) 严禁绳道内有人操作耙装机; (2) 严禁耙装机距工作面距离不符合规程规定; (3) 严禁钢丝绳断丝超过规定操作耙装机
手指口述	安全姿势:眼看右手指向相应部位
	安全叙述:设备完好,可以使用

表 3-3　装岩后安全确认手指口述内容

安全确认	(1) 耙斗位置; (2) 断电情况; (3) 操作手把存放情况
危害辨识	(1) 耙装机不断电会造成误动作伤人事故; (2) 耙装机操作手把不摘下会造成误动作伤人事故
行为禁忌	严禁不断电、开关不打零位、不摘下操作手把
手指口述	安全姿势:眼看工作面方向,右手指相关部位
	安全叙述:耙装机已断电、开关打零位,装岩结束

安全操作技能二 本岗位安全技术操作规程

学习目标

1. 掌握耙斗式装载机司机岗位安全技术操作规程。
2. 掌握铲斗式装载机司机岗位安全技术操作规程。
3. 掌握挖掘式装载机司机岗位安全技术操作规程。
4. 掌握蟹爪式装载机司机岗位安全技术操作规程。

安全操作技能相关知识

一、耙斗式装载机司机岗位安全技术操作规程

1. 上岗条件

(1) 耙斗式装载机司机必须经过专门技术培训,考试合格,并持证上岗。

(2) 应熟悉所用设备的性能、构造、原理,掌握一般性的维修保养和故障处理技能。

2. 安全规定

(1) 装岩过程中,任何人不得手扶矿车车沿。

(2) 耙岩过程中,钢丝绳运行范围内严禁有人。

(3) 耙装机启动前,司机应先向工作面和途中人员发出开车信号,待工作范围内全部人员撤到安全地点后,方可开机耙岩。

(4) 耙岩前必须洒水降尘,并要随装随洒水。

(5) 耙岩过程中,必须随时检查是否有拒爆和残爆,如有按《煤矿安全规程》规定处理。

(6) 在耙岩过程中发生故障时,必须切断电源进行处理。

(7) 耙装机钢丝绳不符合《煤矿安全规程》要求时严禁使用。耙斗与牵引绳的形式必须符合作业规程规定。

(8) 工作面风流中甲烷浓度达到1.0%时，严禁使用耙装机装岩。

3. 操作准备

耙岩前，司机应对耙装机进行全面检查；发现故障后，必须切断电源，由机电维修工进行处理。

4. 安全确认

接班后首先要检查工作范围内的支护、顶板、煤尘、瓦斯、拒爆、残爆等安全情况，发现不安全因素应及时处理；然后再进行其他工作。

5. 操作顺序

耙装机操作按下列顺序进行：① 检查和准备；② 空机试运转；③ 开机装岩；④ 停机。

6. 正常操作

(1) 司机操作时，两个操纵手把应一松一紧，用力适当，不能同时将两个操纵手把拉紧，以防耙斗飞起伤人。

(2) 每次摘挂反绳尾轮时，必须与司机先联系好，在停车松绳之后进行。

(3) 摘挂反绳尾轮人员在摘挂好后，要及时躲到安全地点，发出耙岩信号后方可进行耙岩工作。

(4) 装岩过程中，大块矸石必须用大锤砸碎，大于300 mm的矸石不准装车。

(5) 耙岩时，溜槽上必须安装挡绳栏，防止钢丝绳弹出伤人。

(6) 移动耙装机前要修好轨道，清理好场地及道眼，收回簸箕口两侧挡板。

(7) 耙岩或移动耙装机时，反绳尾轮固定装置及要求，要在作业规程中有具体规定。

(8) 耙装机距工作面最小距离不得小于6 m。耙装机移到位后，按要求固定好防跑车装置，装上挡板，配齐零部件。

(9) 装药爆破前，耙斗要拉至溜槽上，切断电源，将操纵钮及电缆挡好，并将耙装机挡好。

(10) 耙岩过程中，如遇到耙斗受阻，严禁强行牵引，应将耙斗退回再耙。

(11) 当耙斗的出绳方向与耙岩机的夹角过大时，司机应在出绳的对侧操作，以防耙斗窜出伤人。

7. 特殊操作

(1) 打眼与装岩平行作业时，其耙斗的反轮与迎头的距离不得小于8 m。

(2) 移动耙装机时，必须制定专项安全技术措施。

(3) 上、下山使用耙装机装岩时，耙装机必须有可靠的防跑车装置。

(4) 处理咬绳时，必须先与司机联系好，并在专人监护下进行处理。

(5) 使用双滚筒耙岩时，要制定专向安全技术措施。

8. 收尾工作

(1) 耙装机耙岩完毕，应将操纵把放在松闸位置，切断电源，卸下操纵把。

(2) 对本班耙装机运行情况以及出现的故障和处理情况，向接班人员交接清楚。

二、铲斗式装载机司机岗位安全技术操作规程

1. 上岗条件

(1) 铲斗式装载机司机必须经过专业技术培训，考试合格并取得合格证，持证上岗。

(2) 应熟悉所用设备的性能、构造、原理，掌握一般性的维修保养和故障处理技能。

2. 安全规定

(1) 工作面风流中，甲烷浓度达到1%时，严禁使用装载机。

(2) 必须坚持使用装载机上所有的安全保护装置和设施，不得擅自改动或甩掉不用。

(3) 在淋水条件下工作，电气系统要有防水措施。

(4) 装岩前必须洒水降尘，并要随装随洒水。

(5) 装岩过程中，必须随时检查是否有拒爆和残爆；如有，必须在按《煤矿安全规程》规定处理后，方能继续装岩。

(6) 装岩时,电缆必须悬挂好,装载机行走段的电缆必须有专人扶送和保护,防止挤压和拉坏。扶电缆人员要精神集中,防止撞伤。

(7) 打眼与装岩平行作业时,其铲斗与打眼人员间距不得小于6 m;否则,打眼不装岩,装岩不打眼。

(8) 装岩时,装载机行走范围内严禁有人工作或停留。

(9) 铲斗举起后,严禁其下方有人或行人。如需在铲斗下检修时,铲斗抬起后,必须为铲斗穿好保险销,或在铲斗下方架设牢固可靠的安全保护支撑架,切断电源,才能进行检修作业。

(10) 发生电气故障或更换零部件需打开防爆箱时,必须先切断电源,然后方可进行检查处理。

3. 操作准备和安全确认

(1) 装岩前,司机应对装载机进行全面检查,并进行试运转;发现故障及时找机电维修工切断电源进行处理,严禁带病运转。

(2) 接班后首先要检查工作范围内的支护、顶板、岩帮、瓦斯等安全情况,发现不安全因素应及时处理。

4. 操作顺序

装载机操作按下列顺序进行:

(1) 检查和准备;

(2) 空机试运转;

(3) 开机装岩;

(4) 停机。

5. 正常操作

(1) 装岩时,司机操作要手脚协调配合,不得猛冲猛撞。铲不动时不要强行硬铲,要退回一段重新铲装。

(2) 侧卸装载机行走段的障碍物要及时排除干净,严禁跨越大于300 mm的硬性障碍物。

(3) 装岩过程中,要随时注意两帮棚腿、木垛及支架,防止刮碰,大铲距碹墙、支架间距离不小于500 mm。

6. 特殊操作

使用侧卸装载机铲斗举升重物、充当工作平台时,要在作业规程中明确要求。

7. 收尾工作

(1) 装岩完成后要将装载机撤离到指定的安全地点，切断电源，盘好管线，按作业规程要求对装载机及电缆进行妥善保护。

(2) 对本班装载机运行情况以及出现的故障和处理情况，向接班人员交代清楚。

三、挖掘式装载机司机岗位安全技术操作规程

1. 上岗条件

(1) 挖掘式装载机司机必须经过专业技术培训，考试合格并取得合格证，持证上岗。

(2) 应熟悉所用设备的性能、构造、原理，掌握一般性的维修保养和故障处理技能。

(3) 上岗前，必须认真学习施工地区作业规程和施工安全技术措施，并考试合格。

(4) 严格按使用说明要求进行操作；严禁超过规定坡度使用。

(5) 作业范围内严禁有其他人员，保证有充足的照明。

(6) 司机应严格执行交接班制度和岗位安全责任制，工作完毕后详细填写工作日志。

2. 开机前检查

(1) 检查迎头支护、甲烷浓度是否符合要求。

(2) 检查供水、供电情况是否正常，电缆、水管喷雾装置是否正常。

(3) 检查各操作手把按钮位置是否正确、灵活、可靠；检查液压系统是否正常。

(4) 检查油位，正常的油位应在油标的上、下限之间，如果油量不足应及时加油。补充液压油的容器必须保持清洁。

(5) 检查连接油缸等处的轴销转动是否可靠，各部件之间的连接螺栓是否牢固，高压油管有无卡拌、挤压，接头有无松动漏油现象。如有故障隐患，必须立即排除，严禁挖装机带病工作。

(6) 确认各操作手柄置于“零”位。

(7) 机前人员全部撤到后路安全地点，否则严禁开机。

对上述检查发现的问题必须及时采取措施进行处理，否则不得开机。

3. 操作步骤

（1）打开电源总开关。

（2）启动电机。

（3）待启动 10 s 后才能带压力使用。停机 4 h 以上要让泵空运转 5～10 min，才能带压力工作。

（4）将运输槽铲板降至底板。

（5）操纵机器向前推进，把矸石聚拢，同时把底板推平。

（6）操纵先导阀依次让大臂抬起、小臂伸出，把铲斗放至与小臂约成一线的位置；然后将大臂放下、小臂收回（同时使大臂上下微动），即可将矸石扒进运输槽。转动回转臂可在较大的范围内扒取，根据矸石的远近不同，适当收放铲斗将有利于扒取。在扒取过程中一般不应将各臂运动到极限位置，以避免经常过度冲击，缩短机器的使用寿命，同时可避免因过载阀经常溢流而产生油温过高的现象。特别要注意不得使铲斗直接撞击运输槽，以免造成槽体严重变形。

（7）在扒取过程中要经常留心刮板链是否在正常输送，万一卡住，要及时停止输送；否则因过载，油温将迅速升高，则不能继续工作。解除卡链的方法是：把输送正转操纵杆扳至中位，来回扳动输送操纵杆，使刮板链快速正反冲击，即可解除。在运输槽内有矸石的情况下切不可使输送操纵杆停在输送反转的位置，以免崩断链条或刮板，严重影响生产。

（8）在装载机行走过程中需要刹车时，将脚踏先导阀放在中位即可。如果长时间停止需要将机头铲板压住底板。

（9）装载机行走或倒车应启动电铃作为警示信号。

4. 安全注意事项

（1）机器工作时，非操作人员不得靠近，以免发生事故。

（2）机器行走时，底板要清除大于 200 mm 的障碍物。

（3）机器行走时要及时收放电缆，收缆时要撤离电缆附近的人员。严禁挤压电缆。

(4) 在爆破之前，机器应停在安全地点，采取措施进行掩护。

(5) 操纵液压手柄时，应平稳柔和，严禁猛推猛拉，以免造成油压冲击，致使机器猛冲猛闯或超负载工作。

(6) 工作时运输槽放下紧贴底板（轨面）后，方可开始挖取及向后输送活矸。在运矸马达工作时，挖装机不得行走。挖装机行走时必须关闭装载机构。

(7) 机器工作时，必须使用冷却水（或风冷）对液压系统进行降温。

(8) 油箱内油温或回油温度超过规定时，必须停机冷却，并做间歇式工作，检查油温升高的原因，处理好后再开机。

(9) 下坡运行时必须使用低速挡，严禁脱挡滑行，跨越轨道时必须有防滑措施。

(10) 机器停放时，铲斗应轻触底板，运输槽降至最低位，关闭电源并闭锁。

(11) 机器在斜坡上停放时，为防止其下滑，应在履带底下垫放三角木。

5. 收尾工作

(1) 装岩完成后要将装载机撤离到指定的安全地点，切断电源，盘好管线，按作业规程要求对装载机及电缆进行妥善保护。

(2) 将本班装载机运行情况以及出现的故障和处理情况，向接班人员交代清楚。

四、蟹爪式装载机司机岗位安全技术操作规程

1. 上岗条件

(1) 蟹爪式装载机司机必须经过专业技术培训，考试合格并取得合格证，持证上岗。

(2) 司机应熟悉内齿轮绞车的结构性能，动作原理，必须做到“三懂四会”。

(3) 上岗前，必须认真学习施工地区作业规程和施工安全技术措施，并考试合格。

(4) 严格按使用说明要求进行操作。

(5) 作业范围内严禁有其他人员，保证有充足的照明。

(6) 司机应严格执行交接班制度和岗位安全责任制,工作完毕后详细填写工作日志。

2. 开机前检查

(1) 开车前的检查与准备。

(2) 检查各部螺丝有无松动,各部件有无损坏。

(3) 检查各油管有无损坏,油箱有无液压油,润滑油是否足够。

(4) 检查刮板是否齐全,有无弯曲和变形,连接是否良好。

(5) 检查电缆有无损坏,电气设备有无失爆现象。

3. 操作步骤

(1) 开车时,应先点动(一开一停)一次,没有问题时才正式开车。

(2) 因负荷大启动困难时,最多启动次数不得超过 3 次,每次不得超过 1.5 s,否则应停车处理。

(3) 装载机驶向工作面时,先操作机头升降油缸,抬起机头;然后扳动行走开关,使装载机沿巷道向前推进。当装载机接近岩(煤)堆时,将机头落下,继续向前推进;当岩(煤)堆可用蟹爪大量耙装时,开动耙爪和运输机,使装载机正常装运岩(煤)。

(4) 装载机行走时,履带不要轧轨,并严禁在轨面上转弯,以免损坏履带。

(5) 装岩时,装载机向前移动不应过快,以免蟹爪过载。

(6) 如遇耙不动的岩石,可稍向后退将机头略抬起,再继续前进。

(7) 为了防止刮板磨损,防止煤(岩)渣卡链,装载结束后,应清洗履带。

(8) 600 mm 以上大块岩石,应人工破碎后再装载运输。

(9) 装载机启动顺序:启动前全面检查→按下启动按钮 SB_1,启动电动机→启动装运部马达,使耙爪和运输机运行→调整机器铲板和运输机机尾部的高度→启动行走部,机器开始工作。

(10) 装煤机停止工作顺序:机器后退→耙爪和刮板链空运转 3 min→停止各部的操纵状态→按下启动器停止按钮 SB_2,关闭电动机→切断电源。

(11) 在正常情况下,停车前应将溜槽里的岩(煤)拉完,以免造成下次启动困难。

4. 安全注意事项

(1) 开动装载机前应先发出信号,附近不得站人。

(2) 严禁同时操纵两个手把或同时执行两种动作。当所控制的油缸达到要求位置时,应立即将手把扳回到中间位置。

(3) 运转中应随时注意装载机各部位运转的声音,减速箱温升不得超过 65 ℃,电动机外壳温度不得超过 80 ℃。

(4) 严禁摩擦离合器中的摩擦片频繁或长期打滑。应经常检查摩擦圆盘的压紧力及磨损情况,及时调整或更换。

(5) 应对各操纵手把加以保护,以免被岩(煤)块等物体挤压坏。

(6) 装载机运转中严禁注油和清扫煤尘,待装载机停止运转后方可将煤尘清扫干净。

(7) 装载机运行中应注意履带和刮板链的松紧情况。

(8) 装载机把岩(煤)运完后,应将装载机移到顶板完好、底板平整且距工作面至少 15 m 以外的位置,准备进行下一次循环工作。

(9) 倾斜巷道使用时,要有防滑措施。

(10) 随时观察刮板链的松紧情况,防止回空链拉回煤矸。

(11) 机器在进行装煤矸作业时,除机器操纵人员外,严禁其他人员站在机器的两侧或卸矸槽下方。

5. 收尾工作

(1) 装岩完成后要将装载机撤离到指定的安全地点,切断电源,盘好管线,按作业规程要求对装载机及电缆进行妥善保护。

(2) 将本班装载机运行情况以及出现的故障和处理情况,向接班人员交代清楚。

模块三　装载机操作作业典型事故案例

学习目标

1. 了解装载机操作作业典型事故案例。

2. 增强职工安全意识和提高安全操作技能，吸取事故教训，防止同类事故发生。

安全操作技能相关知识

案例一　违章作业引发的伤害事故

1. 事故经过

××××年××月××日8点班，开拓区班长王某安排杨某、秦某等5人去－650 m车头房进尺、出矸石、修道，为前移耙装机做准备工作。

12:45左右，耙装机司机王某（班长）用耙装机清理浮矸时，发现耙装机主滚筒处的钢丝绳咬绳，便立即停了车。

13:00左右，王某用钎子将咬绳处钢丝绳松动一下，便准备采用耙装机副滚筒钢丝绳将主滚筒钢丝绳带出的方法处理。

司机王某合上耙装机控制开关手把，点动倒车松绳，咬劲的绳突然被带出，耙斗往前（迎头）窜了3 m，将正在打眼的杨某刮倒。经医院诊断为右小腿胫、腓骨骨折，右手无名指骨折。

2. 事故主要原因

(1) 班长兼司机的王某违章作业。

(2) 杨某等4人安全意识差、违章作业。

(3) 区队对员工行为管控不到位，现场安全管理有漏洞。

(4) 区队安全教育培训工作不到位。

3. 事故防范措施

(1) 严格落实耙装机司机安全技术操作规程，在操作耙装机过程中，耙斗至迎头范围内严禁有人作业；处理咬绳事故时，必须在专人监护下进行；严禁交叉作业。

(2) 落实班组长准入制度和考核任免机制，对王某等安全意识差、不具备班组长任职资格的人员给予行政撤职处分。

(3) 加强员工行为管控工作力度，严格落实管技人员安全生产责任制，充分发挥现场安全把关作用。

(4) 加强安全教育培训工作，提高员工危害辨识能力。尤其要加强现场管理人员的培训工作，提高现场管理人员的责任意识和管理水平。

(5) 加强现场安全生产监督检查，加大违章作业行为的处罚力度，进一步规范员工的操作行为。

案例二　野蛮施工引发的伤害事故

1. 事故经过

××××年××月××日 8 点班，开拓区班长田某带领杨某、刘某、安某等 6 人去－650 m 皮带斜井进行套修处施工作业。

14:00，爆破完毕，班长田某组织刷扩帮及回撤老棚子内的旧料，右帮刷出一块旧撞楔拽不出来，班长田某便把耙斗连接绳爪拴在了旧撞楔上，利用耙装机的耙斗绳来回撤。

15:00，在开动两次耙装机没有拽动的情况下，司机杨某第三次开动了耙装机，突然此块撞楔被耙装机拉断，耙斗在惯性作用下窜出防护栏飞向杨某，杨某慌忙后撤，情急之下右手被耙装机两个操作手柄夹住，此时耙斗将杨某砸倒后压在其右脚上；与此同时杨某在躲避过程中将站在身后的安某撞倒。事故造成杨某右中指骨折、右足骨折，安某腰部受伤。

2. 事故主要原因

(1) 班长田某违章指挥,员工违章作业。

(2) 技术管理有漏洞。区队技术人员在编写措施前没有对施工进行认真的现场勘察,致使管技人员对回撤旧料、旧支架的危害认识不足,编写该矿业公司《-650 m皮带斜井套修安全技术措施》时,没有明确具体的回撤方法,不能有效指导员工正确操作。

(3) 设备工具管理有缺陷。区队在施工现场给员工准备的刀锯等工具长时间没人检修、太钝,致使员工不愿意用刀锯割木料,而是违章使用耙装机回撤撞楔,为事故埋下隐患。

(4) 现场安全管理存在漏洞。

(5) 安全设施不完善,耙装机安设位置不当。

(6) 安全教育不到位。区队日常安全教育培训缺乏针对性,致使员工规程观念淡薄,危险预知、危害辨识能力差。

3. 事故防范措施

(1) 严格落实耙装机司机安全技术操作规程和安全技术措施。

① 严禁利用耙装机回撤旧撞楔,在回撤旧撞楔等旧料时,必须使用刀锯或手动葫芦等专用工具。

② 在操作耙装机时严禁在三角区内作业,司机应在出绳的对侧操作,以防耙斗窜出伤人。

③ 在操作耙装机时严禁强行牵引。

④ 按规定正确使用耙装机操作手柄。

(2) 加强技术管理。根据施工现场实际,重新完善安全技术措施中回撤旧料及支架方面的安全技术措施,确保施工人员有章可循。

(3) 加强设备工具的管理。

① 安排专人检修刀锯等施工工具,确保完好,方便使用。

② 按要求加工制作耙装机操作手柄,确保在操作时灵敏可靠。

(4) 按规定设置防护栏和安设耙装机。

① 按要求加固耙装机防护栏,并在防护栏上加装两道绳挡,确保耙斗不窜出防护栏。

② 严格按照耙装机安全技术操作规程要求安设耙装机,确保耙装

机距工作面最小距离不得小于 6 m。

(5) 加强安全生产监督检查，加大违章作业行为的处罚力度，进一步规范员工的操作行为。

(6) 加强对员工的安全教育和岗位技能培训，增强员工危险预知、危害辨识能力。

案例三　铲斗式装载机检修死亡事故

1. 事故经过

××××年××月××日白班，二矿区六区队排班时安排当班人员对 928 铲运机进行检修。李某、杨某、赵某 3 人的主要任务是打黄油，加注轮边齿轮油。排完班后，李某等人下井，将 928 铲运机开到 1138 水平 1 盘区 5 分层现场，分别用三角木和 400 mm 大小的矿块掩住左右前轮、右后轮准备检修。

11:40 左右，3 人开始对铲运机和台车进行检修作业，李某等给车打黄油。13:30 左右，李某、杨某、赵某开始给 928 铲运机加注齿轮油，此时，趴在车底下的路某发现油底壳堵塞滑卸不下来，在场的杨某便叫魏某焊一下油堵帽。焊完再卸油堵螺丝，仍未卸下，魏某从车底爬出来。这时，李某从食堂找来梅花扳手爬到车底下卸堵塞，卸下后递给杨某说“焊得不结实”，让再焊一下。

15:50 左右，油堵塞焊完后，赵某顺手把车下的纸壳拉到没有机油的地方准备上堵塞。李某说：“我来”，便横爬在铲运机下面上油堵塞。在紧螺丝不到 1 min 的时候，刚刚前来的设备副主任陈某发现车在动，急喊：“车怎么动了，快闪开”。等陈某赶到时，看到李某已被压在左后轮下。李某经抢救无效死亡。

2. 事故原因

(1) 检修装载机时，因铲斗卸压放倒，动臂全放下，使前轮浮起 150～200 mm，导致车体下滑而发生事故。

(2) 检修铲运机时，车停在有坡的巷道；掩车时，只用两个三角木和一个矿块掩住两个前轮和右后轮，左后轮没有掩，车辆扣在地上长达 4 h，造成铲运机在有坡度的道路上重心失衡，从而导致车体下滑。

(3) 作业人员安全意识淡薄,违章作业,未执行"在斜坡道不准停车检修"的规定。

(4) 现场安全员安全监管不力。现场安全员在现场先后两次看到群体违章行为没有制止,等同于违章指挥。

3. 防范措施

(1) 认真吸取事故教训,强化反"三违"和安全责任教育,组织职工认真学习无轨设备安全操作规程及公司、二矿区有关无轨设备的管理制度、规定,提高职工的安全意识和预防事故的能力,杜绝干部的违章指挥行为,提高职工的自我防范意识。及时抵制和拒绝干部的违章指挥,避免违章冒险作业。

(2) 严禁无轨设备在斜坡道熄火停车,或维修保养、加油等工作,在特殊情况下,比如在斜坡道发生故障,不能运行时,必须铲斗朝下,顶在巷道帮上,并用三角木垫好四个车轮。在平巷加油和维护保养时,也要垫好车轮,防止溜车。

(3) 加强无轨设备维护保养,保证仪表、灯光、喇叭、制动、电瓶、蓄能器、灭火器等安全保护设施齐全、完好、灵敏、可靠,职能部门要加强检查监督。

4. 事故教训

违章指挥、违章作业是安全生产的大敌。对于违章指挥,职工有权拒绝,当即停止作业。在这起事故中,现场人员集体违章指挥、违章作业,安全员却没有尽到管理人员应尽的职责。作为操作人员,要提高安全防护意识,加强安全防护知识学习,坚决杜绝"三违"行为!

案例四 装载机伤害事故

1. 事故经过

2009 年 2 月 9 日大夜班,在二矿区 1098 分段三区队Ⅴ盘区二分层道,值班长尹某安排 39# 铲车司机王某将二分层的溢流灰浆推起来,防止其凝固。

4:45,当王某驾车从分层道向左拐进入二分层联络道时,撞倒了摆放在巷道左帮的方木。王某便下车与进来的当班生产甲班班长李某一起摆方木，但有一根方木被铲车铲斗压住取不出来，于是，李某叫王某把铲斗收起，以便取出方木。

约4:50，当司机王某上车将铲斗收起，车在往后退时，铲斗发生倾斜，斗尖将刚从左边走过来准备帮忙而站在车左侧的岩爆工何某碰伤，造成何某面部骨折。

2. 事故原因

（1）王某违章作业，车下没有掩三角木；动车前没有确认何某是否通过，直接导致了事故的发生。

（2）何某安全意识淡薄，没有意识到车在运行时存在的危害因素，在车辆作业时跟车且站位不当。

（3）班长李某安全确认不够，安全监护不到位，发现何某站位不当而未制止。

（4）区队值班长兼安全员尹某安排工作不细致，在安排司机推灰浆前没有安排人清理二分层左帮的物料，在安排工作的同时也没有交代安全注意事项。

3. 防范措施

（1）强化安全教育，细化安全教育培训的内容，不断提高职工辨别危害因素的能力，特别是加强值班长及班组长的培训教育，增强培训效果。

（2）抓好班组管理，在班组作业中形成作业人员沟通机制，疏通自上而下、自下而上的沟通渠道，特别是要加强在生产作业时职工之间的信息沟通。

（3）加大监督力度，特别是做好对值班长、班组长在安排生产工作的同时有没有强调安全意识，确定采取安全措施的监督。

（4）开展习惯性违章的自检自查活动，要求每个人在自查活动中，分析查找习惯性违章行为的原因，并制定整改措施。

4. 事故教训

在井下驾驶铲运机进行作业，驾驶人员要时刻注意周边作业环境，查看周围人员作业动向，谨慎驾驶。在铲运机作业时，周围人员要提高安全意识，留意周边作业环境，与铲运机保持安全距离。司机和其他操作人员要克服麻痹思想和习惯成自然的陋习，时刻牢记安全操作规程、安全注意事项，牢固树立起安全防范意识，杜绝违章，实现作业零伤害！

第四部分　井下其他作业

井下其他作业安全技术基础知识

井下其他作业安全操作技能

井下其他作业典型事故案例

模块一　井下其他作业安全技术基础知识

安全技术基础知识一　专业基础知识

学习目标

1. 熟悉矿用炸药的种类及适用范围。
2. 熟悉井下爆炸物品库知识。
3. 熟悉井下运输爆炸物品的相关要求。
4. 熟悉避难硐室知识。

安全技术基础知识相关知识

一、矿用炸药的种类及适用范围

（一）常用矿用炸药

1. 铵梯炸药

这是我国采矿工程中应用最为广泛的一种矿用炸药，它是以硝酸铵为氧化剂，以 TNT 为敏化剂，加入可燃成分木粉，按一定配比组成的混合炸药。

(1) 硝酸铵。它是一种白色粉末状物质，在铵梯炸药中，其含量一般为 65%～85%，是铵梯炸药的主要成分之一。其本身为一种化肥原料，来源丰富，成本低廉，敏感度很低，爆炸后无任何固体残留物，能生成最大容积的气体，且为含氧较为丰富的正氧平衡炸药，属于一种粉状弱性炸药。它虽不宜作为一种炸药单独使用，但却为混合炸药中较为理想的氧化剂。其缺点是具有吸湿性和结块性。正因为硝酸铵的存在，铵梯炸药在水中和空气中均吸收水分，受潮后易结块硬化，导致感度降低，有时雷管都难以插入其中，在使用时极为不方便。严重结块时，雷管很难起爆，即使起爆了，也大多为不稳定爆炸。铵梯炸药的性能主要受它的影响。

(2) TNT。TNT 在铵梯炸药中含量为 7%～18%，化学稳定性好，不易变质。其机械感度和热感度较低，但爆轰感度却较高，用工业标准雷管就可以起爆。它不溶于水，在水中也能爆炸，爆炸威力较大，属于一种负氧平衡炸药。TNT 是一种敏感剂，可以提高铵梯炸药的爆炸威力，改善传爆性能，与硝酸铵混合使用，使两者起到了相辅相成的作用。

(3) 木粉。在铵梯炸药中，木粉主要作为可燃剂和疏松剂。作为可燃剂，可以平衡硝酸铵中多余的氧；作为疏松剂，可以起到阻止硝酸铵结块的作用。另外，木粉可提高炸药的敏感性，能显著降低硝酸铵的热稳定性，使炸药容易爆炸。

(4) 食盐。食盐是铵梯炸药的消焰剂和阻化剂。食盐是一种惰性物质，是铵梯炸药的添加剂，本身不参加爆炸反应。当炸药爆炸时，添加在炸药中的食盐被熔化，能吸收爆热，降低爆温，起到抑制爆炸的消焰剂作用。煤矿铵梯炸药中，以不同配比添加食盐，就形成不同品种的煤矿许用炸药。但食盐易受潮，有惰性，影响炸药的爆轰感度和爆炸稳定性，用量不宜过多。

(5) 石蜡和沥青。它们都是防潮剂。在铵梯炸药中以不同的配比加入石蜡和沥青，即为不同品种的抗水型铵梯炸药。

2. 乳化炸药

乳化炸药是一类泛指用乳化技术制备的使氧化剂盐类水溶液的微滴，均匀分散在含有分散气泡或空心玻璃微珠等多孔物质的油相连续介质中，形成一种油包水型(W/O)的乳胶状含水工业炸药。乳化炸药是含水炸药的一种。

其特点如下：密度高、爆速快、猛度高、抗水性能好、临界直径小、起爆感度好，小直径情况下具有雷管敏感度，一般密度可控制到 1.05～1.25 g/cm^3，爆速为 3 500～5 000 m/s。

目前研制出的乳化炸药品种很多，有用于露天矿的露天型乳化炸药、用于中硬岩石爆破的岩石型乳化炸药和用于煤矿井下的许用型乳化炸药，还有用于光面爆破的小直径低爆速的乳化炸药。

乳化炸药现已广泛应用于各种民用爆破工作中，在有水和潮湿的爆破场合更显示其优越性。但其贮存稳定性和质量稳定性还较差，需进一步研究改善。

3. 水胶炸药

水胶炸药是采用硝酸甲胺为主的水溶性敏化剂和密度调节剂，保证其在小直径条件下具有雷管感度的含水炸药。其组成和结构与浆状炸药大致相同，外观也呈凝胶状。有的国家将其归属于浆状炸药。

水胶炸药出现于20世纪50年代中期，它抗水性强、密度高、威力大、生产使用安全，尤其可做成小直径(50 mm以下)药卷，作为各种矿山爆破用药，已逐渐取代铵梯炸药而成为工业炸药的重要品种之一。水胶炸药的组分有氧化剂、可燃剂、敏化剂、胶凝剂、交联剂、表面活性剂和水。与浆状炸药的主要差别在于它所采用的敏化剂为水溶性的硝酸甲胺和硝酸三甲胺等，这样的敏化剂分散均匀，提高了药卷的起爆感度和降低了爆轰的临界直径，从而可制成小直径的雷管敏感的药卷。其制造工艺与浆状炸药基本相似。

(二) 煤矿许用炸药应具备的安全条件及安全等级

由于井下采掘工作面的空气中大部分都有瓦斯或煤尘，当其在空气中的含量达到一定浓度时，一旦出现电火花、明火及爆破火花，就可能引起爆炸。因此，用于煤矿生产的炸药应当具备一定的安全条件，对于不同瓦斯等级的煤矿所使用的炸药，也应具有相应的安全等级。

1. 煤矿许用炸药应具备的安全条件

煤矿生产中，引燃、引爆瓦斯和煤尘的因素，除电气火花和明火外，主要来自井下的爆破作业。井下引燃、引爆瓦斯、煤尘的原因有3个，即空气冲击波的发火作用、炽热或燃烧固体颗粒的发火作用和气态爆炸产物的发火作用。其中爆炸产物中的灼热固体颗粒和气态爆炸产物是主要因素。

根据井下爆破引燃、引爆瓦斯煤尘的原因，煤矿许用炸药应具备以下安全条件：

（1）爆炸能应受到一定限制。尽管爆炸能越高，一般爆破效果越好，但引燃、引爆瓦斯、煤尘的可能性也就越大。为降低瓦斯、煤尘的发火率，在保证炸药做功能力的前提下，应尽量降低其爆炸能。因为，通常爆炸能越低，其爆热、爆温等参数值越低，爆轰波的能量、爆炸产物的温度也越低。

（2）反应必须完全。炸药爆炸反应越完全，爆炸产物中的固体颗粒就越少，爆生的有毒、有害气体的量也就越少，从而提高了爆破作业的安全性，也有利于井下作业环境的改善。

（3）氧平衡必须接近于零。正氧平衡的炸药爆炸时，能生成氮的氧化物和初生态的氮，容易引燃瓦斯煤尘。而负氧平衡的炸药，爆炸不完全，会使未完全反应的固体颗粒增多，也容易产生一氧化碳，引起二次火焰，不利于预防瓦斯、煤尘的引火。

（4）要加入消焰剂。消焰剂的加入可以起到阻化作用，使瓦斯煤尘爆炸反应中断，从根本上抑制瓦斯的引火。

（5）不许含有易于在空气中燃烧的物质和外来夹杂物。由于明火对瓦斯的长期加热常常能够引燃瓦斯，因此，在煤矿炸药中不允许含有易燃的金属粉，也不允许使用铝壳雷管。

2. 煤矿许用炸药的安全等级

由于矿井瓦斯等级不同，对煤矿许用炸药的要求也不同，矿井瓦斯等级高的，要求使用相应的高安全等级的煤矿许用炸药。煤矿炸药的安全等级是指在特定条件下，炸药爆破时对瓦斯、煤尘的引爆能力而言的。在相同条件下，炸药的安全等级越低，爆破时引爆瓦斯、煤尘的可能性越大。

我国炸药的安全等级，是通过炸药在模拟瓦斯巷道做引爆瓦斯的爆炸实验，鉴别炸药的安全性，确定其安全等级。

由于不同的煤矿许用型炸药其品种、成分有别，爆炸时的安全性也不一样。瓦斯等级高的矿井，要求使用安全等级高的煤矿许用炸药。安全等级低的炸药若用于瓦斯等级相对高的矿井中，就容易引起瓦斯、煤尘爆炸。因而《煤矿安全规程》规定，井下爆破作业，必须使用煤矿许用炸药，煤矿许用炸药的选用应遵守下列规定：

(1) 低瓦斯矿井的岩石掘进工作面，使用安全等级不低于一级的煤矿许用炸药。

(2) 低瓦斯矿井的煤层采掘工作面、半煤岩掘进工作面，使用安全等级不低于二级的煤矿许用炸药。

(3) 高瓦斯矿井，使用安全等级不低于三级的煤矿许用炸药。

(4) 瓦斯突出矿井，必须使用安全等级不低于三级的煤矿许用含水炸药。一次爆破必须使用同一厂家、同一品种的煤矿许用炸药。

二、井下爆炸物品库

煤矿爆炸物品的管理与使用是煤矿安全管理的重要组成部分，不可忽视。它不但在煤矿本身的安全中有举足轻重的地位，而且对社会治安也有着重要的影响。这是因为煤矿爆炸物品的接触人员多，使用面广，消耗量大，易于散失，一旦出现漏洞，危害性极大。对此，国务院制定了《民用爆炸物品安全管理条例》，并列入了公安系统管理工作的重要内容之一。

爆炸物品的储存，是保证煤矿连续安全生产的需要，是发放和清退方便的需要，是加强管理，防止丢失、被盗、损坏、自燃、变质等安全的需要。因此爆炸物品的储存有其特殊的要求。

(一) 井下爆炸物品库的类型及结构

《煤矿安全规程》第三百三十一条规定：

井下爆炸物品库应当采用硐室式、壁槽式或者含壁槽的硐室式。

爆炸物品必须贮存在硐室或者壁槽内，硐室之间或者壁槽之间的距离，必须符合爆炸物品安全距离的规定。

井下爆炸物品库应当包括库房、辅助硐室和通向库房的巷道。辅助硐室中，应当有检查电雷管全电阻、发放炸药以及保存爆破工空爆炸物品箱等的专用硐室。

(二) 井下爆炸物品库的贮存量及主要硐室布置

1. 贮存量的规定

《煤矿安全规程》第三百三十四条对井下爆炸物品库的贮存量规定如下：

(1) 井下爆炸物品库的最大贮存量,不得超过矿井 3 天的炸药需要量和 10 天的电雷管需要量。

(2) 井下爆炸物品库的炸药和电雷管必须分开贮存。

(3) 每个硐室贮存的炸药量不得超过 2 t,电雷管不得超过 10 天的需要量;每个壁槽贮存的炸药量不得超过 400 kg,电雷管不得超过 2 天的需要量。

(4) 库房的发放爆炸物品硐室允许存放当班待发的炸药,最大存放量不得超过 3 箱。

2. 主要硐室的布置

(1) 井下爆炸物品库包括库房和辅助硐室等,其中辅助硐室包括电雷管全电阻检查,发放火药,电雷管编号,保存爆破工的空炮药箱及发炮器等的专用硐室。

(2) 爆炸物品库内的硐室之间或壁槽之间的距离,必须依据爆炸物品安全距离的规定计算。井下爆炸物品库各硐室之间或壁槽之间的安全距离,是根据爆炸物品殉爆安全距离的经验公式计算出来的。

(三) 井下爆炸物品库的内外部安全距离及布置要求

《煤矿安全规程》第三百三十二条规定,井下爆炸物品库的布置必须符合下列要求:

(1) 库房距井筒、井底车场、主要运输巷道、主要硐室以及影响全矿井或者一翼通风的风门的法线距离:硐室式不得小于 100 m,壁槽式不得小于 60 m。

(2) 库房距行人巷道的法线距离:硐室式不得小于 35 m,壁槽式不得小于 20 m。

(3) 库房距地面或者上下巷道的法线距离:硐室式不得小于30 m,壁槽式不得小于 15 m。

(4) 库房与外部巷道之间,必须用 3 条相互垂直的连通巷道相连。连通巷道的相交处必须延长 2 m,断面积不得小于 4 m^2,在连通巷道尽头还必须设置缓冲砂箱隔墙,不得将连通巷道的延长段兼作辅助硐室使用。库房两端的通道与库房连接处必须设置齿形阻波墙。

(5) 每个爆炸物品库房必须有 2 个出口,一个出口供发放爆炸物品及行人，出口的一端必须装有能自动关闭的抗冲击波活门；另一出口布置在爆炸物品库回风侧，可以铺设轨道运送爆炸物品，该出口与库房连接处必须装有1道常闭的抗冲击波密闭门。

(6) 库房地面必须高于外部巷道的地面，库房和通道应当设置水沟。

(7) 贮存爆炸物品的各硐室、壁槽的间距应当大于殉爆安全距离。

(四) 井下爆炸物品库的防爆安全设施

井下爆炸物品库的两个出口必须分别设置能自动关闭的抗冲击波活门和抗冲击波密闭门，其安装位置应符合《煤矿安全规程》的规定。抗冲击波活门和抗冲击波密闭门的作用是，防止库内一旦发生爆炸事故时爆炸冲击波(衰减后的超压)及爆炸产生的火焰和有害气体向外部巷道扩散；同时，抗冲击波活门装有3组通风孔(每组有6个通风孔，共有18个通风孔)，平时，可起到调节库房风量的作用，通风孔在库房内及外部发生火灾时可立即关闭。

按《煤矿安全规程》的规定，库房两端的通道与库房连接处必须设置齿形阻波墙。其作用是，当库内发生爆炸时，冲击波进入犹如犬牙交错的阻波墙后，其部分入射波、反射波可相互碰撞和抵消，削弱和减轻爆炸冲击波的压力和破坏作用。

按《煤矿安全规程》的规定，必须用3条相互垂直的连通巷道相连，连通巷道的相交处必须延长2 m，断面积不得小于4 m^2，在连通巷道尽头还必须设置缓冲砂箱隔墙。设置这些安全设施的目的，是使通过拐弯的冲击波在反复转折后，进一步衰减。巷道尽头内设置缓冲砂箱隔墙是为了防止爆炸冲击波叠加反射而使压力叠增；同时，按《煤矿安全规程》的规定，不得将连通巷道的延长段兼作辅助硐室使用。

(五) 爆炸物品库安全管理

加强爆炸物品的日常管理，是保证矿井安全生产和社会安全的一项重要举措。按照《煤矿安全规程》规定，煤矿企业必须建立、健全管理制度。

1. 煤矿爆炸物品管理制度

(1) 爆炸物品装卸、运输管理制度。

（2）爆炸物品贮存、保管制度。

（3）爆炸物品发放、清退制度。

（4）雷管全电阻检查、编号制度。

（5）爆炸物品防火警卫制度。

（6）失效爆炸物品销毁处理制度。

（7）爆炸物品管理人员的岗位责任制。

（8）爆炸物品管理工作奖惩制度。

2. 爆炸物品同库允许存放的品种规定

不同性质的炸药由于其感度和安定性不一样，贮存它们的危险程度也不同。假如不同性质的炸药贮存在一起，感度低、安全性高的炸药的危险性就会增加。由于雷管内装有起爆药，其感度高，一旦被撞击、摩擦、挤压等就会发生爆炸。因而，如果把雷管和炸药放在一起，雷管爆炸后，将会引起炸药的爆炸而产生一系列连锁反应，使爆炸事故扩大。所以，性质不同的炸药不能同库贮存、同车运输。

在贮存和运输爆炸物品时，应遵守下列规定：

（1）雷管和导火索可以同库贮存，也可以同车运输。

（2）导爆索和硝铵类炸药可以同库贮存，同车运输。

（3）硝酸铵类炸药和雷管，不可以同库贮存和同车运输。

（4）雷管、导爆索不准同库贮存和同车运输。

在特殊情况下，经总工程师批准，在同一库房内可贮存两种以上的爆炸物品，但必须符合下列要求：

（1）库房要用不燃性材料砌隔墙，隔墙的厚度不得小于 24 cm；各种不同的爆炸物品贮存在不同的隔间内，各隔间内要有带单独出口的套间。

（2）库房内各种炸药的总贮存量不得超量。

（3）雷管和炸药要在不同的套间内发放。

3. 井下爆炸物品库内堆放的规定

爆炸物品的贮存堆放除应遵守《煤矿安全规程》规定的限量以外，还应该符合下列要求：

（1）不同牌号、不同规格和不同制造日期的各类爆炸物品，不得混放在一起，以免发放时相互混发。

(2) 存放爆炸物品时，箱子下面要加垫 10 cm 以上的木垫，防止爆炸物品受潮。箱堆的高度不得超过 2 m，以防坠落发生意外事故。

(3) 每堆贮放数量不得超过 730 箱，箱堆与箱堆之间的距离不小于 130 cm。雷管箱堆放时，箱堆高度不得超过 160 cm，每堆存放不得超过 30 箱。

(4) 摆放感度较高的胶质炸药、雷管等的木架，最上层的高度不得超过 160 cm。摆放其他爆炸物品的木架最上层高度不得超过 180 cm。

(5) 木架每格只准摆放一层爆炸物品箱。

(6) 木架或箱堆与墙壁之间的距离至少 20 cm，木架隔板与隔板之间的距离也不能太小，要保持爆炸物品箱盖与上层隔板之间至少 3 cm的空隙。

4. 爆炸物品库与发放硐室的安全规定

(1) 消防规定如下：井下爆炸物品库和发放硐室应备有足够的消防器材，如泡沫灭火器、沙箱(袋)、水桶、锹等。消防器材一般应存放在辅助硐室或巷道的尽头。灭火器材应定期检查，保持完好无损。

(2) 电气照明规定如下：

《煤矿安全规程》第三百三十六条规定，井下爆炸物品库必须采用矿用防爆型(矿用增安型除外)照明设备，照明线必须使用阻燃电缆，电压不得超过 127 V。严禁在贮存爆炸物品的硐室或者壁槽内安设照明设备。

不设固定式照明设备的爆炸物品库，可使用带绝缘套的矿灯。

任何人员不得携带矿灯进入井下爆炸物品库房内。库内照明设备或者线路发生故障时，检修人员可以在库房管理人员的监护下使用带绝缘套的矿灯进入库内工作。

(3) 爆炸物品发放库与发放硐室的防静电规定如下：

① 对进入库回风一侧出口的轨道设绝缘段，以防止杂散电流流入库区。

② 爆炸物品库的管理人员不得穿化纤衣服。

③ 爆炸物品库内的电雷管导通室、编号室、发放室的入口处应设

除静电的门帘。

④ 保护好库内导除静电的线路。

⑤ 认真检查通往库内轨道的绝缘情况，发现问题及时处理。

⑥ 认真检查爆炸物品发放台及电雷管导通室的桌子上铺设的导静电橡胶板及板下金属网接地情况。

⑦ 库内铺设木地板或防静电地板。

⑧ 入库前应手触摸静电装置，去除静电。

5. 爆炸物品库与发放硐室的通风规定

(1) 通风系统。爆炸物品库必须有独立的通风系统，有单独的新鲜风流，回风风流必须直接引入矿井的总回风道或主回风道。井下爆炸物品发放硐室必须设在有独立风流的专用巷道内，回风风流应引入回风道；在新建矿井采用对角通风系统时，投产初期可利用采区岩石上山做爆炸物品库的回风道。

(2) 风量。爆炸物品库必须保证每小时有其库房容积的 4 倍的风量；爆炸物品发放硐室的风量以井下 0.15 m/s 的最低风速为下限。

(3) 通风系统。爆炸物品库的发放硐室都必须在其回风系统通道处建立调节风门，以调节库内风量和风速。库房回风侧通道内的抗冲击波密闭门，应经常保持关闭，以防止库内的风流短路。

(4) 井下爆炸物品库和发放硐室的空气应尽量保持干燥，室内的温度一般控制在 25 ℃；在高温地区，一般不得超过 30 ℃。

6. 爆炸物品保管员现场交接班规定

(1) 井下爆炸物品库每班必须至少有 2 名库房管理员值班，并在库房内进行交接班，严禁空岗。

(2) 交接班时必须共同详细清点上班发出的炸药、电雷管数量，上班末交回库房的炸药、电雷管数量和上班炸药、电雷管实际消耗量及库存量，并检查账、物、卡是否相符。

(3) 必须交接检查爆炸物品库灭火器等安全器材是否齐全及文明卫生情况。

(4) 交接清后，交接班人员在交接班记录本上互相签字，发现问题立即向通风队及主管领导汇报。

7. 爆炸物品库的安全保卫、安全检查制度

(1) 安全保卫制度的内容有：

① 任何人进入爆炸物品库，必须凭公安保卫部门签发的“要害证”或开具证明，并进行登记。

② 库房管理人员、安全检查人员和领退爆炸物品的爆破工，必须将矿灯存放在库外指定地点后，方可进入库内。

③ 井下库房不设警卫人员，但库管人员必须严格职守，不能擅自离岗。

④ 从地面爆炸物品库向井下炸药库或发放硐室运输爆炸物品时，在整个运输、装卸过程中，必须按规定设置配备武装警卫人员，负责安全保卫工作。

⑤ 同爆炸物品有关的人员(库管、警卫、押运等)，每年必须参加培训，考试合格，持证上岗。

⑥ 定期测定爆炸物品库及附近相关地点的杂散电流。

⑦ 应经常对爆炸物品库或发放硐室的抗冲击波活门、防火门进行维护，以保持完好状态。

⑧ 接触爆炸物品的人员，应穿棉布或抗静电衣服，严禁穿化纤衣服。

⑨ 爆炸物品库要按规定设置灭火器、砂箱和水桶等消防器材；灭火器要定期检查，保证完好。

⑩ 库内无鼠，并有防鼠措施。

(2) 安全检查内容有：

① 由集团公司爆炸物品管理领导小组组织的每季度安全检查。

② 由本单位爆炸物品安全管理领导小组组织的每月一次安全检查。

③ 由本单位主管爆炸物品的领导小组组织的日常安全自查。

④ 根据爆炸物品安全管理状态，由当地公安部门、省煤炭管理部门组织的不定期专项检查。

(3) 检查的主要内容有：

① 爆炸物品库安全管理设施的完好和使用情况。

② 爆炸物品库安全技术措施的执行情况。

③ 爆炸物品各项管理制度的执行情况。

④ 爆炸物品库安全保卫制度的执行情况。

三、井下运输爆炸物品

(1) 井下用电机车运输爆炸物品应遵守的规定。

《煤矿安全规程》关于井下机车运输爆炸物品时应遵守的规定如下：

① 炸药和电雷管在同一列车内运输时,装有炸药与装有电雷管的车辆之间,以及装有炸药或者电雷管的车辆与机车之间,必须用空车分别隔开,隔开长度不得小于 3 m。

② 电雷管必须装在专用的、带盖的、有木质隔板的车厢内,车厢内部应当铺有胶皮或者麻袋等软质垫层,并只准放置 1 层爆炸物品箱。炸药箱可以装在矿车内,但堆放高度不得超过矿车上缘。运输炸药、电雷管的矿车或者车厢必须有专门的警示标识。

③ 爆炸物品必须由井下爆炸物品库负责人或者经过专门培训的人员专人护送。跟车工、护送人员和装卸人员应当坐在尾车内,严禁其他人员乘车。

④ 列车的行驶速度不得超过 2 m/s。

⑤ 装有爆炸物品的列车不得同时运送其他物品。

(2) 井下采用无轨胶轮车运送爆炸物品时,应当按照民用爆炸物品运输管理有关规定执行。

四、避难硐室

避难硐室应布置在稳定的岩层中,避开地质构造带、高温带、应力异常带及透水危险区等。前后 20 m 范围内巷道应采用不燃性材料支护,且顶板完整、支护完好,符合安全出口的要求。特殊情况下确需布置在煤层中时,应有控制瓦斯涌出和防止瓦斯积聚、煤层自燃的措施。永久避难硐室应确保在服务期间不受采动影响,临时避难硐室应在服务期间避免受采动损害。

(一) 避难硐室基本结构

避难硐室应采用向外开启的两道门结构。外侧第一道门采用既能抵挡一定强度的冲击波，又能阻挡有毒、有害气体的防护密闭门；第二道门采用能阻挡有毒、有害气体的密闭门。两道门之间为过渡室，密闭门之内为避险生存室。永久避难硐室还应具备应急逃生出口。

1. 防护密闭门

（1）防护密闭门的抗爆炸冲击能力不低于 0.3 MPa。

（2）防护密闭门应采用气密结构，保证避难硐室具有足够的气密性。

（3）防护密闭门上设观察窗，观察窗的强度不低于门的强度。

（4）门墙设单向排水管（阀）和单向排气管（阀），排水管和排气管应加装手动阀门，单向排气管（阀）能满足压风喷淋装置使用时大流量排风的需要。

2. 过渡室

（1）永久避难硐室的过渡室净面积不小于 3 m^2。

（2）外侧防护密闭门内部周边应设压缩空气幕并覆盖整个防护密闭门，出气速度应不低于 10 m/s。

（3）内部应设压风喷淋装置。压风喷淋装置的流量不小于 500 L/min，出口压力不低于 0.3 MPa，每组运行时间不少于 5 min。

（4）压缩空气幕、压风喷淋装置应由矿井压风自救系统供风，当压风失效时，应由自备高压空气瓶供风。压风自救系统供风和自备高压空气瓶供风应有可靠的转换装置。避难硐室内应储备足量的压缩空气。

3. 生存室

（1）宽度，不得小于 4 m。

（2）净高，不得低于 3 m。

（3）有效使用面积，永久避难硐室不低于每人 1.0 m^2。

（4）内部应设置不少于两趟单向排气管（阀）和一趟单向排水管（阀），排气管和排水管应加装手动阀门。

4. 永久避难硐室应急逃生出口

永久避难硐室应具备安全出入口和安全逃生出口，或采用两个安全出入口结构。有条件的矿井安全出入口或安全逃生出口应分别布置在两条不同巷道上；如果布置在同一条巷道，两个出入口的间距应不小于 20 m。

（二）避难硐室基本功能要求

（1）应具备安全防护、气密、氧气供给保障、有害气体去除、温湿度控制、环境监（检）测、通信、照明、人员生存保障等基本功能。在整个额定防护时间内，避难硐室内部环境中 O_2 的浓度在 18.5%～23.0%之间，CO_2 浓度不大于 1.0%，CH_4 浓度不大于 1.0%，CO 浓度不大于 0.002 4%，温度不高于 35 ℃，湿度不高于 85%，空气压力始终高于外部环境空气压力 100 Pa 以上。

（2）避难硐室顶板应安装防水设施，不得有滴水现象。

（3）结构与色调应考虑人员避险时的心理，内部顶板和墙壁的颜色应为浅色，以减小避险人员的心理压力。

（4）应配备独立的内外环境参数检测或监测仪器，在突发紧急情况下人员避险时，能够对过渡室内的 O_2、CO，生存室内的 O_2、CH_4、CO_2、CO、温度、湿度和硐室外的 O_2、CH_4、CO_2、CO 及温度进行检测或监测。

（5）应按额定避险人数配备食品、饮用水、自救器、人体排泄物收集处理装置及急救箱、照明设施、工具箱、灭火器等辅助设施。配备的食品发热量不少于每人 5 000 kJ/d，饮用水不少于每人 1.5 L/d。配备的自救器应为隔绝式，有效防护时间应不低于 45 min，数量不低于额定容量（人数）的 1.2 倍。

（6）硐室外应有明显的标示和外部指示灯。指示灯应为本质安全型，并有相应的防护措施，宜采用高穿透性灯源。硐室内应有照明。硐室内应设操作指示牌，要有简明、易懂的使用和操作步骤说明，以指导遇险人员正确使用避险设施，安全避险。

（7）应与矿井安全监测监控、人员定位、压风自救、供水施救、通信联络、供电等系统有效连接。矿井安全监测监控系统应对避难硐室内外的 CH_4、CO 等环境参数进行实时监测。矿井人员定位系统应能实时监测井下人员分布和进出避难硐室的情况。矿井压风自救系统应能为避难硐室供给足量氧气，接入的矿井压风管路应设减压、消音、过滤装置和控制阀，压风出口压力在 0.1～0.3 MPa 之间，供风量不低于每人 0.3 m^3/min，连续噪声不大于 70 dB(A)。矿井供水施救系统应能在紧急情况下为避险人员供水，并为在紧急情况下输送液态营养物质创造条件，接入的矿井供水管路应有专用接口和供水阀门。矿井通信联络系统应延伸至避难硐室。避难硐室内应设置直通矿井调度室的有线电话，宜设无线电话、应急广播和应急通信设备，并应有正常通信中断时的联络方式。矿井供电系统应确保避难硐室内电气设备可靠用电，并满足后备电源的充电需要。

安全技术基础知识二　本岗位安全责任制

学习目标

1. 掌握火工品管理员岗位安全责任制。
2. 掌握火工品运送工岗位安全责任制。
3. 掌握避难硐室管理员岗位安全责任制。

安全技术基础知识相关知识

一、火工品管理员岗位安全责任制

火工品管理员是负责全矿爆炸物品的到货验收、保管及发放等工作人员，是爆炸物品仓储管理事故隐患排查的直接责任人。

(1) 火工品管理员，必须穿着棉布或抗静电工作服，并负责库内安全隐患排查、记录、汇报工作。

(2) 坚持双人双锁制，出入库房及时上锁，严禁他人进入，排查人员进库须戴证件，签字后，在管理员的监护下进行工作。

(3) 严格执行爆炸材料出、入库排查、登记制度，收存和发放安全管理制度，严防爆炸材料在储存过程中丢失和被盗。

(4) 按时做好信息管理 IC 卡的接传工作，确保不受电磁影响，不得遗失。

（5）严格按照矿敲帮问顶管理规定按期进行找顶，一人操作，一人监护。

（6）有足够数量、完好的消防器材，消防用水量必须充足。

（7）严把爆炸材料的源头关，严防爆炸材料出矿流向社会。

（8）时刻高度关注库房用电设施是否完好，发现问题应立即向调度室汇报。

（9）做好日常生产的事故隐患排查治理工作。

二、火工品运送工岗位安全责任制

（1）坚持安全确认制度并持证上岗，具有高度的安全责任心，保证爆炸物品运送过程不出现任何问题和闪失。

（2）为确保安全，运送前需排查沿途的安全隐患，发现问题必须处理，否则不得运送。

（3）必须按照已排查确认的安全路线运送爆炸物品。

（4）运输途中注意搞好自主保安，严防爆炸物品丢失和损坏。

（5）做好爆炸物品进库的交接工作。爆炸物品运到位以后要与爆炸物品库保管员办理交货手续，当面清点好爆炸物品数量，填写记录，无问题后方可离岗。

（6）需临时存放时，存放点顶板情况必须完好，并亲自看守或者安排专人看守。

（7）运送过程爆炸物品如出现问题应及时向区值班领导汇报。

三、避难硐室管理员岗位安全责任制

（1）避难硐室管理员须经过培训，考试合格后，持证上岗。

（2）负责做好避难生活用品入库、退库台账，账目必须清楚，按时汇报用品消耗情况。

（3）负责按规定数量分别储藏，不同品种分类摆放整齐，不得超过规定储藏量和储藏保存期限。

（4）定期检查各设备仪器运行情况，确保安全稳定工作。

（5）严格遵守劳动纪律，不得擅离职守，不做非职责范围内的工作。

（6）严格执行要害场所管理制度，严禁闲杂人员在避难硐室内逗留。

(7) 负责搞好文明生产，保持硐室整洁卫生，做好防火、防潮及安全保卫工作，发现问题及时汇报。

(8) 掌握事故应急救援预案，加强现场管理，将预防措施落实到位。

(9) 当出现紧急事故时，能有效组织避险人员正确使用硐室内的各项设备、设施。

(10) 按规定要求认真填写好各种记录，做到记录清楚、工整。

安全技术基础知识三　本岗位风险及控制

学习目标

1. 掌握火工品管理员岗位风险及控制。
2. 掌握火工品运送工岗位风险及控制。
3. 掌握避难硐室管理员岗位风险及控制。

安全技术基础知识相关知识

一、火工品管理员岗位风险及控制

1. 作业风险

(1) 井下爆炸物品库的炸药和电雷管未分开贮存，造成爆炸。

(2) 接触爆炸物品的人员，没有穿棉布或者抗静电衣服，造成爆炸。

(3) 没有认真执行爆炸物品领退制度，管理混乱。

(4) 电雷管在发放给爆破工前未进行电阻值测试，造成拒爆。电雷管未将脚线扭结成短路，造成意外爆炸。

2. 作业风险控制措施

(1) 严格执行《煤矿安全规程》第三百三十四条的规定，井下爆炸物品库的炸药和电雷管必须分开贮存。

(2) 井上、下接触爆炸物品的人员，必须穿棉布或者抗静电衣服。

(3) 严格履行岗位责任制，执行好爆炸物品领退制度，规范爆炸物品管理。

(4) 电雷管(包括清退入库的电雷管)在发给爆破工前，必须用电雷管检测仪逐个测试电阻值，并将脚线扭结成短路。

二、火工品运送工岗位风险及控制

1. 作业风险

(1) 使用非专用运送工具运送爆炸物品。

(2) 雷管和炸药混合运送。

(3) 运送爆炸物品时，运送人员不符合相关规定。

(4) 在交接班、人员上下井期间运送爆炸物品。

(5) 用罐笼、列车运输电雷管和炸药时，罐笼、列车运行速度不符合规定。

(6) 炸药和电雷管在同一列车运输时，不遵守有关运输规定。

2. 作业风险控制措施

(1) 必须使用专用运送工具运送爆炸物品。

(2) 在井筒内运送爆炸物品时，电雷管和炸药必须分开运送。

(3) 在装有爆炸物品的罐笼内，除爆破工或者护送人员外，不得有其他人员；爆炸物品必须由井下爆炸物品库负责人或者经过专门培训的人员专人护送。跟车工、护送人员和装卸人员应当坐在尾车内，严禁其他人员乘车。

(4) 在交接班、人员上下井的时间内，严禁携带爆炸物品人员沿井筒上下。

(5) 罐笼升降速度，运送电雷管时，不得超过 2 m/s；运送其他类爆炸物品时，不得超过 4 m/s。吊桶升降速度，不论运送何种爆炸物品，都不得超过 1 m/s。司机在启动和停绞车时，应当保证罐笼或者吊桶不震动。井下用机车运送爆炸物品时，列车的行驶速度不得超过2 m/s。

(6) 炸药和电雷管在同一列车内运输时，装有炸药与装有电雷管的车辆之间，以及装有炸药或者电雷管的车辆与机车之间，必须用空车分别隔开，隔开长度不得小于 3 m。电雷管必须装在专用的、带盖的、有木质隔板的车厢内，车厢内部应当铺有胶皮或者麻袋等软质垫层，并只准放置 1 层爆炸物品箱。炸药箱可以装在矿车内，但堆放高度不得超过矿车上缘。运输炸药、电雷管的矿车或者车厢必须有专门的警示标识。装有爆炸物品的列车不得同时运送其他物品。

三、避难硐室管理员岗位风险及控制

1. 作业风险

（1）未经安全培训，未持证上岗。

（2）对避难生活用品出入库账目掌握不清。

（3）对各种设备仪器运行情况掌握不清。

（4）擅自离开工作岗位。

2. 作业风险控制措施

（1）经培训合格后持证上岗。

（2）做好避难生活用品入库、退库台账，账目掌握清楚，按时汇报用品消耗情况。

（3）定时、定期检查各种设备仪器运行情况，确保安全可靠。

（4）严格遵守劳动纪律，不得擅自离开工作岗位，不做非职责范围内的工作。

安全技术基础知识四
本岗位事故隐患排查治理方法

学习目标

1. 掌握火工品管理员岗位隐患排查及治理。

2. 掌握火工品运送工岗位隐患排查及治理。

3. 掌握避难硐室管理员岗位隐患排查及治理。

安全技术基础知识相关知识

一、火工品管理员岗位隐患排查及治理

1. 隐患内容

(1) 井下爆炸物品库只有一人值班或无人值班。

(2) 井下爆炸物品库保管员无证上岗。

(3) 爆炸物品无出入库检查、登记制度,账目不清,账物不符。

(4) 井下爆炸物品库内放置杂物。

(5) 闲杂人员随意进出井下爆炸物品库。

(6) 在井下爆炸物品库硐室或者壁槽内安设照明设备。

2. 隐患治理

(1) 储存有炸药的库房必须两人同时值班。

(2) 井下爆炸物品库保管员必须取得国家相关的保管员资格证书才能上岗作业。

(3) 加强爆炸物品的出入库检查、登记制度,收存和发放爆炸物品必须登记,做到账目清楚,账物相符。

(4) 井下爆炸物品库保管员必须确保库内整齐、清洁,不得在库内放置其他杂物。

(5) 闲杂人员禁止进入爆炸物品库,井下爆炸物品库保管员必须坚守工作岗位,不得私自找人替班,不准在库房内参观、逗留。

(6) 严禁在贮存爆炸物品的硐室或者壁槽内安设照明设备。

二、火工品运送工岗位隐患排查及治理

1. 隐患内容

(1) 运送爆炸物品时没有将炸药和雷管分开运送。

(2) 超载运送爆炸物品。

(3) 不按规定路线运送爆炸物品。

(4) 野蛮装卸爆炸物品。

2. 隐患治理

(1) 运送爆炸物品时必须将炸药和雷管分开运送。

(2) 严禁超载运送爆炸物品。

(3) 严格按照规定路线运送爆炸物品。

(4) 装卸爆炸物品时必须轻拿轻放，严禁野蛮装卸爆炸物品。

三、避难硐室管理员岗位隐患排查及治理

1. 隐患内容

(1) 避难硐室巷道支护状况不好，出现片帮现象。

(2) 避难硐室内储存的食品、水、药品等用品出现过期现象。

(3) 紧急避险设施出现故障不能正常使用。

(4) 避难硐室内配备的高压气瓶压力不符合规定。

2. 隐患治理

(1) 做好避难硐室巷道检查工作，发现片帮现象及时汇报，并采取措施支护。

(2) 要保证避难硐室内储存的食品、水、药品等用品始终处于保质期内，外包装应明确标识保质日期和下次更换时间。

(3) 对避难硐室及配套设备进行维护和检查，并按产品说明书要求定期更换部件或设备。

(4) 对避难硐室内配备的高压气瓶进行 1 次余量检查及系统调试，气瓶内压力低于额定压力的 95%时，必须更换。

安全技术基础知识五
《煤矿安全规程》及安全生产标准化的相关规定

学习目标

1. 熟悉《煤矿安全规程》中的相关规定。

2. 熟悉安全生产标准化中的相关要求。

安全技术基础知识相关知识

一、《煤矿安全规程》中的相关规定

(一)《煤矿安全规程》中关于爆炸物品存贮、运输的相关规定

《煤矿安全规程》中涉及爆炸物品存贮、运输的条款共有 17 条，具

体如下：

第三百二十六条 爆炸物品的贮存，永久性地面爆炸物品库建筑结构(包括永久性埋入式库房)及各种防护措施，总库区的内、外部安全距离等，必须遵守国家有关规定。

井上、下接触爆炸物品的人员，必须穿棉布或者抗静电衣服。

第三百二十七条 建有爆炸物品制造厂的矿区总库，所有库房贮存各种炸药的总容量不得超过该厂 1 个月生产量，雷管的总容量不得超过 3 个月生产量。没有爆炸物品制造厂的矿区总库，所有库房贮存各种炸药的总容量不得超过由该库所供应的矿井 2 个月的计划需要量，雷管的总容量不得超过 6 个月的计划需要量。单个库房的最大容量：炸药不得超过 200 t，雷管不得超过 500 万发。

地面分库所有库房贮存爆炸物品的总容量：炸药不得超过 75 t，雷管不得超过 25 万发。单个库房的炸药最大容量不得超过 25 t。地面分库贮存各种爆炸物品的数量，不得超过由该库所供应矿井 3 个月的计划需要量。

第三百二十八条 开凿平硐或者利用已有平硐作为爆炸物品库时，必须遵守下列规定：

（一）硐口必须装有向外开启的 2 道门，由外往里第一道门为包铁皮的木板门，第二道门为栅栏门。

（二）硐口到最近贮存硐室之间的距离超过 15 m 时，必须有 2 个入口。

（三）硐口前必须设置横堤，横堤必须高出硐口 1.5 m，横堤的顶部长度不得小于硐口宽度的 3 倍，顶部厚度不得小于 1 m。横堤的底部长度和厚度，应当根据所用建筑材料的静止角确定。

（四）库房底板必须高于通向爆炸物品库巷道的底板，硐口到库房的巷道坡度为 5‰，并有带盖的排水沟，巷道内可以铺设不延深到硐室内的轨道。

（五）除有运输爆炸物品用的巷道外，还必须有通风巷道(钻眼、探井或者平硐)，其入口和通风设备必须设置在围墙以内。

（六）库房必须采用不燃性材料支护。巷道内采用固定式照明时，开关必须设在地面。

（七）爆炸物品库上面覆盖层厚度小于 10 m 时，必须装设防雷电设备。

（八）检查电雷管的工作，必须在爆炸物品贮存硐室外设有安全设施的专用房间或者硐室内进行。

第三百二十九条 各种爆炸物品的每一品种都应当专库贮存；当条件限制时，按国家有关同库贮存的规定贮存。

存放爆炸物品的木架每格只准放 1 层爆炸物品箱。

第三百三十条 地面爆炸物品库必须有发放爆炸物品的专用套间或者单独房间。分库的炸药发放套间内，可临时保存爆破工的空爆炸物品箱与发爆器。在分库的雷管发放套间内发放雷管时，必须在铺有导电的软质垫层并有边缘突起的桌子上进行。

第三百三十一条 井下爆炸物品库应当采用硐室式、壁槽式或者含壁槽的硐室式。

爆炸物品必须贮存在硐室或者壁槽内，硐室之间或者壁槽之间的距离，必须符合爆炸物品安全距离的规定。

井下爆炸物品库应当包括库房、辅助硐室和通向库房的巷道。辅助硐室中，应当有检查电雷管全电阻、发放炸药以及保存爆破工空爆炸物品箱等的专用硐室。

第三百三十二条 井下爆炸物品库的布置必须符合下列要求：

（一）库房距井筒、井底车场、主要运输巷道、主要硐室以及影响全矿井或者一翼通风的风门的法线距离：硐室式不得小于 100 m，壁槽式不得小于 60 m。

（二）库房距行人巷道的法线距离：硐室式不得小于 35 m，壁槽式不得小于 20 m。

（三）库房距地面或者上下巷道的法线距离：硐室式不得小于 30 m，壁槽式不得小于 15 m。

（四）库房与外部巷道之间，必须用 3 条相互垂直的连通巷道相连。连通巷道的相交处必须延长 2 m，断面积不得小于 4 m^2，在连通巷道尽头还必须设置缓冲砂箱隔墙，不得将连通巷道的延长段兼作辅助硐室使用。库房两端的通道与库房连接处必须设置齿形阻波墙。

（五）每个爆炸物品库房必须有2个出口，一个出口供发放爆炸物品及行人，出口的一端必须装有能自动关闭的抗冲击波活门；另一出口布置在爆炸物品库回风侧，可以铺设轨道运送爆炸物品，该出口与库房连接处必须装有1道常闭的抗冲击波密闭门。

（六）库房地面必须高于外部巷道的地面，库房和通道应当设置水沟。

（七）贮存爆炸物品的各硐室、壁槽的间距应当大于殉爆安全距离。

第三百三十三条 井下爆炸物品库必须采用砌碹或者用非金属不燃性材料支护，不得渗漏水，并采取防潮措施。爆炸物品库出口两侧的巷道，必须采用砌碹或者用不燃性材料支护，支护长度不得小于5 m。库房必须备有足够数量的消防器材。

第三百三十四条 井下爆炸物品库的最大贮存量，不得超过矿井3天的炸药需要量和10天的电雷管需要量。

井下爆炸物品库的炸药和电雷管必须分开贮存。

每个硐室贮存的炸药量不得超过2 t，电雷管不得超过10天的需要量；每个壁槽贮存的炸药量不得超过400 kg，电雷管不得超过2天的需要量。

库房的发放爆炸物品硐室允许存放当班待发的炸药，最大存放量不得超过3箱。

第三百三十五条 在多水平生产的矿井、井下爆炸物品库距爆破工作地点超过2.5 km的矿井以及井下不设置爆炸物品库的矿井内，可以设爆炸物品发放硐室，并必须遵守下列规定：

（一）发放硐室必须设在独立通风的专用巷道内，距使用的巷道法线距离不得小于25 m。

（二）发放硐室爆炸物品的贮存量不得超过1天的需要量，其中炸药量不得超过400 kg。

（三）炸药和电雷管必须分开贮存，并用不小于240 mm厚的砖墙或者混凝土墙隔开。

（四）发放硐室应当有单独的发放间，发放硐室出口处必须设1道能自动关闭的抗冲击波活门。

（五）建井期间的爆炸物品发放硐室必须有独立通风系统。必须制定预防爆炸物品爆炸的安全措施。

（六）管理制度必须与井下爆炸物品库相同。

第三百三十六条　井下爆炸物品库必须采用矿用防爆型（矿用增安型除外）照明设备，照明线必须使用阻燃电缆，电压不得超过127 V。严禁在贮存爆炸物品的硐室或者壁槽内安设照明设备。

不设固定式照明设备的爆炸物品库，可使用带绝缘套的矿灯。

任何人员不得携带矿灯进入井下爆炸物品库房内。库内照明设备或者线路发生故障时，检修人员可以在库房管理人员的监护下使用带绝缘套的矿灯进入库内工作。

第三百三十七条　煤矿企业必须建立爆炸物品领退制度和爆炸物品丢失处理办法。

电雷管（包括清退入库的电雷管）在发给爆破工前，必须用电雷管检测仪逐个测试电阻值，并将脚线扭结成短路。

发放的爆炸物品必须是有效期内的合格产品，并且雷管应当严格按同一厂家和同一品种进行发放。

爆炸物品的销毁，必须遵守《民用爆炸物品安全管理条例》。

第三百三十八条　在地面运输爆炸物品时，必须遵守《民用爆炸物品安全管理条例》以及有关标准规定。

第三百三十九条　在井筒内运送爆炸物品时，应当遵守下列规定：

（一）电雷管和炸药必须分开运送；但在开凿或者延深井筒时，符合本规程第三百四十五条规定的，不受此限。

（二）必须事先通知绞车司机和井上、下把钩工。

（三）运送电雷管时，罐笼内只准放置1层爆炸物品箱，不得滑动。运送炸药时，爆炸物品箱堆放的高度不得超过罐笼高度的2/3。采用将装有炸药或者电雷管的车辆直接推入罐笼内的方式运送时，车辆必须符合本规程第三百四十条（二）的规定。使用吊桶运送爆炸物品时，必须使用专用箱。

（四）在装有爆炸物品的罐笼或者吊桶内，除爆破工或者护送人员外，不得有其他人员。

（五）罐笼升降速度，运送电雷管时，不得超过 2 m/s；运送其他类爆炸物品时，不得超过 4 m/s。吊桶升降速度，不论运送何种爆炸物品，都不得超过 1 m/s。司机在启动和停绞车时，应当保证罐笼或者吊桶不震动。

（六）在交接班、人员上下井的时间内，严禁运送爆炸物品。

（七）禁止将爆炸物品存放在井口房、井底车场或者其他巷道内。

第三百四十条 井下用机车运送爆炸物品时，应当遵守下列规定：

（一）炸药和电雷管在同一列车内运输时，装有炸药与装有电雷管的车辆之间，以及装有炸药或者电雷管的车辆与机车之间，必须用空车分别隔开，隔开长度不得小于 3 m。

（二）电雷管必须装在专用的、带盖的、有木质隔板的车厢内，车厢内部应当铺有胶皮或者麻袋等软质垫层，并只准放置 1 层爆炸物品箱。炸药箱可以装在矿车内，但堆放高度不得超过矿车上缘。运输炸药、电雷管的矿车或者车厢必须有专门的警示标识。

（三）爆炸物品必须由井下爆炸物品库负责人或者经过专门培训的人员专人护送。跟车工、护送人员和装卸人员应当坐在尾车内，严禁其他人员乘车。

（四）列车的行驶速度不得超过 2 m/s。

（五）装有爆炸物品的列车不得同时运送其他物品。

井下采用无轨胶轮车运送爆炸物品时，应当按照民用爆炸物品运输管理有关规定执行。

第三百四十一条 水平巷道和倾斜巷道内有可靠的信号装置时，可以用钢丝绳牵引的车辆运送爆炸物品，炸药和电雷管必须分开运输，运输速度不得超过 1 m/s。运输电雷管的车辆必须加盖、加垫，车厢内以软质垫物塞紧，防止震动和撞击。

严禁用刮板输送机、带式输送机等运输爆炸物品。

第三百四十二条 由爆炸物品库直接向工作地点用人力运送爆炸物品时，应当遵守下列规定：

（一）电雷管必须由爆破工亲自运送，炸药应当由爆破工或者在爆破工监护下运送。

（二）爆炸物品必须装在耐压和抗撞冲、防震、防静电的非金属容器内，不得将电雷管和炸药混装。严禁将爆炸物品装在衣袋内。领到爆炸物品后，应当直接送到工作地点，严禁中途逗留。

（三）携带爆炸物品上、下井时，在每层罐笼内搭乘的携带爆炸物品的人员不得超过 4 人，其他人员不得同罐上下。

（四）在交接班、人员上下井的时间内，严禁携带爆炸物品人员沿井筒上下。

（二）《煤矿安全规程》中关于避难硐室的相关规定

《煤矿安全规程》中涉及避难硐室的条款共有 5 条，具体如下：

第六百八十八条　突出矿井，以及发生险情或者事故时井下人员依靠自救器或者 1 次自救器接力不能安全撤至地面的矿井，应当建设井下紧急避险设施。紧急避险设施的布局、类型、技术性能等具体设计，应当经矿总工程师审批。

紧急避险设施应当设置在避灾路线上，并有醒目标识。矿井避灾路线图中应当明确标注紧急避险设施的位置、规格和种类，井巷中应当有紧急避险设施方位指示。

第六百八十九条　突出矿井必须建设采区避难硐室，采区避难硐室必须接入矿井压风管路和供水管路，满足避险人员的避险需要，额定防护时间不低于 96 h。

突出煤层的掘进巷道长度及采煤工作面推进长度超过 500 m 时，应当在距离工作面 500 m 范围内建设临时避难硐室或者其他临时避险设施（按照《河南省煤矿瓦斯防治三十二条》规定，突出煤层掘进巷道避难硐室设置间距不超过 300 m）。临时避难硐室必须设置向外开启的密闭门，接入矿井压风管路，设置与矿调度室直通的电话，配备足量的饮用水及自救器。

第六百九十条　其他矿井应当建设采区避难硐室，或者在距离采掘工作面 1 000 m 范围内建设临时避难硐室或者其他临时避险设施。

第六百九十一条　突出与冲击地压煤层，应当在距采掘工作面

25～40 m的巷道内、爆破地点、撤离人员与警戒人员所在位置、回风巷有人作业处等地点，至少设置1组压风自救装置；在长距离的掘进巷道中，应当根据实际情况增加压风自救装置的设置组数。每组压风自救装置应当可供5～8人使用，平均每人空气供给量不得少于0.1 m^3/min。

其他矿井掘进工作面应当敷设压风管路，并设置供气阀门。

第六百九十二条 煤矿必须对紧急避险设施进行维护和管理，每天巡检1次；建立技术档案及使用维护记录。

二、安全生产标准化中的相关要求

（一）煤矿安全生产标准化对爆炸物品管理、安全避险系统基本要求

1. 爆炸物品管理基本要求

(1) 井下爆炸物品库、爆炸物品贮存及运输符合《煤矿安全规程》规定。

(2) 有爆炸物品领退制度，电雷管（包括清退入库的电雷管）在发给爆破工前，用电雷管检测仪逐个测试电阻值，并将脚线扭结成短路。

2. 安全避险系统基本要求

按规定建立完善井下安全避险设施，设置井下避灾路线指示标识。每年由总工程师组织开展安全避险系统有效评估。

（二）重大事故隐患判定

井下爆破重大事故隐患：未按照矿井瓦斯等级选用相应的煤矿许用炸药和雷管、未使用专用发爆器，或者裸露爆破的。

模块二 井下其他作业安全操作技能

安全操作技能一 本岗位“双述”知识

学习目标

1. 了解爆炸物品库保管员岗位“双述”相关要求。
2. 了解爆炸物品运送工岗位“双述”相关要求。
3. 了解避难硐室管理员岗位“双述”相关要求。

安全操作技能相关知识

一、爆炸物品库保管员岗位“双述”内容

1. 爆炸物品库保管员岗位描述

(1) 岗位安全描述

我叫×××,是本班爆炸物品库保管员,欢迎检查指导工作。

(2) 设备与环境描述

本井下爆炸物品库位于×水平,设计为硐室式(壁槽式、含壁槽的硐室式)。现储存有乳化炸药×kg,电雷管×发。

(3) 岗位主要风险和安全确认

① 电气设备是否完好无失爆。

② 爆炸物品是否分类存放。

③ 爆炸物品发放、巡查记录是否完整。

经安全确认无隐患(经安全确认有×隐患,正在处理)。

(4) 岗位主要操作程序

现场交接班→班前安全确认→向值班室(调度室)汇报→安排工作→岗位巡查→班后确认→现场交接班。

(5) 避灾路线

① 避水灾路线:……

② 避火灾路线:……

2. 爆炸物品库保管员手指口述

(1) 保管员班前安全确认

① 检查账本、手持机、库内实物是否三对照,确认完毕。

② 检查库内温度与湿度是否正常,确认完毕。

③ 检查各种台账是否正确填写,确认完毕。

(2) 保管员班中安全确认

① 班中爆炸物品的发放与清退是否准确,确认完毕。

② 检查库内的温度与湿度是否正常,确认完毕。

③ 坚守岗位,按时发放、清退爆炸物品。

④ 库区禁止抽烟,以防火灾。

(3) 保管员班后安全确认

① 账本、手持机、库内实物三对照,确认完毕。

② 库内温度、湿度正常,确认完毕。

③ 准备交班。

二、爆炸物品运送工岗位“双述”内容

1. 爆炸物品运送工岗位描述

(1) 岗位安全描述

我叫×××,是本次爆炸物品运送工,负责本次由×至×的炸药运送任务。本次任务共需运送电雷管×发,乳化炸药(水胶炸药)×kg。请指示。

(2) 岗位主要风险和安全确认

① 是否使用非专用运送工具运送爆炸物品。

② 是否雷管和炸药混合运送。

③ 运送爆炸物品时是否运送人员。

④ 是否在交接班、人员上下井期间运送爆炸物品。

经安全确认无隐患(经安全确认有×隐患,正在处理)。

(3) 岗位主要操作程序

清点爆炸物品→交接手续→装车→运送→卸车→清点→入库交接→上交爆炸物品运输单。

2. 爆炸物品运送工手指口述

(1) 专用爆炸物品检查。确认内容:专用车辆牢固完好。

手指口述:专用车辆牢固完好,确认完毕。

(2) 雷管炸药装车。确认内容:核对装车雷管、炸药数量。

手指口述:① 雷管装车数量相符,确认完毕;② 炸药装车数量相符,确认完毕。

(3) 爆炸物品卸车检查。确认内容:来往车辆。

手指口述:左方无车运行,右方无车运行,已设警戒,确认完毕。

(4) 雷管炸药卸车后检查。确认内容:雷管炸药卸车后,检查数量、品种。

手指口述:① 雷管已卸完,无遗失,确认完毕;② 炸药已卸完,无遗失,确认完毕。

三、避难硐室管理员岗位"双述"内容

1. 避难硐室管理员岗位描述

(1) 岗位安全描述

我叫×××,是×队避难硐室管理员,经过安全培训取得避难硐室管理员安全资格证。我主要负责×避难硐室的日常管理和维护,以保证避难硐室处于完好状态,现一切准备正常,请指示。

(2) 设备与环境描述

本避难硐室位于×地点,距离副井×m,设计容纳人员×人,保护范围为×采区各采掘工作面、附近硐室工作人员及零散人员。设计硐室长度×m(含通道),硐室内设储存硐室两个。

(3) 岗位主要风险和安全确认

① 巷道条件是否正常,有无片帮淋水。

② 储存的食品、水、药品是否出现过期。

③ 紧急避险设施是否齐全,是否可以正常使用。

④ 配备的高压气瓶压力是否满足要求。

经安全确认无隐患(经安全确认有×隐患,正在处理)。

(4) 岗位主要操作程序

班前安全确认→向值班室汇报→安排工作→岗位巡查→班后确认。

(5) 避灾路线

① 避水灾路线:……

② 避火灾路线:……

2. 避难硐室管理员手指口述

(1) 进入避难硐室。手指口述:巷道无片帮冒顶,可以通过,确认完毕。

(2) 查看储存的食品、水、药品。手指口述:数量与台账一致,无过期,确认完毕。

(3) 查看紧急避险设施。手指口述:各紧急避险设施完好、无故障,确认完毕。

(4) 查看高压气瓶压力。手指口述:高压气瓶压力处于正常压力值,确认完毕。

安全操作技能二　本岗位安全技术操作规程

学习目标

1. 掌握井下爆炸物品库保管员安全技术操作规程。
2. 掌握爆炸物品运送工安全技术操作规程。
3. 掌握避难硐室管理员安全技术操作规程。

安全操作技能相关知识

一、井下爆炸物品库保管员安全技术操作规程

(一) 井下爆炸物品库保管员应完成的工作

(1) 负责爆炸物品的入库及管理工作。

（2）将在籍的爆炸物品建账，将爆炸物品的领、用、退情况记录齐全，做到账、物、卡三相符。

（3）负责爆炸物品的发放、退库管理。

（4）必须对所有电雷管进行数字采集管理及编号。

（5）负责对入库的电雷管进行雷管全电阻检查测试。

（6）负责井下爆炸物品库的防火、保卫工作。

（二）上岗条件

（1）井下爆炸物品库保管员必须经过专业技术培训，考试合格，取得相应证书后方可从事此项工作，并持证上岗。

（2）井下爆炸物品库保管员必须忠于职守、责任心强，遵守有关法律法规，遵守安全岗位责任制度，年满18周岁且不超过国家法定退休年龄，初中以上文化程度，近3年未发生爆破作业责任事故。思想表现好，工作认真负责。

（3）无民事行为能力的人、限制民事行为能力的人或者曾犯罪受过刑事处罚的人，不得从事爆炸物品库管理工作。

（三）井下爆炸物品库管理需要掌握的知识

（1）掌握和了解各种爆炸物品的性能、成分等专业技术知识。

（2）掌握爆炸物品管理的重要性及安全管理的职责。

（3）学习掌握《煤矿安全规程》《爆破安全规程》《民用爆炸物品安全管理条例》及有关行业规定。

（4）掌握井下爆炸物品库各种爆炸物品账、物、卡的管理知识及爆炸物品库收发、全电阻检查测试等操作技能，并能独立操作。

（四）操作程序

本工种操作应遵照下列程序进行：

交接班→查看记录→发放、退库→做好账目管理→做好雷管预支→检查→检查记录→做好账目→检查记录→交接班。

（五）正常操作

（1）电雷管的数据采集操作如下：

利用手持机对电雷管进行编号发放管理，使用方法和要求严格按手册中使用流程图进行，同时严格按以下几点操作：

① 使用手持机时要精力集中，首先按功能键调到日期的菜单，按确定键。检查手持机显示的日期和时间与当前日期、时间是否相符，如不一致调到当前日期和时间，防止日期、时间错误，造成手持机被锁。

② 在更换电池时速度要快，更换时间不超过 30 s，更换完后检查一下日期和时间。

③ 每次入库、拆箱、发放等操作结束时一定按键检查库存和实物是否相符。

④ 当条码不清或有破损不能扫描采用手动输入时，一定要在光线好的地方操作，手动输入完后，检查一下输入的内容和条码上的内容是否一致，没有错误后再按确定键。

⑤ 每次发放完毕后，将条码上的内容记在一个专用的记录本上，写明年、月、日、发放人姓名、爆破工姓名、雷管的段位号备查。

⑥ 在使用过程中，如发现问题，要及时汇报有关部门，不要盲目操作。

(2) 电雷管全电阻检查操作如下：

① 雷管检查。金属壳是否有裂缝、砂眼和锈蚀。雷管外壳是否松动，脚线是否锈蚀。

② 做雷管全电阻检查时，要在试验室外，一次只许开一箱，揭盖清点数量后，每次最多允许取 100 发到试验室内，一手攥雷管的脚线前端抽出电雷管，将雷管管体送入防爆箱内，即可进行雷管全电阻检查，如果雷管全电阻检查合格即可绕卷脚线并短路，每 10 发为一把，10 把为一袋，然后放入干燥箱内进行干燥待用。

(3) 电雷管全电阻检查必须在专用的硐室内进行，严格按规定操作，并定期检验和校正雷管全电阻检测仪。检查不合格及交回的废雷管要单独存放在库房的硐室或壁槽内，并建立台账。更换电雷管全电阻检测仪电池时，应在井上或井下安全地点进行。

(4) 电雷管全电阻检查合格后，要将电雷管脚线理顺成束。理顺成束时不准手拉脚线硬拽管体，更不准手拉管体硬拽脚线，应轻轻理顺、伸展整齐，每 10 发或 20 发为一组卷绕脚线，并将其脚线扭结成短路待发。

(5) 炸药检查。检查药卷的外观是否完整,防潮剂是否剥落或有无裂痕,封口是否严密等,有破损的不得发放。

(6) 爆炸物品的运输要求:

① 装卸与搬运炸药和雷管时,要轻拿轻放,不准扔、摔、碰、撞。

② 人力搬运炸药和雷管,每人每次一箱,不准扛运。

③ 库内搬运,一般采用人力搬运,但由于线路远,需人力推运时,根据本矿具体情况,规定一次运输量。

(7) 炸药和电雷管的发放管理规定:

① 发放电雷管时,井下爆炸物品库保管员将编有爆破工本人编码的电雷管当面点清数量后交给爆破工。

② 爆破工领取炸药和雷管后在爆炸物品发放记录上签字或盖章,并及时入箱加锁。

③ 发放口处允许存放的电雷管数量不得超过500发。

④ 没有进行雷管全电阻检查测试和检查测试不合格的电雷管,严禁发放。

⑤ 支领炸药和电雷管必须使用专用箱子,否则不予支领。

⑥ 炸药和雷管的发放,必须提前做好计划,写好预支单。爆破工不出示要害证或临时证明,不准付炸药和雷管。

⑦ 严格炸药和雷管领退手续,领退炸药要当面清点数量,炸药和雷管数量必须与支领单相符。

⑧ 炸药库必须建立总账、分库账和发药账等账目,并设专人记账。详细清点库存炸药、电雷管数量是否与账面相符,将当班发出、实际消耗、退库的炸药和电雷管数量及库存量记入爆炸物品日报上。账目必须数量准确、清晰无误、不准涂改,更改账目必须由保管员签名或盖章。

⑨ 账目必须清楚,无差错,做到账、卡、物相符。药库账目每班都要核对,如出现不符,当班查不清时要向队值班领导汇报,并向公安保卫部门备案。

⑩ 3年以上的账目,可报上级批准后,进行销毁;不足3年的账目应妥善保存。

(8) 报废爆炸物品的销毁处理:

① 火药库必须设立报废爆炸物品账本，报废爆炸物品要分类登记，并分别储存。

② 库管员要妥善保管交回的废雷管、电阻不合格的雷管，并要逐个登记。

③ 废雷管应及时去掉脚线，每 10 发一捆装入箱内存放。

④ 各火药库变质或失效的炸药不得超过 100 kg，雷管不得超过 500 发，按有关规定及时送交销毁。

（六）收尾工作

交班前，必须做好下列工作：

(1) 检查各种记录，做好爆炸物品账目，做到账、物、卡相符。

(2) 清点库房内雷管与炸药，核对无差错。

(3) 检查手持机电池是否需要更换。

(4) 带好需要上井汇报的各种账目。

(5) 做好交接班工作，并做好记录。

二、爆炸物品运送工安全技术操作规程

（一）井下爆炸物品运送工应完成的工作

(1) 负责向井下运送爆炸物品及安全保卫工作。

(2) 认真做好爆炸物品领用、交接记录。

（二）上岗条件

(1) 井下爆炸物品运送工必须经过专业技术培训，考试合格，取得相应证书后方可从事此项工作，并持证上岗。

(2) 井下爆炸物品运送工必须忠于职守、责任心强，遵守有关法律法规，遵守安全岗位责任制度，年满 18 周岁且不超过国家法定退休年龄，初中以上文化程度，近 3 年未发生爆破作业责任事故。思想表现好，工作认真负责。

（三）井下爆炸物品运送工需要掌握的相关知识

(1) 掌握和了解各种爆炸物品的性质及专业技术知识。

(2) 掌握爆炸物品管理的重要性及安全管理的职责。

(3) 学习掌握《煤矿安全规程》《爆破安全规程》《民用爆炸物品安全管理条例》及有关行业规定。

(4) 掌握爆炸物品的运输、保卫、防灾和避灾等安全知识。

(四) 操作准备

(1) 爆炸物品运到以后，要认真与厂家就爆炸物品种类和数量做好交接手续。

(2) 爆炸物品入矿后，装入向井下运输用的专用矿车内，不准停留，直接下井。

(3) 地面爆炸物品交接与运输时必须有保卫人员看管，保卫人员负责护送到井口罐笼。装卸、搬运爆炸物品应当尽量在白天进行。

(五) 操作顺序

本工种操作应遵守下列程序：清点爆炸物品→交接手续→装车→运送→卸车→清点→入库交接→上交爆炸物品运输单。

(六) 正常操作

(1) 装卸与搬运炸药、电雷管时，要轻拿轻放，不准扔、摔、碰、撞。

(2) 装运爆炸物品不得超过矿车边缘。

(3) 炸药或电雷管装入专用矿车内，并加锁；炸药和电雷管必须分开运输，不得装在同一矿车内运输。

(4) 装好车后要立即下井，不准在地面逗留，防止运输途中丢失、被盗及意外事故发生。

(5) 人力搬运炸药和电雷管，每人每次一箱，不准扛运。库内搬运，一般采用人力搬运，由于路线远，需用人力推运时，根据本矿具体情况，规定一次运输量。

(6) 运输整箱电雷管时，雷管箱应平放，不得侧放或立放，箱底必须垫绝缘软垫。

(7) 爆炸物品运至井下爆炸物品库后，必须立即自矿车内卸出并运至库房内，不准在矿车内长期存放。卸车时必须两人配合，一人站在矿车内搬运，一人站在矿车外接放。

(七) 在特殊情况下运输爆炸物品时的规定

1. 在井筒内运输爆炸物品的有关规定

(1) 电雷管和炸药必须分开运送；但在开凿或者延深井筒时，符合《煤矿安全规程》第三百四十五条规定的，不受此限。

(2) 必须事先通知绞车司机和井上、下把钩工。

(3) 运送电雷管时,罐笼内只准放置1层爆炸物品箱,不得滑动。运送炸药时,爆炸物品箱堆放的高度不得超过罐笼高度的2/3。采用将装有炸药或者电雷管的车辆直接推入罐笼内的方式运送时,车辆必须符合《煤矿安全规程》第三百四十条第(二)款的规定。使用吊桶运送爆炸物品时,必须使用专用箱。

(4) 有爆炸物品的罐笼或者吊桶内,除爆破工或者护送人员外,不得有其他人员。

(5) 运送电雷管时,不得超过2 m/s;运送其他类爆炸物品时,不得超过4 m/s。吊桶升降速度,不论运送何种爆炸物品,都不得超过1 m/s。司机在启动和停绞车时,应当保证罐笼或者吊桶不震动。

(6) 交接班、人员上下井的时间内,严禁运送爆炸物品。

(7) 爆炸物品存放在井口房、井底车场或者其他巷道内。

2. 井下用机车运送爆炸物品的有关规定

(1) 炸药和电雷管在同一列车内运输时,装有炸药与装有电雷管的车辆之间,以及装有炸药或者电雷管的车辆与机车之间,必须用空车分别隔开,隔开长度不得小于3 m。

(2) 必须装在专用的、带盖的、有木质隔板的车厢内,车厢内部应当铺有胶皮或者麻袋等软质垫层,并只准放置1层爆炸物品箱。炸药箱可以装在矿车内,但堆放高度不得超过矿车上缘。运输炸药、电雷管的矿车或者车厢必须有专门的警示标识。

(3) 物品必须由井下爆炸物品库负责人或者经过专门培训的人员专人护送。跟车工、护送人员和装卸人员应当坐在尾车内,严禁其他人员乘车。

(4) 行驶速度不得超过2 m/s。

(5) 爆炸物品的列车不得同时运送其他物品。

(6) 用无轨胶轮车运送爆炸物品时,应当按照民用爆炸物品运输管理有关规定执行。

3. 水平巷道和倾斜巷道运输爆炸物品的有关规定

水平巷道和倾斜巷道内有可靠的信号装置时,可以用钢丝绳牵引的车辆运送爆炸物品，炸药和电雷管必须分开运输，运输速度不得超过1 m/s。运输电雷管的车辆必须加盖、加垫，车厢内以软质垫物塞紧，防止震动和撞击。

严禁用刮板输送机、带式输送机等运输爆炸物品。

三、避难硐室管理员安全技术操作规程

（一）永久避难硐室操作规程

永久避难硐室应有防护密闭门，密闭门需保持常开状态（演习或试验期间可关闭防护密闭门、密闭门），照明系统保持正常使用，各地点单向排气阀保证处于常开状态。

1. 进入过渡硐室操作

（1）避险人员进入硐室入口处，通过观察窗，查看是否有人，避免同时打开过渡硐室防护密闭门和生存硐室密闭门。

（2）确认无人后，顺时针转动手柄，打开防护密闭门，进入过渡硐室。

注意：按照人均 0.4 m^3 的原则，每次进入过渡硐室的人数不得超过 50 个（当进入过渡硐室人数不足 50 人，但过渡硐室内氧气传感器示数小于 18.5％时，避难硐室外人员应停止进入过渡硐室，等待下一轮进入）。

（3）避险人员依次进入过渡硐室，关闭防护密闭门。先打开管道空气，然后依次打开气幕装置及喷淋装置。利用气幕喷淋装置进行冲洗，每次冲洗时间约为 30 s。如果井下压风管路遭到破坏，无法利用压风供气形成气幕和喷淋，则应关闭管道空气阀门，打开压缩空气瓶，利用压缩空气瓶内的空气形成压缩空气气幕和喷淋。（具体操作见《气幕喷淋装置操作规程》）

（4）冲洗完毕的避险人员关闭压气喷淋开关，打开密闭门；进入生存硐室后，关闭生存硐室密闭门。

2. 进入生存硐室操作

（1）洗气结束后，扳动手柄打开生存硐室密闭门；进入生存硐室后，关闭生存硐室密闭门。

（2）最先进入生存硐室的人员打开生存硐室里设置的压风供氧过

滤装置阀门，将压风出口压力设置在 0.1～0.3 MPa 之间，并将供风量设置为不低于 0.3 m^3/(min·人)，连续噪声不大于 70 dB(具体操作见《压风过滤系统操作规程》)。

(3) 在压风管路遭破坏的情况下，生存硐室内氧气传感器的数值低于 18.5%时，启动压缩供氧系统。打开氧气流量计(逆时针开大，顺时针关小)，并将其流量设置为 0.5 L/(min·人)(如总共 10 人，则氧气流量计流量设置为 5 L/min，具体操作见《压缩供氧系统操作规程》)。

当避难硐室内 CO_2 浓度大于等于 1%(或 CO 浓度大于等于 24 ppm，1 ppm＝10^{-6})或 CO_2(或 CO)浓度 0.5 h 内参数逐渐升高时，需开启空气净化机(生存硐室内 CO_2 和 CO 浓度由传感器显示，具体操作见《空气净化机操作规程》)。

(4) 观察硐室内监测传感器数值，当生存室内氧气、CO 和 CO_2 的浓度达到人呼吸要求(氧气浓度为 18.5%～23%，CO 浓度小于 24 ppm，CO_2 浓度小于 1%。)的安全浓度后，方可取下佩戴的自救器。

(5) 检查通信系统是否完好。如通信系统完好，立即通过调度电话或应急光纤通信向矿调度室汇报情况，汇报内容包括：避灾路线、避难人数、健康情况、避难硐室装备运行及事故发生情况等相关信息，并保持和救援指挥中心的联系。

(6) 当避难硐室内温度≥35 ℃或硐室内温度半小时内参数逐渐升高，需开启无动力空调(硐室内温度由传感器显示)。

完全打开无动力空调主控阀(阀手柄逆时针为开，顺时针为关)，检查并确认液态 CO_2 压力，高压表数值应大于 4 MPa。打开过滤除湿降温集成装置左边的降温阀门(逆时针为开，顺时针为关)。

(7) 当生存硐室内的温度、湿度、CO 浓度、CO_2 浓度在安全范围内时，为使舱内环境更舒适，可根据实际情况增加或减少温度控制阀开启的程度。

(8) 当避难硐室内照明系统不能正常使用时，取出备用矿灯，打开部分矿灯，以满足最低照明需求。

(9) 检查有无人员受伤，如有应立即使用苏生器和急救包对受伤人员进行救治。

(10) 推举1～3名避险小组负责人，并确定值班人员，每班建议2名以上值班人员，每隔4 h换班，值班人员要随时观察硐室内各传感器和供气系统情况，出现问题要立即进行处理并报告避险小组负责人和矿调度室。

(11) 避难小组负责人组织人员每隔60 min进入过渡硐室，通过防护密闭门上的观察窗观察硐室外的安全状况，并利用多种气体测定器检测硐室外气体浓度。

(12) 如符合逃生条件，可向救援指挥部汇报，等待指示。

3. 注意事项

(1) 空气、氧气减压器已经预设为减压至0.4 MPa(请勿改动)，如果压力低于0.4 MPa，调整减压器使低压表数值到0.4 MPa。

(2) 凹槽标识应和吸收剂标识(CO)一致，确保药品放置到正确的凹槽中。CO吸收剂一经充装放置，请勿更换或移除。

(3) 当生存硐室内CO_2浓度无法降至1%以下，或者吸收剂颜色变为浅紫色时应更换CO_2吸收剂(生存硐室内CO_2浓度由CO_2传感器显示)。

4. 硐室内环境主要参数安全值表(表4-1)

表4-1　硐室内环境主要参数安全值表

参数名称	安全值
氧气浓度/%	18.5～23
一氧化碳浓度/ppm	≤24
二氧化碳浓度/%	≤1
温度/℃	≤35
湿度/%	≤85
瓦斯浓度/%	≤0.8

（二）气幕、喷淋装置操作规程

1. 装置说明

（1）气幕。装在进口防护密闭门处。作用：把外界的有毒有害气体用压缩空气形成的一道气体幕墙与硐室隔绝。

（2）喷淋。装在过渡室与生存室之间的密闭门处。作用：把人体从外界带入的有毒、有害气体清洗干净。

2. 操作步骤

井下压风管路未遭到破坏情况下，气幕、喷淋装置操作规程如下：

（1）进入过渡硐室后，密闭好硐室门；然后检查单向排气阀是否打开，确保单向排气阀呈打开状态。

（2）打开气幕喷淋控制箱，开启“管路进气”阀门。

（3）依次打开气幕和喷淋的阀门。

（4）利用气幕喷淋装置进行冲洗，每次冲洗时间约为 30 s。

（5）全部人员冲洗完毕后，进入生存硐室。

（6）关闭步骤：首先，关闭“管路进气”阀门；然后，依次关闭气幕和喷淋的阀门；最后，关闭气幕喷淋装置控制箱。

在井下压风管路遭到破坏情况下，气幕、喷淋装置操作规程如下：

（1）进入过渡硐室后，密闭好硐室门；然后检查单向排气阀是否打开，确保单向排气阀呈打开状态。

（2）打开气幕喷淋控制箱，将“管路进气”的阀门保持关闭状态，同时打开“瓶装空气”阀门。

（3）打开空气压缩气瓶阀门（按照气瓶编号打开，保持每次只打开一个气瓶，并对空气已耗尽的气瓶进行标记记录）；然后依次打开气幕和喷淋的阀门。

（4）利用气幕、喷淋装置进行冲洗，每次冲洗时间约为 30 s。

（5）全部人员冲洗完毕后，进入生存硐室。

（6）关闭步骤：首先关闭“空气”压缩气瓶阀门；然后依次关闭气幕和喷淋的阀门；最后关闭气幕喷淋装置控制箱。

（三）压风过滤装置操作规程

1. 压风过滤系统简易图(图 4-1)

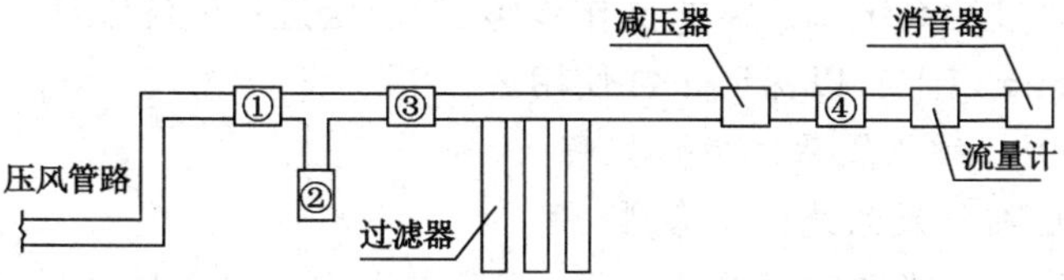

①～④—阀门。

图 4-1　压风过滤系统简易图

2. 压风过滤装置操作步骤

(1) 在开启压风过滤装置之前，首先关闭阀门③和阀门④，打开阀门①；然后打开阀门②，释放压风管道中积存的水分及其他杂物。

(2) 压风管道中水分及其他杂物释放干净后，关闭阀门②，依次打开阀门③和阀门④。

(3) 调整减压器压力至 0.1～0.3 MPa(将减压器上盖向上拔起，顺时针旋转为增大压力，逆时针为减小压力)，减压器调整完毕，将减压器上盖重新按下。

(4) 调整流量计，按每人 0.3 m^3/min 的要求进行，具体操作如下：

① 进入避难硐室的人数不超过 50 人时，开启两台压风过滤系统，并将流量调到不低于每分钟 265 立方英尺(流量计单位为立方英尺，1 m^3≈35 立方英尺，50 人每分钟需风量 15 m^3，约 525 立方英尺，每台 262.5 立方英尺，取 265 立方英尺)。

② 进入避难硐室的人数超过 50 人时，开启四台压风过滤系统，并将流量调到不低于每分钟 265 立方英尺。

(5) 观察硐室内监测传感器数值，当生存硐室内氧气浓度低于 18.5%，或 CO 浓度大于 24 ppm，或 CO_2 浓度大于 1%时，可以通过调大压风过滤系统流量，对硐室内氧气、CO 和 CO_2 的浓度进行调整。

(6) 观察硐室内监测传感器数值，当生存室内氧气、CO 和 CO_2 的浓度达到人呼吸要求(氧气浓度为 18.5%～23%，CO 浓度小于

24 ppm，CO_2浓度小于1%)的安全浓度后，方可取下佩戴的自救器。

3. 维护及管理

压风过滤系统每月需按操作步骤(1)规定进行清洗维护1次(至少运转3 min以上)，以保证正常使用。

(四) 压缩供氧系统操作规程

1. 压缩供氧系统使用条件

在压风管路遭破坏的情况下，生存硐室内氧气传感器的数值低于18.5%时，要启动压缩供氧系统。

2. 压缩供氧系统操作步骤

(1) 打开过渡硐室内压缩氧气瓶(按照气瓶编号打开，保持每次只打开1个气瓶，并对氧气已耗尽的气瓶进行标记记录)。

(2) 调节氧气控制箱内压力表的旋钮(顺时针旋转为开启，逆时针旋转为关闭)。

(3) 调节流量计：流量设置为0.5 L/(min·人)(如总共100人，得出0.5 L/(min·人)×100人=50 L/ min，在进出口处有两处供氧系统，将每个转子流量计的数值调定为25 L/min)。

(4) 观察硐室内监测传感器数值，当生存室内氧气浓度小于18.5%时，需调大氧气流量。

(5) 当生存室内氧气、CO和CO_2的浓度达到人呼吸要求(氧气浓度为18.5%～23%，CO浓度小于24 ppm，CO_2浓度小于1%)的安全浓度后，方可取下佩戴的自救器。

(五) 空气净化机操作规程

1. 空气净化机使用条件

当避难硐室内CO_2浓度大于等于1%(或CO浓度大于等于24 ppm)或CO_2(或CO)浓度半小时内参数逐渐升高，需开启空气净化机(生存硐室内CO_2和CO浓度由传感器显示)。

2. 空气净化机简易图(图4-2)

3. 空气净化机操作步骤

(1) 在开启压风过滤装置之前，首先关闭阀门③、阀门④和阀门⑤，打开阀门①；然后打开阀门②，释放压风管道中积存的水分及其

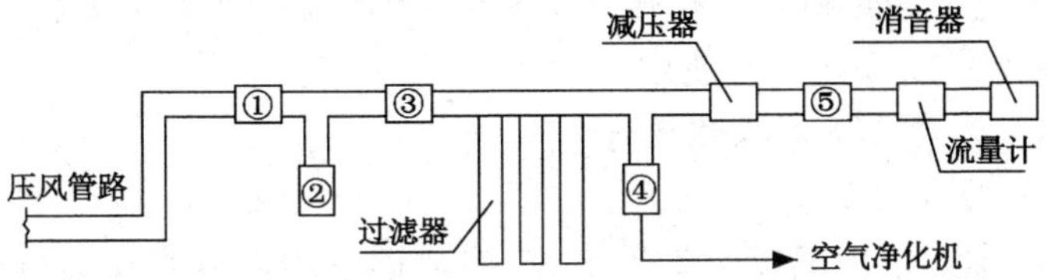

①～⑤—阀门。

图 4-2　空气净化机简易图

他杂物。

(2) 在压风管道中水分及其他杂物释放干净后，关闭阀门②。

(3) 放置吸收剂。将 CO_2 吸收剂和 CO 吸收剂分别放置于 4 个药剂吸收剂凹槽内，需均匀平铺，吸收剂放置多少根据生存室内 CO 和 CO_2 含量多少确定。

注意：凹槽标识应和吸收剂标识（CO）一致，确保药品放置到正确的凹槽中。CO 吸收剂一经充装放置，请勿更换或移除。

(4) 开启气动马达。取下空气净化机风罩，并调节空气净化机流量计流量。

当 CO_2 浓度大于等于 1%或 CO 浓度大于等于 24 ppm 时，同时打开两台气动马达开关，并将流量计调整到最大；当 CO_2 浓度小于 1%或 CO 浓度小于 24 ppm 时，可保证一台气动马达正常运行，并将空气净化机流量计流量调整到 30～40 L/min，即可长时间保证密闭空间的空气指标满足需要。

注意：当生存硐室内 CO_2 浓度无法降至 1%以下，或者吸收剂颜色变为浅紫色时应更换 CO_2 吸收剂（生存硐室内 CO_2 浓度由 CO_2 传感器显示）。

(5) 观察硐室内监测传感器数值，当生存室内氧气、CO 和 CO_2 的浓度达到人呼吸要求（氧气浓度为 18.5%～23%，CO 浓度小于 24 ppm，CO_2 浓度小于 1%）的安全浓度后，方可取下佩戴的自救器。

4. 维护和管理

(1) 润滑油雾化器内润滑油不少于 3/4 容量。

(2) 空气净化机每月按操作步骤(1)规定清洗维护1次(至少运转3 min以上),以保证正常使用。

(六) 无动力空调操作规程

1. 无动力空调使用条件

当避难硐室内温度大于等于35 ℃或硐室内温度半小时内逐渐升高,需开启无动力空调(硐室内温度由传感器显示)。

2. 无动力空调操作步骤

(1) 取空调正面风机出口Ⅰ挡板,风机出口Ⅱ保持关闭状态,作为备用。

(2) 根据指示,将气动马达换向阀切换至Ⅰ挡。

(3) 把空调一级减压器调整为关闭状态,并将二级减压器调至最大(阀手柄逆时针为打开,顺时针为关闭)。

(4) 打开CO_2气瓶(按照气瓶编号打开,保持每次只打开1个气瓶,并对CO_2已耗尽的气瓶进行标记记录),并调整一级过滤器,将一级过滤器的低压表调节至3.2～3.8 MPa;然后调整二级减压器,将二级减压器的低压表调节至0.8～2.0 MPa,实际使用过程中,根据避难硐室温湿度微调减压阀Ⅱ。严禁空调减压阀低压端压力在上述范围外工作。

(5) 当硐室内CO_2浓度大于等于1%或CO浓度大于等于24 ppm时,从硐室内取出CO_2吸收剂和CO吸收剂,用刀具小心切开铝箔,并将吸收剂分别放置在空调箱体左侧过滤净化装置内的上下凹槽中。

当避难硐室CO_2或CO浓度半小时内参数逐渐升高,需更换相应药剂(生存硐室内CO_2和CO浓度由传感器显示)。

当生存硐室内CO_2浓度无法降至1%以下,或者吸收剂颜色变为浅紫色时应更换CO_2吸收剂。

(6) 当生存硐室内的温度、湿度、CO浓度、CO_2浓度在安全范围内时,为使硐室内环境更舒适,可根据实际情况增加或减少温度控制阀开启的程度。

3. 维护和保养

(1) 维护用CO_2气源需专门使用1瓶或2瓶CO_2气体,不得使用全部气体。

(2) 仪器需进行维护保养并进行详细的维护检测记录，空调需每半年进行 1 次保压检漏检测。

(3) 每周检查配备净化药剂保存情况，空气净化药剂如出现真空包装进气或包装破损的情况，应立刻进行更换。

(4) CO_2吸收剂保质期为 4 年，CO 吸收剂保质期为 5 年。

(5) 空调需每月进行 1 次调试运行，运行时间不得少于 10 min，每年需更换 1 次维护调试用 CO_2压力容器。

模块三　井下其他作业典型事故案例

学习目标

1. 了解井下其他作业典型事故案例。

2. 增强职工安全意识和提高安全操作技能，吸取事故教训，防止同类事故发生。

安全操作技能相关知识

案例一　雷管车脱轨发生爆炸引起煤尘爆炸重大事故

1. 事故经过

××××年11月29日17:00，某矿一号井在暗斜井用串车运送5 000发电雷管。当串车行至暗斜井中部时，雷管车脱轨突然发生爆炸，又相继引起暗斜井内煤尘爆炸。爆炸后的有毒高温烟流及冲击波迅速波及上部车场和绞车房，造成15人死亡、10余人中毒的重大事故。

2. 事故原因分析

(1) 运送雷管的车厢不符合《煤矿安全规程》规定，雷管车厢内没有设置木质隔板，也未铺设软质垫层和塞紧，未采取防止箱体震动和撞击等基本安全措施。

(2) 暗斜井轨道质量差，造成运送雷管的车辆跑车脱轨，使电雷管受到震动撞击发生爆炸，是这起事故的主要原因。

(3) 运送爆炸物品前，对车辆、钢丝绳、连接装置均未进行认真检查，把钩工没挂保险绳违章作业。

(4) 对运送爆炸物品的有关人员安全教育不深入，导致其在事故中应变能力差，安全技术素质差。

3. 防范措施

(1) 爆炸物品运输过程中必须严格执行爆炸物品运输的有关规定。

(2) 爆炸物品运输前，必须对运输设备、路线等安全状况进行检查、确认。

(3) 爆炸物品运送人员必须经过培训，考核合格后持证上岗。

案例二　违章运送爆炸物品而发生爆炸事故

1. 事故经过

某矿一采煤工作面，由于违章运送爆炸物品，发生一起爆炸事故，造成重大人员伤亡。事故的简要经过如下：当班班长派工人到井下爆炸物品库领取爆炸物品，两人领取了 81 kg 炸药和 280 发电雷管，分别混装在一条麻袋和一条尼龙袋内。其中一人背送 63 kg 炸药和 280 发电雷管，其在井下徒步走了 2 800 m 后，十分疲劳，在未考虑和检查放置地点是否安全的情况下，随便将麻袋扔在采煤工作面上出口处，正巧麻袋内外露的雷管脚线与煤电钻电缆线的明接头接触，结果引起电雷管爆炸，又相继引爆炸药，当场炸死 2 人，伤 3 人。这起事故所幸发生在班前，当时只有爆破工和打眼工提前进入工作面，否则将造成更大伤亡。

2. 事故原因分析

(1) 该矿爆炸物品安全管理混乱，没有按照《煤矿安全规程》规定制定严格的爆炸物品发放清退制度，无证领药情况时有发生。

(2) 严重违反《煤矿安全规程》有关电雷管必须爆破工亲自运送，炸药由爆破工或在爆破工监护之下由熟悉《煤矿安全规程》有关人员运送的规定。

(3) 人力运送爆炸物品严重超重，且背运距离较远，造成背运人员十分疲劳而又不顾及安全乱扔乱放。

(4) 运送爆炸物品不使用专用容器，而是装入麻袋和尼龙袋内，不具备耐压、防震、抗静电等基本安全规定要求。

(5) 现场领导违章指挥，指派运送爆炸物品的人员不懂爆炸物品的安全知识，没有经过安全技术培训和安全教育、无证上岗。

3. 防范措施

(1) 严格执行国家有关爆炸物品的领取、清退制度，严禁无证人员领取爆炸物品。

(2) 加强爆炸物品库保管员的岗位安全责任制。

(3) 应视爆炸物品运输距离的远近采用机械运输或人力运输，采用人力运输时应严格限定单人单次运输距离和重量。

(4) 运送爆炸物品应采用专用容器。

案例三　违章存放爆炸物品引发爆炸事故

1. 事故经过

黑龙江省某矿开拓区 672 工作面发生一起爆炸物品爆炸事故，死亡 7 人，轻伤 3 人，直接经济损失 1.5 万元。××××年 11 月 1 日白班，672 工作面掘进队长布置两边爆破，背药工领 5 包炸药(15 kg)，爆破工领 30 发电雷管。8:40，672 掘进队 7 名工人一起坐人车入井。9:10，在平巷行走的 7 名采煤队工人和在主井车场的 7 名工人同时听到“轰”的一声响，并被气浪冲倒，平巷内的 7 人顶烟沿平巷跑到了主井车场。事故发生后，经现场探查，发现风筒已经全部损坏，风井、风桥被摧，第三台矿车车体破裂，第四台矿车车体严重变形，耙斗机、充电机、防爆开关等设备遭受了不同程度损坏，现场 7 人遇难死亡。

2. 事故原因分析

(1) 爆破工和背药工在石门将炸药和以前剩余的炸药、雷管装在电瓶车第三台矿车中，一名修钻工背 10 kg 的工具和风钻配件走到存车场，准备用矿车把工具配件运到掘进头，走到第三台矿车扔兜子时砸响电雷管引爆了炸药，致使事故发生。

(2) 零点班该工作面无人作业，局部通风机停止运转。

(3) 负责巡视的零点班安全检查工、瓦斯检查工都没有下井，白班安全检查工、瓦斯检查工到出事故时还在井上等人车，对事故隐患没能及时发现。

3. 防范措施

(1) 加强对爆炸物品的管理，严禁用人车、电瓶车运送。炸药和电雷管必须分开运送。

(2) 局部通风机不能随意停风，掘进工作面要实施综合防尘。

(3) 相关各专业人员要认真负责，杜绝空班、漏检、假检的现象发生。

案例四　避难硐室气瓶硐室瓦斯超限事故

1. 事故经过

2013 年 1 月 5 日 19:00，某矿通风区值班员王某汇报永久避难硐室气瓶硐室瓦斯超限，顶部瓦斯浓度达到 4%以上，二氧化碳传感器位置瓦斯浓度达到 2.4%，因巷道断面为半圆拱形，浓度超过 4%以上气体厚度为 1 m 左右，后利用压风管路进行处理，瓦斯降到 0.20%。

2. 事故原因分析

(1) 整个避难硐室布置在煤层中，四周煤体中的瓦斯经过爆破破坏的围岩裂隙不断涌向硐室。

(2) 巷道顶部是半圆拱形状，瓦斯容易积聚到巷道的顶部，造成瓦斯浓度很大。

(3) 没有独立的回风系统，处在两条进风之中，就是个角联巷道，风量不稳，忽大忽小。

(4) 瓦斯检查工检查避难硐室瓦斯不认真，忽略了气瓶硐室存在通风不良的问题。

3. 防范措施

(1) 今后避难硐室要布置在岩层中。

(2) 气瓶硐室密闭门要合理选型,要建立独立的回风系统,通风要顺畅。

(3) 瓦斯检查工在现场检查中要认真,有瓦斯异常要及时汇报处理。

附　录

附件1　掘进作业实操考试考核表

考试时间:30分钟

单位:____________　姓名:______　得分:______

序号	考试项目	操作内容与步骤	考试方式	分值	评分标准	扣分原因	扣分数
1	岗位“双述”	手指口述或岗位描述本职工作岗位的职责内容	手指口述或岗位描述	30分	考核内容只需随机选取1项即可。缺少或回答错误按4分/条进行扣分		
2	安全技术操作	1. 钻眼作业期间安全技术操作规程: ① 钻眼作业一般规定。 ② 敲帮问顶工作步骤及注意事项。 ③ 钻眼作业前的准备工作和检查工作。 ④ 钻眼作业的收尾工作	手指口述	16分	考核内容四项不得有遗漏。手指口述每缺一项或一项不正确扣4分		
		2. 锚杆支护期间安全技术操作规程: ① 锚杆支护准备工作。 ② 风动锚杆机的操作及注意事项。 ③ 锚杆安装的工序。 ④ 挂网锚杆支护的步骤		12分	考核内容四项不得有遗漏。手指口述每缺一项或一项不正确扣3分		

续表

序号	考试项目	操作内容与步骤	考试方式	分值	评分标准	扣分原因	扣分数
3	自救器的使用与创伤急救训练	1. 自救器的使用： ① 化学氧自救器的使用。 ② 压缩氧自救器的使用	实物操作＋手指口述	12分	考核内容只需随机选取1项即可。操作或手指口述每缺一处或一处不正确扣2分		
		2. 创伤急救： ① 心肺复苏。 ② 止血。 ③ 创伤包扎。 ④ 骨折临时固定和伤员搬运。 ⑤ 对不同伤员的现场急救		30分	考核内容只需随机选取两项即可。操作或手指口述每缺一处或一处不正确扣2分		
合计得分				100分			

考评人员：__________　　考核时间：_____年____月____日

附件 2 装载机操作作业实操考试考核表

考试时间:30 分钟

单位:__________ 姓名:______ 得分:______

序号	考试项目	操作内容与步骤	考试方式	分值	评分标准	扣分原因	扣分数
1	岗位“双述”	手指口述或岗位描述本职工作岗位的职责内容	手指口述或岗位描述	30 分	考核内容只需随机选取 1 项即可。缺少或回答错误按 4 分/条进行扣分		
2	安全技术操作	1. 应急情况处理: ① 装载机运行时,司机将身体伸出驾驶室外。 ② 装载机运行时,人车同行,造成伤害事故。 ③ 装载机运行速度太快,造成人员伤害,设备、电缆损坏。 ④ 装载机停放在顶板支护完好、无片帮、无积水、平坦的地方。 ⑤ 装载机停机时,铲板未落至底板、停电上锁误操作,导致人员受伤、设备损坏	手指口述	16 分	考核内容只需随机选取 1 项即可。手指口述每缺一步或一步不正确扣 2 分		

续表

序号	考试项目	操作内容与步骤	考试方式	分值	评分标准	扣分原因	扣分数
2	安全技术操作	2. 重大事故处理： ① 重大事故处理程序。 ② 抢险救灾过程中任务和职责。 ③ 操作不当或操作失误伤人处理方法	手指口述	12 分	考核内容只需随机选取 1 项即可。手指口述每缺一步或一步不正确扣 2 分		
3	自救器的使用与创伤急救训练	1. 自救器的使用： ① 化学氧自救器的使用。 ② 压缩氧自救器的使用	实物操作＋手指口述	12 分	考核内容只需随机选取 1 项即可。操作或手指口述每缺一处或一处不正确扣 2 分		
		2. 创伤急救： ① 心肺复苏。 ② 止血。 ③ 创伤包扎。 ④ 骨折临时固定和伤员搬运。 ⑤ 对不同伤员的现场急救		30 分	考核内容只需随机选取两项即可。操作或手指口述每缺一处或一处不正确扣 2 分		
合计得分				100 分			

考核人：____________ 考核时间：______年____月____日

附件 3　井下其他作业实操考试考核表

考试时间:30 分钟

单位:________ 姓名:_____ 得分:_____

序号	考试项目	操作内容与步骤	考试方式	分值	评分标准	扣分原因	扣分数
1	岗位“双述”	手指口述或岗位描述本职工作岗位的职责内容	手指口述或岗位描述	30 分	考核内容只需随机选取 1 项即可。缺少或回答错误按 4 分/条进行扣分		
2	安全技术操作	1. 井下爆炸物品库保管员: ① 电雷管的数据采集操作。 ② 电雷管全电阻检查操作。 ③ 炸药检查。 ④ 炸药和电雷管的发放操作。 ⑤ 报废爆炸物品的销毁处理。 ⑥ 收尾工作	手指口述	12 分	考核内容只需随机选取 1 项即可。手指口述每缺一步或一步不正确扣 2 分		
		2. 爆炸物品运送工: ① 操作准备程序。 ② 正常操作程序		8 分	考核内容只需随机选取 1 项即可。手指口述每缺一步或一步不正确扣 2 分		

续表

序号	考试项目	操作内容与步骤	考试方式	分值	评分标准	扣分原因	扣分数
2	安全技术操作	3. 避难硐室管理员： ① 永久避难硐室操作。 ② 气幕喷淋装置安全操作。 ③ 压风过滤装置安全操作。 ④ 压缩供氧系统安全操作。 ⑤ 空气净化机安全操作。 ⑥ 无动力空调操作	手指口述	12分	考核内容只需随机选取1项即可。手指口述每缺一步或一步不正确扣2分		
3	自救器的使用与创伤急救训练	1. 自救器的使用： ① 化学氧自救器的使用。 ② 压缩氧自救器的使用	实物操作＋手指口述	8分	考核内容只需随机选取1项即可。操作或手指口述每缺一处或一处不正确扣2分		
		2. 创伤急救： ① 心肺复苏。 ② 止血。 ③ 创伤包扎。 ④ 骨折临时固定和伤员搬运。 ⑤ 对不同伤员的现场急救		30分	考核内容只需随机选取两项即可。操作或手指口述每缺一处或一处不正确扣2分		
合计得分				100分			

考核人：＿＿＿＿＿＿　　考核时间：＿＿＿年＿＿月＿＿日

附件 4　井下常用标志及设置地点

附表 4-1　井下常用禁止标志及设置地点

名称	符号	设置地点	名称	符号	设置地点
禁带烟火		煤矿井口及井下	禁止入内		井下封闭区、瓦斯区、盲巷、废弃巷道及禁止人员入内的地点
禁止酒后入井		人员出入的井口	禁止停车		井下禁止停放车辆的地段
禁止明火作业		禁止明火作业地点	禁止驶入		线路终点和禁止机车驶入地段
禁止启动		不允许启动的机电设备	禁止通行		井下危险区、爆破警戒处、不兼作行人的绞车道、材料道及禁止行人的通道口等
禁止送电		变电室、移动电源开关停电检修等	禁止穿化纤服装入井		人员出入的井口
禁止扒乘矿车		井下运输大巷交叉口、乘车场、扒车事故多发地段	禁止放明炮、糊炮		井下采掘爆破工作面
禁止扒、登、跳人车		井下巷道，每隔 50 m 设一个	禁止井下睡觉		井下各工序岗位和作业区

附表 4-1(续)

名称	符号	设置地点	名称	符号	设置地点
禁止登钩		串车提升斜井上下口	禁止同时打开两道风门		井下巷道风门处
禁止跨、乘输送带		链板、带式输送机、钢丝绳牵引运输不许跨越的地方，间隔30 m设置	禁止井下随意拆卸矿灯		入井口、井下工作面
禁止井下攀牵线缆		井下敷有电缆、信号线等巷道内			

附表 4-2　井下常用警告标志及设置地点

名称	符号	设置地点	名称	符号	设置地点
注意安全		提醒人们注意安全的场所及设备安置的地方	当心坠入溜井		井下溜煤眼、溜矿井、溜矿仓
当心瓦斯		井下瓦斯积聚地段、盲巷口、瓦斯抽放地点、巷道冒高处	当心发生冲击地压		井下有冲击地压的作业区域

附表 4-2(续)

名称	符号	设置地点	名称	符号	设置地点
当心冒顶		井下冒顶危险区、巷道维修地段	当心片帮滑坡		井下有片帮、滑坡危险地段
当心火灾		井下仓库、爆炸材料库、油库、带式输送机、充电室和有发火预兆的地点	当心矿车行驶		井下行人巷道与运输巷道交叉处、井下兼行人的倾斜运输巷道内
当心水灾		井下有透水或水患地点	当心绊倒		井下地面有障碍物,绊倒易造成伤害的地方
当心煤(岩)与瓦斯突出		井下煤(岩)与瓦斯突出危险作业区	当心滑跌		井下巷道有易造成伤害的滑跌地点
当心有害气体中毒		井下 CH_4、CO、H_2S、NO_x 等有害气体危险地点	当心交叉道口		井下巷道交叉口处
当心爆炸		爆炸材料库,运送炸药、雷管的容器和设备上	当心弯道		井下巷道拐弯处

附表 4-2(续)

名称	符号	设置地点	名称	符号	设置地点
当心触电		有触电危险部位	当心道路变窄(左、右、正向)		井下巷道前方变窄的地段
当心坠落		建井施工、井筒维修及井内高空作业处			

附表 4-3　井下常用指令标志及设置地点

名称	符号	设置地点	名称	符号	设置地点
必须戴安全帽		人员出入井口、更衣房、矿灯房等醒目地方	必须桥上通过		井下设有人行桥的地方
必须携带自救器		入井口处、更衣室、领自救器房等醒目地方	必须走人行道		井下人行道两端
必须携带矿灯		入井口处、更衣室、矿灯房等醒目地方	鸣笛		井下机车通过巷道交叉口处、道岔口和弯道前 20～30 m 鸣笛处

附表 4-3(续)

名称	符号	设置地点	名称	符号	设置地点
必须穿带绝缘保护用品		井下变配电所（硐室）	必须加锁		剧毒品、危险品库房等地点
必须系安全带		建井施工处、井筒检修地点	必须持证上岗		井口、配电室、炸药库等必须出示上岗证的地点
必须戴防尘口罩		井下打眼施工、炮烟区			

附表 4-4　井下常用路标、名牌、提示标志及设置地点

名称	符号	设置地点	名称	符号	设置地点
紧急出口（左、右向）		设在井下采区安全出口路线上（间隔 100 m）和改变方向处	运输巷道		井下运输巷道
电话		井下通往电话的通道上	指示牌		根据需要自行设置
躲避硐		井下通往躲避硐室的通道及躲避硐室入口处	路标	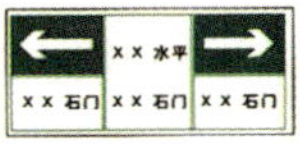	自行设置

附表 4-4(续)

名称	符号	设置地点	名称	符号	设置地点
急救站		井下通往急救站通道上	避火灾、瓦斯爆炸路线		井下躲避火灾、瓦斯、煤尘爆炸的通道上
爆破警戒线		井下爆破警戒线处	避水灾路线		井下躲避水灾的通道上
危险区		井下火灾、瓦斯、水患等危险区附近	避有毒有害气体路线		井下躲避有毒有害气体路线的通道上
沉陷区		井下地表沉陷滑落区	永久密闭		井下废巷、盲巷入口处
前方慢行		井下风门、交叉道口、弯道、车场、翻罐等须减速慢行地点	测风牌	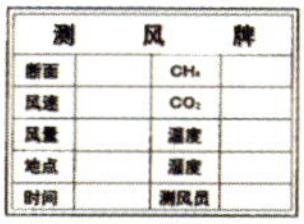	井下掘进、采煤工作面等处
进风巷道		井下进风巷道	炮检牌	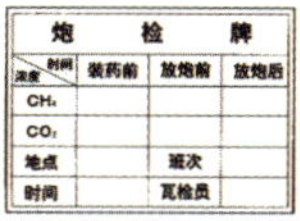	井下采、掘工作面等要求设置的地点
回风巷道		井下回风巷道	瓦斯巡检牌	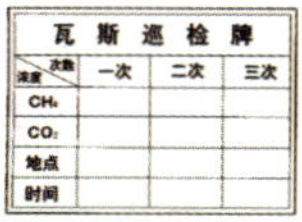	采、掘工作面等要求设置的地点

参考文献

[1] 国家安全生产监督管理总局宣教中心.煤矿从业人员安全生产培训教材[M].徐州:中国矿业大学出版社,2010.

[2] 国家煤矿安全监察局.煤矿安全生产标准化管理体系基本要求及评分方法(试行)[M].北京:应急管理出版社,2020.

[3] 河南省煤炭工业管理办公室.河南省煤矿其他从业人员培训大纲和考核标准(试行)[M].徐州:中国矿业大学出版社,2018.

[4] 李福固.矿井运输与提升[M].徐州:中国矿业大学出版社,2007.

[5] 王启广,李炳文,黄嘉兴.采掘机械化与支护设备[M].徐州:中国矿业大学出版社,2006.

[6] 张吉春.煤矿开采技术[M].徐州:中国矿业大学出版社,2007.

[7] 中国煤炭行业劳动保护科学技术学会.煤矿工人安全技术操作规程指南:采煤[M].北京:煤炭工业出版社,2006.

[8] 中华人民共和国应急管理部,国家矿山安全监察局.煤矿安全规程:2022[M].北京:应急管理出版社,2022.